GUIDE FOR INSPECTION ON IMPLEMENTATION OF COSMETICS GMP

化妆品生产质量管理规范
实施检查指南

第一册

国家药品监督管理局食品药品审核查验中心　组织编写

田少雷　主编

中国健康传媒集团
中国医药科技出版社

内 容 提 要

　　《化妆品生产质量管理规范》是化妆品注册人、备案人、受托生产企业建立并实施化妆品生产质量管理体系的基本准则。本指南第一册为总论，是对《化妆品生产质量管理规范》内容、检查重点及检查方法的全面阐述，共分九章，按照《化妆品生产质量管理规范》的章节顺序编写。除第一章"总则"和第九章"附则"外，其余7章正文内容包括概述、条款解读与检查指南、注意事项、常见问题和案例分析、思考题5部分。正文后附有《化妆品生产质量管理规范》《化妆品生产质量管理规范检查要点及判定原则》。

　　本指南供各级化妆品监管人员、检查员学习使用，同时可供化妆品注册人、备案人及化妆品生产企业相关人员学习参考。

图书在版编目（CIP）数据

　　化妆品生产质量管理规范实施检查指南. 第一册 / 国家药品监督管理局食品药品审核查验中心组织编写；田少雷主编. — 北京：中国医药科技出版社，2023.2
　　ISBN 978-7-5214-3719-5

　　Ⅰ. ①化… Ⅱ. ①国… ②田… Ⅲ. ①化妆品 – 生产技术 – 质量管理 – 中国 – 指南 Ⅳ. ① TQ658-62

　　中国版本图书馆 CIP 数据核字（2023）第 003095 号

责任编辑　于海平
版式设计　锋尚设计

出版	**中国健康传媒集团**｜中国医药科技出版社
地址	北京市海淀区文慧园北路甲 22 号
邮编	100082
电话	发行：010-62227427　邮购：010-62236938
网址	www.cmstp.com
规格	787 × 1092mm　$^1/_{16}$
印张	19$^1/_2$
字数	276 千字
版次	2023 年 2 月第 1 版
印次	2023 年 11 月第 2 次印刷
印刷	北京盛通印刷股份有限公司
经销	全国各地新华书店
书号	ISBN 978-7-5214-3719-5
定价	160.00 元

获取新书信息、投稿、为图书纠错，请扫码联系我们。

编　委　会

主　编　田少雷

编　者（按姓氏笔画排序）

万　佳　王春兰　王道红　田少雷

田育苗　吕笑梅　刘　恕　刘丹松

李　菲　吴生齐　陈　晰　陈坚生

陆　霞　金　鑫　贾　娜　唐子安

前　言

　　化妆品是指以涂擦、喷洒或者其他类似方法，施用于皮肤、毛发、指甲、口唇等人体表面，以清洁、保护、美化、修饰为目的的日用化学工业产品。与其他种类的普通日用化学工业产品不同，化妆品是直接施于并作用于人体表面的，因此是直接关系到消费者的美丽、健康与安全的一类特殊日用化学工业产品。

　　国务院2020年6月16日发布的《化妆品监督管理条例》（以下简称《条例》）第六条明确规定："化妆品注册人、备案人对化妆品的质量安全和功效宣称负责。"强调化妆品注册人、备案人应当承担化妆品质量安全的主体责任。化妆品注册人、备案人可以自行生产化妆品，也可以委托其他企业生产化妆品。鉴于化妆品的质量属性是在生产过程中形成的，因此规范化妆品生产企业的生产过程和生产行为，确保其持续稳定地生产出符合质量安全要求的产品，是保障化妆品质量安全的关键。《条例》第二十九条规定"化妆品注册人、备案人、受托生产企业应当按照国务院药品监督管理部门制定的化妆品生产质量管理规范的要求组织生产化妆品，建立化妆品生产质量管理体系。"同时，《条例》第六十条还明确了"未按照化妆品生产质量管理规范的要求组织生产"的法律责任。所以实施《化妆品生产质量管理规范》（以下简称《规范》）是《条例》对我国化妆品注册人、备案人及生产企业的强制要求。为了落实《条例》规定，国家药品监督管理局参考国际化妆品质量管理的实践经验，结合我国化妆品生产行业的实际情况，组织专家制定了《规范》，于2022年1月6日正式发布，自2022年7月1日起正式施行。

　　《规范》是化妆品注册人、备案人、受托生产企业建立并实施化妆品生产质量管理体系的基本准则，通过对化妆品生产的"人、机、料、环、法、测"各个环节实行全过程控制和追溯性管理，对避免和降低化妆品生产过程中污染与交叉污染以及各种差错或偏差带来的风险，确保企业持续稳定地生产出符合质量安全要求的化妆品具有非常重要的作用。《规范》在我国化妆品行业的全面实施，将有利于提高我国化妆品生产企业的质量管理水平，保证化妆品产品的质量安全，保障广大消费者的用妆安全，并促进化妆品行业的健康发展。

鉴于《规范》在我国首次发布和实施，无论化妆品注册人、备案人和生产企业，还是化妆品监督、检查人员都需要深入学习和系统理解其要求和相关知识。因此，我们组织多年从事化妆品监督检查的资深专家编写了本实施与检查指南，主要供各级化妆品监管人员、检查员学习使用，同时也可供化妆品注册人、备案人及化妆品生产企业的相关人员学习参考。

本指南拟分两册出版。第一册为总论，是对《规范》内容、检查重点及检查方法的全面阐述。第二册为分论，将根据化妆品的风险程度和产品类别编写。

本指南共分九章，按照《规范》的章节顺序编写。除第一章"总则"和第九章"附则"仅包括概述、条款解读和思考题3部分外，其余7章正文内容包括概述、条款解读与检查指南、注意事项、常见问题和案例分析、思考题5部分。"概述"部分是对《规范》相应章节内容实施目的和意义、背景知识、所涵盖重点内容的简述。"条款解读与检查指南"包括条款解读、检查要点、检查方法等内容。"注意事项"部分是对本章节需关注问题的重点说明。其中，"检查要点"原则上与国家药品监督管理局2022年10月25日发布的《化妆品生产质量管理规范检查要点及判定原则》(以下简称《检查要点》)保持一致。"常见问题和案例分析"部分则通过列举企业的常见问题与对典型案例的分析讨论，帮助监管人员和检查员更好地理解掌握该条款。为了帮助读者更好地理解每章内容，每章后还附有思考题。附录为原文和参考文献，以方便读者参考。

　　本书在编写过程中得到了国家药品监督管理局化妆品监督管理司、食品药品审核查验中心以及各编委所在单位的大力支持。来自省级药品监督管理局、国家和省级检查机构的几位参与了《规范》和《检查要点》制定的专家，分别承担了本书相应章节的编写工作。第一章、第二章和第九章由国家药品监督管理局食品药品审核查验中心田少雷处长、主任药师编写；第三章由重庆市药品监督管理局王道红处长和吉林省药品监督管理局刘丹松处长等编写；第四章由广东省药品监督管理局药品审评认证中心吴生齐副主任、主任药师等编写；第五章由上海市医疗器械化妆品审评核查中心刘恕部长、高级工程师编写；第六章由山东省食品药品审评查验中心唐子安副主任药师编写；第七章由上海市药品监督管理局金鑫副处长编写；第八章由河南省药品监督管理局万佳副处长编写。全书由田少雷统稿并经全体编写委员会集体讨论定稿。在此，谨对关心和支持本书编写工作的各级领导和专家致以诚挚的感谢！

　　本书力求客观、准确、全面解读《规范》的内容，但限于编写时间和水平，书中难免存在不妥、疏漏之处，恳请各位读者批评指正。

编　者
2023年1月1日

目 录

第一章 总则 ———————————————————— 1

　一、概述 // 1

　二、条款解读 // 5

　三、思考题 // 8

第二章 机构与人员 ———————————————— 9

　一、概述 // 9

　二、条款解读与检查指南 // 10

　三、注意事项 // 43

　四、常见问题和案例分析 // 44

　五、思考题 // 46

第三章 质量保证与控制 ———————————— 48

　一、概述 // 48

　二、条款解读与检查指南 // 49

　三、注意事项 // 89

　四、常见问题和案例分析 // 91

　五、思考题 // 97

第四章 厂房设施与设备管理 ———————— 98

　一、概述 // 98

　二、条款解读与检查指南 // 99

　三、注意事项 // 134

四、常见问题和案例分析 // 135

五、思考题 // 137

第五章　物料与产品管理　　　　　　　　　　　　**138**

一、概述 // 138

二、条款解读与检查指南 // 139

三、注意事项 // 159

四、常见问题和案例分析 // 159

五、思考题 // 161

第六章　生产过程管理　　　　　　　　　　　　　**162**

一、概述 // 162

二、条款解读与检查指南 // 163

三、注意事项 // 183

四、常见问题和案例分析 // 184

五、思考题 // 187

第七章　委托生产管理　　　　　　　　　　　　　**188**

一、概述 // 188

二、条款解读与检查指南 // 189

三、注意事项 // 218

四、常见问题 // 219

五、思考题 // 220

第八章　产品销售管理　　　　　　　　　　　　　**222**

一、概述 // 222

二、条款解读与检查指南 // 223

三、注意事项 // 236

四、常见问题和案例分析 // 237

五、思考题 // 239

第九章　附则 240

　　一、概述 // 240

　　二、条款解读 // 240

　　三、思考题 // 247

附录 248

　　附录一　化妆品生产质量管理规范 // 248

　　附录二　化妆品生产质量管理规范

　　　　　　检查要点及判定原则 // 262

参考文献 298

第一章

总则

一、概述

国务院2020年6月16日发布的《化妆品监督管理条例》（以下简称《条例》）将化妆品定义为"以涂擦、喷洒或者其他类似方法，施用于皮肤、毛发、指甲、口唇等人体表面，以清洁、保护、美化、修饰为目的的日用化学工业产品。"与其他普通日用化学工业产品不同，化妆品是直接施于并作用于人体表面的，因此，化妆品是直接关系到消费者美丽、健康、安全的一类特殊日用化学工业产品。

根据《条例》，化妆品注册人、备案人对化妆品质量安全和功效宣称负责。化妆品的质量属性是在生产过程中形成的，因此规范化妆品生产企业（包括注册人、备案人自行生产企业和委托生产企业）的生产行为，确保生产企业持续稳定提供符合消费者要求和法规要求的化妆品产品，是从源头保障化妆品质量安全的关键环节。

《条例》第二十九条明确规定"化妆品注册人、备案人、受托生产企业应当按照国务院药品监督管理部门制定的化妆品生产质量管理规范的要求组织生产化妆品，建立化妆品生产质量管理体系，建立并执行供应商遴选、原料验收、生产过程及质量控制、设备管理、产品检验及留样等管理制度。"这就明确了《化妆品生产质量管理规范》（以下简称《规范》）的法律地位，正式将其实施作为化妆品监管诸多监管制度中的重要一项。同时，《条例》

的第六十条还明确了"未按照化妆品生产质量管理规范的要求组织生产"的法律责任，即"由负责药品监督管理的部门没收违法所得、违法生产经营的化妆品和专门用于违法生产经营的原料、包装材料、工具、设备等物品；违法生产经营的化妆品货值金额不足1万元的，并处1万元以上5万元以下罚款；货值金额1万元以上的，并处货值金额5倍以上20倍以下罚款；情节严重的，责令停产停业、由备案部门取消备案或者由原发证部门吊销化妆品许可证件，对违法单位的法定代表人或者主要负责人、直接负责的主管人员和其他直接责任人员处以其上一年度从本单位取得收入的1倍以上3倍以下罚款，10年内禁止其从事化妆品生产经营活动；构成犯罪的，依法追究刑事责任"。这就意味着执行《规范》是我国对化妆品注册人、备案人及生产企业的强制要求。

实施《规范》的根本宗旨是保证广大消费者的用妆安全。化妆品作为一种特殊日用化工产品，是一把"双刃剑"，既可给使用者带来美的体验、美的享受、美的愉悦、美的魅力，也可能带来一定安全风险。安全风险既可能是由合格化妆品的不良反应引起的，也可能是由伪劣、非法生产的化妆品引起的，还可能是消费者的非正确使用、滥用或误用引起的。根据国家不良反应中心的数据，化妆品的不良反应率与化妆品使用的常见人群以及暴露量成正相关。

化妆品潜在的安全风险可能来源于化妆品研发、注册备案、生产、销售、使用的全过程。其中，生产过程是形成化妆品特性的关键环节，因此产生质量安全隐患的可能性最大。由于化妆品的生产过程是一个复杂的链条，会涉及多人操作，执行多个过程，涉及多种产品和物料，任何环节、工序或活动的控制疏漏或管理不当都可能带来质量安全风险。这些风险包括：生产企业使用了不合格原料；同时处理多种原料、包装材料、散装产品和成品而发生混淆；产品配方过程中添加成分类别和数量可能出现差异；环境、人员健康卫生问题带来产品的污染；生产相关人员流动以及物料、产品的多次移动可能造成污染；员工操作不熟练、不尽职带来的差误；生产工艺不稳定，生产参数控制不严格；原料和成品的不当处理和转移造成的变质；设备维护或清洁消毒操作后密封不良或称重后原料容器密封不良造成的污染；不合格原料或不合格产品被误用；退货产品被混用等。正因如此，对化妆品生产过程中各种风险和差误进行有效的控制，对保证化妆品的质量就显得尤为重要。

严格按照GMP建立并有效运行生产质量管理体系可以大幅度降低产品生产过程中的各种风险，以保证产品的质量，这是数十年来在其他行业，包括药品、食品、医疗器械行业经实践证明的共识。国际上大多数化妆品生产发达国家均已实施了GMP管理。美国、欧盟、日本、韩国以及东盟等国家和地区早已发布有相应的GMP。国际标准组织（International Standard Organization，ISO）在2007年就发布了《国际化妆品GMP指导原则》即ISO 22716：2007 Cosmetics Good Manufacturing Practices（GMP）— Guidelines on Good Manufacturing Practices。国际化妆品监管联盟（International Cooperation on Cosmetics Regulation，ICCR）2008年召开的第2次年会上就建议其所有成员国采纳ISO 22716：2007，更是在2020年召开的第14次年会将其列在成员国采纳ISO标准清单的前列。日本和欧盟等已于2008年采纳了ISO 22716：2007作为本国或地区化妆品生产企业遵照执行的GMP。

《国际化妆品GMP指导原则》在前言中指出"GMP的所有条款均由质量保证概念的实践成果构成，它们均基于可靠的科学研判和风险评估方法，用来阐明生产企业的各项活动，规范能够让企业生产的产品符合规定特性的所有活动"。实施GMP，通过对化妆品原料采购、生产、检验、贮存、销售和召回等全过程的控制和规范性管理，可以避免和降低生产过程中可能存在的各种污染、交叉污染和差误等潜在的风险，以确保持续、稳定地生产出符合质量安全要求的化妆品，从而保证化妆品消费者的安全和健康。这是GMP实施的宗旨，也是我国《条例》将GMP作为化妆品企业强制要求的初衷和意义。

为了落实《条例》规定，国家药品监督管理局依据我国化妆品监管法规，参考国际实施化妆品质量体系管理的经验，基于原国家食品药品监督管理总局2015年发布的《化妆品生产许可检查要点》的实践，并结合我国化妆品生产行业的实际情况，组织相关专家制定并于2022年1月6日正式发布了《化妆品生产质量管理规范》，于2022年7月1日正式实施。为了配合规范的实施，国家药品监督管理局于2022年10月25日发布了《化妆品生产质量管理规范检查要点及判定原则》（以下简称《检查要点》）。

《规范》的全面实施，将有助于全面提升我国化妆品生产企业的质量管理水平，保证化妆品产品的质量和安全，保障公众使用化妆品的安全，促进化妆品产业健康有序发展。

《规范》在制定原则上体现了如下特点：一是权威性。全面贯彻《条例》对生产管理的规定，紧扣产品生产全过程的质量安全，贯彻落实"四个最严"和"放管服"要求。二是时代性。既基于原国家食品药品监督管理总局2015年发布的《化妆品生产许可检查要点》，又适当提高质量管理的要求，以促进我国化妆品生产行业水平的不断提高。三是灵活性。既有原则规定，又有灵活要求，以发挥企业质量管理的主体责任，鼓励企业采用更先进的管理技术或措施。四是前瞻性。既基于我国法规体系和行业现状，又考虑到与国际化妆品GMP标准（例如ISO 22716：2007等）的接轨，以缩小我国化妆品行业与国际发达国家质量管理水平的差距，促进我国生产的更多化妆品进入国际市场。

《规范》共九章67条，并附有两个附录。各章依次为"第一章 总则"（3条）、"第二章 机构与人员"（8条）、"第三章 质量保证与控制"（7条）、"第四章 厂房设施与设备管理"（9条）、"第五章 物料与产品管理"（7条）、"第六章 生产过程管理"（11条）、"第七章 委托生产管理"（12条）、"第八章 产品销售管理"（6条）、"第九章 附则"（4条）。两个附录分别为：附1化妆品生产电子记录要求、附2化妆品生产车间环境要求。

《规范》的第一章"总则"共3条，是整个规范性文件的纲领性规定，阐述了《规范》制定的目的、依据、适用范围和对注册人、备案人和生产企业的总体要求。

二、条款解读

> **第一条** 为规范化妆品生产质量管理，根据《化妆品监督管理条例》《化妆品生产经营监督管理办法》等法规、规章，制定本规范。

◆ 条款解读

本条款明确了《规范》制定的目的和法律依据。《规范》制定目的是"规范化妆品生产质量管理"，最根本目标是保证消费者所使用化妆品的质量和安全。

《规范》制订依据是我国化妆品监管的最高法规即《条例》，以及相关配套规章，例如《化妆品生产经营监督管理办法》等。

《条例》首次正式将化妆品生产质量管理规范，即GMP，作为一项我国化妆品的生产监管制度，作为对化妆品注册人、备案人及生产企业的强制要求。按照《条例》要求，国家市场监督管理总局2021年8月2日发布的《化妆品生产经营监督管理办法》（总局令第46号）第二十四条第二款也明确规定"化妆品注册人、备案人、受托生产企业应当按照化妆品生产质量管理规范的要求组织生产化妆品，建立化妆品生产质量管理体系并保证持续有效运行。"

> **第二条** 本规范是化妆品生产质量管理的基本要求，化妆品注册人、备案人、受托生产企业应当遵守本规范。

◆ 条款解读

本条款规定了《规范》的性质和适用范围。

本条款将《规范》定位为"化妆品生产质量管理的基本要求"，而不是最高要求，所以，企业在建立生产质量管理体系时，既要满足《规范》的各项要求，同时又不局限于《规范》的基本要求，而是在此基础上，根据企业实际进一步提高要求。对生产质量管理体系健全，生产技术及质量管理能力都相对较高的品牌企业，其质量管理追求的目标应当远超过《规范》的要求。而那些规模较小，生产技术和管理水平尚低的企业，首先应当经过努力满足《规范》的基本要求。

《规范》的适用范围与《条例》中的表述保持一致，即包括化妆品注册人、备案人及受托生产企业，当然也包括注册人、备案人自行组织生产的企业。

应当强调的是，根据《条例》和《规范》的表述，这里的注册人、备案人、受托生产企业，既包括我国国内化妆品注册人、备案人及其受托生产企业，也包括向我国出口化妆品的境外（含中国港、澳、台地区）化妆品注册人、备案人及自行生产或受托生产企业。这既符合国际惯例，也符合公平、对等原则。

> **第三条** 化妆品注册人、备案人、受托生产企业应当诚信自律，按照本规范的要求建立生产质量管理体系，实现对化妆品物料采购、生产、检验、贮存、销售和召回等全过程的控制和追溯，确保持续稳定地生产出符合质量安全要求的化妆品。

◆ **条款解读**

本条款是对企业实施《规范》的总体要求，重点有三方面：一是诚信自律；二是按照《规范》建立涵盖物料采购、生产、检验、贮存、销售和召回等全过程的质量管理体系；三是确保持续稳定地生产出符合质量安全要求的化妆品。

GMP是通过过程控制和追溯性管理来避免生产过程的差错和偏差的一种

质量安全管理手段。保证GMP的有效实施和质量管理体系有效运行的前提是依法依规,诚信经营。如果做不到这两点,质量管理就无从谈起,GMP的执行也就成了空话。

企业要按照《规范》的要求,建立健全与所生产化妆品相适应的质量管理体系,并保证其有效运行。整个质量管理体系要实现对化妆品生产销售全过程,包括研发、物料采购、生产、检验、贮存、销售和召回的控制和追溯,确保持续稳定地生产出符合质量安全要求和宣称功效的化妆品。

遵守《规范》,建立健全质量管理体系并保持有效运行,实现对化妆品生产全过程控制的目标就是确保持续稳定地生产出符合质量安全要求和宣称功效的合格化妆品,最终目标是降低产品安全风险,保障化妆品安全有效。化妆品的质量在很大程度上取决于生产企业质量体系的完善程度和有效性。任何化妆品生产企业,不论规模大小,都应当重视并建立质量管理体系。

《规范》是质量管理体系建立的法规要求和技术标准。虽然质量管理体系的建立和实施基本原则是一致的,但是针对不同产品类别、不同的生产规模和不同的风险程度,各企业在建立质量体系时必须结合本企业实际情况,不要完全照搬别人的管理模式。

国际标准化组织(ISO)制定发布了质量管理体系的标准ISO 9001:2015标准和ISO 22716:2007标准,前者是适用于各行各业的通用标准,后者是适用于化妆品的专用生产质量体系标准,即国际化妆品GMP指导原则。ISO9001标准把"管理体系"定义为"建立方针和目标并实现目标的体系","体系"则是"相互关联或相互作用的一组要素"。组织机构、过程、程序、资源就是构成体系的要素。一个组织的管理体系可以包括多个方面,如环境管理系统、财务管理体系、质量管理体系。他们有不同的目标和职能,但都在一个组织内同时存在、协调运行。质量管理是企业诸多管理活动的一个重要方面。

三、思考题

1.《规范》制定的依据及目的是什么？

2.《规范》的实施主体有哪些？是否适用于向我国出口化妆品的境外企业？

3.《规范》只适用于生产过程管理吗？

4. 是否达到了《规范》的要求，就可以说化妆品注册人、备案人及生产企业的质量管理体系很完美了？

（田少雷编写）

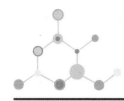

第二章

机构与人员

一、概述

按照《化妆品生产质量管理规范》（以下简称《规范》）总则的要求，化妆品生产企业应当建立生产质量管理体系，实现对化妆品物料采购、生产、检验、贮存、销售和召回全过程的控制和追溯，确保持续稳定地生产出符合质量安全要求和宣称功效的化妆品。

为了有效地建立质量管理体系并保持其有效运行，企业应当建立适当的组织机构。GB/T 19000 2008《质量管理体系基础与术语》对组织机构（organization structure）的定义是"人员的职责、权限和相互关系的安排"。《规范》第四条对企业组织机构的设立进行了规定："从事化妆品生产活动的化妆品注册人、备案人、受托生产企业（以下统称"企业"）应当建立与生产的化妆品品种、数量和生产许可项目等相适应的组织机构，明确质量管理、生产等部门的职责和权限，配备与生产的化妆品品种、数量和生产许可项目等相适应的技术人员和检验人员。"

人员是企业产品实现和建立、运行质量管理体系的重要基础，同时也是影响产品质量的最活跃、最难控制的因素。因此人员对企业质量管理体系的建立和有效运行至关重要。企业既要配备足够数量并能胜任工作的人员，还要不断通过培训、教育，提高其工作经验和能力，强化相关人员的质量意识和风险意识。ISO 22716：2007在第3部分，即人员部分，对参与

化妆品生产活动的人员的数量、职责、培训、卫生健康管理均提出了明确
要求。

《规范》第二章"机构与人员"共8条，主要是对化妆品生产企业质量体
系组织机构设立以及质量体系关键人员的职责、资质、能力、健康与培训、
人员进入生产区域控制的规定。

二、条款解读与检查指南

第四条　从事化妆品生产活动的化妆品注册人、备案人、受托生
产企业（以下统称"企业"）应当建立与生产的化妆品品种、数量和生
产许可项目等相适应的组织机构，明确质量管理、生产等部门的职责
和权限，配备与生产的化妆品品种、数量和生产许可项目等相适应的
技术人员和检验人员。

企业的质量管理部门应当独立设置，履行质量保证和控制职责，
参与所有与质量管理有关的活动。

◆ 条款解读

本条款是对企业质量管理体系组织机构、部门职责及人员的规定。第一
款要求从事化妆品生产活动的化妆品注册人、备案人、受托生产企业（以下
统称"企业"）根据其生产规模（化妆品品种、数量）和生产范围（生产许
可项目）建立质量管理体系的组织机构，而且要明确质量管理、生产部门的
职责和权限，配备与生产的化妆品品种、数量和生产许可项目等相适应的技
术人员和检验人员。第二款明确企业应当独立设立质量管理部门，并规定质
量管理部门的职责为3个方面，即质量保证、质量控制、参与企业所有与质
量安全有关的活动。

1．关于组织机构的设立

化妆品生产企业若要持续、稳定地生产出既符合法规要求又符合企业质量目标的安全有效的化妆品，需要建立健全质量管理体系，而质量管理体系的有效运行需要有一个健全的包括相应职能部门的管理机构。鉴于不同的化妆品生产企业，其组织形式、生产方式、生产规模、产品复杂程度和风险程度不尽相同，管理机构的设置模式不能强求一致。因此，本条款并没有对企业组织机构的设置模式和职能部门的数量做出限制性要求，但是却原则性要求企业的组织机构应当"与生产的化妆品品种、数量和生产许可项目等相适应"。也就是说，要根据企业的实际，包括企业的生产规模、产品类型与特点、质量方针与质量目标、工艺流程、人员结构等情况建立组织管理机构，关键是使可能影响产品质量的所有因素（人、机、料、法、环、测等）都能够得到有效控制，包括研发、生产、销售和服务产品实现的全过程都得到有效管理。

企业质量管理体系的组织机构及所属部门的职责、权限以及质量管理职能一般通过组织机构图来定义和体现。按照本条款要求，化妆品生产企业一般应当设置生产管理部门和质量管理部门。此外，多数企业还会设置研发部（技术部）、物料采购部（供应链管理部）、销售部等部门。在有的部门之下还可设置分部门，例如在生产部门之下再设工程、仓储、车间等。质量控制部门可隶属质量管理部门，也可单独设立，与质量保证部门并立。图2-1为化妆品企业典型组织机构图示例。

除了组织机构图外，在质量手册中还应当以文字或列表的形式，明确各部门的职责、权限、质量管理职能以及相互间的关系。企业负责人还要以书面文件的形式任命各管理部门负责人及影响质量的工作人员，并明示其职责权限和义务。

生产管理部门是化妆品质量特性形成的主要部门，而质量管理部门是化妆品质量控制、质量监督的重要部门，两者在质量管理职责与权限上存在监督和制约关系，所以生产管理部门和质量管理部门负责人不能互相兼任。

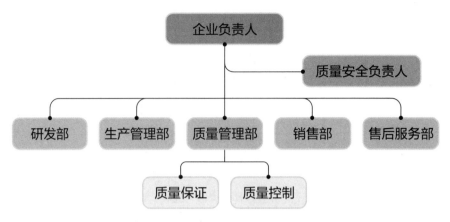

图2-1　化妆品企业典型组织机构图示例

企业在各职能部门设置及其职责权限的设立中，应注意避免以下现象：①组织机构的设立与企业规模、产品特点等不完全适应，出现脱节；②不同职能部门间职责重叠或空缺；③职能部门的职责与权限不匹配；④企业的组织机构图与质量手册中的文字或列表不一致；⑤对质量管理部门及其相关人员的授权不充分，不能保证质量管理部门及其相关人员（质量部门负责人、生产部门负责人、检验员和质量保证人员等）能够不受干扰地、独立地履行其质量管理职责。

2．关于人员的配备

虽然本条款强调的是技术人员和检验人员的配备，但实际上企业人员配备的要求应当同样适用于管理人员和普通生产人员，例如操作工和库管员等。企业对人员的管理也应当包括他们。对企业人员配备的充分性和适当性应当从以下两个方面把握：①既要考虑与企业的生产规模相适应，又要与企业生产的范围及生产许可项目适应；②这种相适应既要满足数量的要求，又要满足能力的要求。例如，一个年产值数亿元的企业质量管理人员的配置数量，要远远超过年产值仅200万元的小企业的配置数量。生产规模相近，但生产项目范围及产品数量不同的企业在人员的配备结构和数量上也应当有所区别。

产品的生产和质量保证，归根结底要靠生产链条各个岗位的工作人员来实现的，因此企业必须配备足够数量而且能够尽职尽责的人员。在设立工作岗位和配备人员时，企业应当结合本企业实际，包括所生产产品的技术复杂程度、风险程度、生产工艺要求、生产规模等情况。在人员配备时既要有量的概念，还要有质的要求，人员数量依据工作强度和工作量而定，人员素质的要求则要考虑岗位的性质、技术要求、对质量的影响程度等因素。

3. 关于质量管理部门的独立设置和职能

为了更好理解本条款第二款，有必要先熟悉一下质量管理及质量控制的基本概念。质量管理（quality management，QM）是指确定质量方针、目标和职责，并通过质量体系中的质量策划、质量控制、质量保证和质量改进来使其实现的所有管理职能的全部活动。质量保证（quality assurance，QA）是指企业以提高和保证产品质量为目标，运用系统方法，依靠必要的组织机构，把组织内各部门、各环节的质量管理活动严密组织起来，将产品研制、设计制造、销售服务和情报反馈的整个过程中影响产品质量的一切因素均控制起来，形成的一个有明确任务、职责、权限，相互协调、相互促进的质量管理的有机整体。质量控制（quality control，QC）也称品质控制，是质量管理的一部分，致力于满足质量要求，或为确保产品质量，企业需要进行一系列与质量有关的活动。企业应当对整个生产过程的质量控制进行全面系统的策划和安排，包括从物料采购一直到成品出厂，特别是对影响产品质量的生产过程或工序进行重点控制，确保这些过程处于受控状态。

质量控制一般包括市场调研（摸清用户对质量的要求）、设计开发（设计满足用户要求的产品，并制定产品规范或标准）、制造工艺（选择符合产品规范或标准的设备、工艺流程及工艺装备）、采购（根据对产品质量的要求选择原料及包装材料等）、生产（做好过程控制或工序控制，以生产出符合技术规范或质量标准要求的产品）、质量检验（进货检验、过程检验和成品检验）、销售和售后技术维修及服务等。质量保证需要企业各部门来共同完成，这些部门都不同程度地从事着与质量控制有关的活动，而质量检验部门则是专门从事质量控制工作的。对化妆品而言，本《规范》各章涉及的质量控制内容主要是指原料、半成品和产品的抽样检验的相关活动。

质量管理部门涵盖的质量保证、质量控制等质量管理方面的职责，具体来说，主要包括以下内容。

（1）组织企业内部质量管理体系的策划、实施、监督和评审工作，负责起草制订质量体系手册和质量体系文件。

（2）参与产品研发工作，对产品、物料的技术要求或规格标准，提出意见或建议，确保产品注册备案资料符合法规要求。

（3）按照法规要求及本企业产品实际，组织编写检验标准和检验规程，组织实施对原材料、半成品、产品和环境监控的检验，并出具检验报告。

（4）组织开展生产工艺、生产设施设备的验证工作。

（5）组织公司内部对不合格品的评审，针对质量问题组织制订纠正、预防和改进措施，并追踪验证。

（6）负责生产相关记录，包括采购验收记录、批生产记录、检验记录、销售记录的统筹、归档管理，定期进行质量分析和考核。

（7）负责计量仪器设备的管理工作，完成计量仪器的定期检定并做好检定记录和标识。

（8）负责检验测量和试验设备的控制，确保产品质量满足规定的要求。

（9）参加对供方的评审，参加用户反馈意见的分析和处理。

（10）开展对退货产品、投诉举报、召回产品、不合格品的评价与分析，研究制定纠正与预防措施。

（11）负责原料、半成品及产品的检验和合格放行的组织工作。

（12）开展质量控制的日常检查工作，及时发现影响产品的质量问题。

（13）开展质量体系内审和管理评审工作，督促相关部门及时整改相关问题，并评价整改效果。

（14）研究制订质量管理培训计划，组织对企业人员法规、质量体系文件的培训和考核工作等。

◆ 检查要点

（一）第一款【1】^①

1. 企业是否建立组织机构，组织机构是否与生产的化妆品品种、数量和生产许可项目相适应。

2. 企业是否对质量管理、生产等部门职责权限做出书面规定。

3. 企业是否配备与其生产的化妆品品种、数量和生产许可项目等相适应的管理人员、操作人员和检验人员；配备的人员是否满足相应的任职条件。

（二）第二款【2】

1. 企业是否独立设置质量管理部门且配备相应办公场所及专职人员。

2. 企业是否明确质量管理部门岗位职责和权限，并规定参与质量管理活动的内容。

3. 质量管理部门是否按照其职责范围履行质量管理职责。

◆ 检查方法

（一）对企业组织机构的检查

主要通过查阅相关文件和记录以及与企业负责人、质量安全负责人及各部门相关管理人员进行交流。可查阅的文件包括质量手册、部门职责与权限规定相关的文件，人员名单、人员任命书、人员/岗位职责与权限相关文件，部门/人员履行质量管理职能相关记录，特别是质量管理部门行使质量否决权的相关记录等。在查阅文件过程中，可通过询问企业负责人、质量安全负责人、部门负责人、岗位人员等相关情况，来评估企业的实际情况是否

---

① 全书除第七章委托生产外，【】中的数字为《化妆品生产质量管理规范检查要点（实际生产版）》中的序号。

与上述文件中的记录存在不一致，甚至完全相脱节的情况。

应当注意的是，由于本条款内容与其他章节的许多条款存在较大的相关性，例如涉及生产管理、技术管理、检验、采购、销售与售后服务等部门的质量管理职责，也涉及文件管理、研发、采购、生产管理、质量控制、不合格品控制、不良事件监测等质量管理环节。因此按照分工负责检查本章内容的检查员应当注意与负责其他相关章节的检查员进行沟通，了解相关执行情况，以便对本条款要求的符合程度进行全面和客观的评价。

（二）对生产人员和技术人员充分性、合理性的检查

主要通过查看企业人员名单及岗位职责，结合询问相关人员；结合生产品种、产量、产品检验周期衡量管理人员、技术人员、检验人员和操作人员的数量是否与生产规模和生产许可项目相匹配；查阅质量手册、企业人员培训、考核制度等。

1. 查阅企业组织机构图和部门职责要求、人员任命书等相关文件与记录，了解企业是否明确了管理人员、操作人员、检验人员必须具备的专业知识水平（包括学历要求）、工作技能、工作经验等要求，是否制定了上述岗位人员考核、评价与再评价制度；评估上述要求是否与企业生产的化妆品类别、风险程度、生产规模等相匹配。

2. 查阅企业人员名单，确认企业与化妆品质量有关的岗位与人员；抽查不同部门/岗位人员工作简历、学历证书、培训证书、培训记录、考核与评价记录等，评估上述人员配备数量与能力是否符合企业规定要求，是否与企业质量管理需求相匹配。

3. 通过查阅检验人员岗位职责、任职条件等相关文件，结合相关章节检查结果，评估企业检验人员是否专职，是否能胜任本职工作，检验员数量、工作能力是否能够满足企业质量管理需要。

4. 现场抽查部分技术、管理、生产、检验等人员，了解其是否熟悉相应的工作职责或内容，是否能够按照岗位标准操作规程（SOP）的要求进行

操作，以考察其是否胜任工作岗位要求。

5．检查是否聘用了不得从事化妆品生产经营活动的人员从事化妆品生产或者检验。

（三）对质量管理部门设置和履行职责的检查

主要通过查阅相关文件和记录以及与企业负责人、质量安全负责人及各部门相关管理人员进行交流。可查阅的文件包括质量手册、部门职责与权限规定相关的文件，人员名单、人员任命书、人员/岗位职责与权限相关文件，部门/人员履行质量管理职能相关记录，特别是质量管理部门制订的各项文件及行使相关质量保证、质量控制的相关记录。

> **第五条** 企业应当建立化妆品质量安全责任制，明确企业法定代表人（或者主要负责人，下同）、质量安全负责人、质量管理部门负责人、生产部门负责人以及其他化妆品质量安全相关岗位的职责，各岗位人员应当按照岗位职责要求，逐级履行相应的化妆品质量安全责任。

◆ 条款解读

本条款是对企业建立质量安全责任制的要求，包括明确质量安全关键管理人员的职责，以及各岗位人员应当依岗位职责履行相应的质量安全责任的要求。

企业要对化妆品生产质量安全负主体责任。但是，企业的质量安全责任，需要整个质量保证体系中涉及的各部门、各具体的岗位、各个具体的管理人员和实操人员来落实。这个责任分配、授权和落实的制度就是企业的质量安全责任制，需要以岗位职责文件或授权书的形式来明确。

企业的质量安全关键管理人员依次为法定代表人（或者主要负责人）、质量安全负责人、质量管理部门负责人、生产部门负责人。此外，一般还包括研发部负责人、法规事务部负责人、销售部负责人等。有的大型化妆品企业可能还会设立独立的物料供应链管理部门。

企业应当对这些管理人员的质量安全责任分工和岗位职责以书面形式给予明确，并应当逐级落实执行。各岗位人员应当按照岗位职责要求，逐级履行相应的化妆品质量安全责任。

◆ 检查要点【3】

1. 企业是否建立化妆品质量安全责任制；是否书面规定企业法定代表人、质量安全负责人、质量管理部门负责人、生产部门负责人以及其他化妆品质量安全相关岗位的职责；
2. 企业各岗位人员是否按照其岗位职责的要求逐级履行质量安全责任。

◆ 检查方法

本条款的检查主要采用检查制度文件及记录的方式进行。

1. 查看企业制定的质量安全责任制度；查看对企业法定代表人、质量安全负责人、质量管理部门负责人等质量管理人员及质量管理安全相关岗位人员岗位职责的书面规定和任命书，查看这些人员履职的相关记录。

2. 结合质量管理体系各环节发现问题情况，综合判定企业质量安全责任制落实情况。

在检查企业规定关键管理人员质量安全职责的文件时，应当重点关注企业的规定是否涵盖了《规范》第六条至第九条对法定代表人、质量安全负责人、质量管理部门负责人、生产部门负责人的职责要求。

第六条 法定代表人对化妆品质量安全工作全面负责，应当负责提供必要的资源，合理制定并组织实施质量方针，确保实现质量目标。

◆ **条款解读**

本条款明确了企业法定代表人是化妆品质量安全的主要责任人，应当对化妆品质量安全工作全面负责，及其必须履行的3方面职责。

为了更好地理解本条款，首先要明确以下几个基本概念。

1. 企业法定代表人和主要负责人

企业法定代表人是指企业营业执照和《化妆品生产许可证》上载明的企业法人，可能是企业的主要经营者也可能只是企业的投资方、主要出资方（控股股东）。企业主要负责人是指负责企业日常运营的最高管理者，通常履行总经理职责。因此，有的企业法定代表人和企业主要负责人为同一自然人，有的企业则可能不是同一自然人。在日常生活中，人们通常所说的"最高管理者"指实际负责企业运营的权限最大、职位最高的负责人，如董事长、总经理、工厂厂长中的某个人，而非一组人。由于不同企业在称谓上有差异，应该注意区分企业所有者与实际运营者，以便正确识别企业主要负责人。有些企业的董事长自己参与企业运营，同时还聘任一位总经理。有些企业的董事长（实际出资人或主要出资人）则不参与企业运营，但在外部审核时也会到场以示重视。有些企业法人代表虽担任企业总经理，但企业实际运营则由企业副总经理负责。因此在实际检查中，应当识别真正负责企业日常运营的"最高管理者"。

2. 质量方针和质量目标

质量方针（quality policy）是指由企业的最高管理者正式发布的企业总的质量意图和质量方向。通常质量方针与企业的总方针相一致并为制定质量目标提供框架。质量目标（quality objective）是指企业质量追求的目标。质量目标通常建立在企业的质量方针基础上，通常对企业的各相关职能和层次分别规定质量目标。企业可以根据质量方针制定特定时限内、指定职能和指定层级的质量目标，如年度质量总目标、部门分解目标等。质量目标通常是可测量的。

3．资源、基础设施和工作环境

生产企业运行资源包括基础设施、物料、运行资金和人力资源。基础设施是企业运行所必需的设施、设备和服务的体系。基础设施一般包括建筑物、工作场所和相关的设施，过程设备（硬件和软件），支持性服务（如运输或通讯）等。工作环境是指完成工作所处的一组条件。广义地讲，条件可包括物理的、社会的、心理的和环境的因素，但对化妆品生产企业来讲，工作环境主要指物理条件，例如温湿度、洁净度、压力、光照等。

本条款明确企业法定代表人或企业主要负责人在质量管理体系中的3大质量管理职责，包括：

（1）提供质量管理体系有效运行所需的人力资源、物质资源和工作环境等

化妆品生产企业质量管理体系的有效运行需要包括人员、办公场所、生产车间、生产/检验设备、生产/检验设施、物料、信息等诸多软件、硬件和人员条件。通常人们关注硬件条件多，关注人力资源次之，最容易忽视的是软件条件，特别是企业获取除人力和财物以外资源的能力，如管理能力。基于一定硬件和人员基础，好的管理可以使平凡的人在普通硬件条件下取得不平凡的质量管理业绩。因此评估企业负责人履职情况时，应特别关注其对软资源的投入。

（2）合理计划、组织和协调

企业法定代表人或主要负责人是企业的最高管理者，因此应当发挥企业质量体系"排头兵"或"领头羊"的作用，要科学安排企业生产和质量活动的计划，精密组织好各项质量管理工作，合理协调发挥生产和质量管理各职能部门的作用，把质量管理落到实处。

最为重要的是，企业法定代表人或主要负责人应当要求企业各部门、各环节都应当按照法规要求组织生产。《条例》第二十八条明确规定"委托生产化妆品的，化妆品注册人、备案人应当委托取得相应化妆品生产许可的企

业，并对受委托企业（以下称受托生产企业）的生产活动进行监督，保证其按照法定要求进行生产。受托生产企业应当依照法律、法规、强制性国家标准、技术规范以及合同约定进行生产，对生产活动负责，并接受化妆品注册人、备案人的监督。"第二十九条规定生产企业"应当按照《化妆品生产质量管理规范》的要求组织生产化妆品，建立化妆品生产质量管理体系"；严格按照化妆品"注册或者备案资料载明的技术要求生产化妆品"。

综上所述，法律法规对生产企业的直接要求是化妆品符合相关标准和产品技术要求，间接要求是持续保持生产条件和质量管理体系的有效运行，最终要求是保证化妆品的质量安全。

（3）确保企业的质量方针和质量目标的实现

要确保实现企业的质量方针和质量目标，首先是制订好质量方针和目标。质量方针是为了明确企业在质量方面的关注点。好的质量方针应当是精心制定，内涵丰富、在企业内部能达成共识，起到激励作用并与企业创立的宗旨和企业长期质量目标相一致的。有些企业制定质量方针仅有一些口号，如"管理规范""求实创新"等，没有具体的内涵阐述，起不到质量关注的作用。质量目标是质量方针的具体化。在质量方针的预设框架下，确定一定阶段内企业量化的、适宜的、经努力可实现的企业质量目标，如一次成品合格率，每年开发化妆品新品种数量等，同时将企业质量目标分解至各职能部门，以保证企业总质量目标能如期达成。质量方针和质量目标均应文件化。

◆ **检查要点【4】**

1. 企业是否书面明确规定法定代表人全面负责化妆品质量安全工作。

2. 法定代表人是否为化妆品生产和质量安全工作提供与生产化妆品品种、数量和生产许可项目相适应的资源，是否组织制定企业的质量方针和质量目标，是否组织对质量目标的实现进行定期考核和分析。

◆ 检查方法

本条款主要采用查阅文件、与企业法定代表人交谈以及综合其他章节检查结果的方式进行。

1. 查阅企业《化妆品生产许可证》和企业人员名单，确认企业法定代表人和主要负责人。

2. 查阅企业《质量手册》，确认企业主要负责人的职责是否包括了本条款规定的全部内容。

3. 与企业主要负责人口头交流，了解其实际运营公司的时间、工作内容、工作方式、方法等。结合其他章节的客观证据和检查结果，综合评估企业主要负责人是否全职从事企业管理工作。企业主要负责人原则上不得兼职部门负责人。

4. 查阅质量方针与质量目标相关文件，确认质量方针和质量目标是否由企业主要负责人签发；质量目标是否在质量方针框架下进行了细化、具体化；质量目标是否可测量，是否在一定层次上进行了适当分解，是否计划或已经在规定期限内对质量目标的实现进行了恰当的评审。

5. 根据其他章节检查结果，综合评估企业人力资源、基础设施和工作环境符合规范要求的程度。例如当发现企业生产或检验相关岗位人员配备不足、工人流失、洁净区域面积不够、厂房设计不合理、检验设备不足或未按规定校验（校准）、洁净区空调系统不能满足要求等问题时，企业主要负责人又没有及时采取适当的纠正预防措施，就可以判定企业主要负责人没有很好地履行其第一款职责。

6. 查阅企业原料检验验收、生产过程、半成品、成品的质量控制和合格率、不合格品的控制、标签与说明书、销售记录、顾客反馈及纠正与预防措施、不良反应监测等相关文件和记录，综合评价企业负责人是否确保化妆品生产满足法律法规要求。

第七条　企业应当设质量安全负责人，质量安全负责人应当具备化妆品、化学、化工、生物、医学、药学、食品、公共卫生或者法学等化妆品质量安全相关专业知识，熟悉相关法律法规、强制性国家标准、技术规范，并具有5年以上化妆品生产或者质量管理经验。

质量安全负责人应当协助法定代表人承担下列相应的产品质量安全管理和产品放行职责：

（一）建立并组织实施本企业质量管理体系，落实质量安全管理责任，定期向法定代表人报告质量管理体系运行情况；

（二）产品质量安全问题的决策及有关文件的签发；

（三）产品安全评估报告、配方、生产工艺、物料供应商、产品标签等的审核管理，以及化妆品注册、备案资料的审核（受托生产企业除外）；

（四）物料放行管理和产品放行；

（五）化妆品不良反应监测管理。

质量安全负责人应当独立履行职责，不受企业其他人员的干扰。根据企业质量管理体系运行需要，经法定代表人书面同意，质量安全负责人可以指定本企业的其他人员协助履行上述职责中除（一）（二）外的其他职责。被指定人员应当具备相应资质和履职能力，且其协助履行上述职责的时间、具体事项等应当如实记录，确保协助履行职责行为可追溯。质量安全负责人应当对协助履行职责情况进行监督，且其应当承担的法律责任并不转移给被指定人员。

◆ 条款解读

本条款第一款是对企业设置质量安全负责人及其资质条件的规定；第二款是对质量安全负责人具体承担职责的规定；第三款则是对质量安全负责人应当独立履行职责，不受企业其他人员干扰的规定，同时对协助履职人员的要求。

《条例》第三十二条明确规定"化妆品注册人、备案人、受托生产企业应当设质量安全负责人，承担相应的产品质量安全管理和产品放行职责。质量安全负责人应当具备化妆品质量安全相关专业知识，并具有5年以上化妆品生产或者质量安全管理经验。"

虽然与原《化妆品卫生监督条例》相比，质量安全负责人（principal for quality and safety, PQS）的设置是《条例》增加的新要求，但在ISO质量管理体系标准中，以及其他产品，如医疗器械GMP、食品GMP中却是实施已久的要求，在食品GMP中也叫"质量安全负责人"，在医疗器械GMP或其他产品的质量体系标准中则称之为"管理者代表"。

≫ 知识延伸：管理者代表

管理者代表（management representative），这一职位名称最早出现于ISO 9000族标准，特指主管质量管理体系的高层管理人员。管理者代表的职责和权限主要包括：确保质量管理体系所需的过程得到建立、实施和保持；向最高管理者报告质量管理体系的业绩和任何改进的需求；确保在整个组织内提高满足顾客和法规要求的意识。此外，管理者代表的职责还可以包括与质量管理体系有关事宜的外部联络。

因此，对质量安全负责人可以作以下理解：由于企业主要负责人（最高管理者）除质量管理方面的职责外，还需承担其他企业运营方面的大量职责，为了保证质量管理体系的建立和有效运行，授权质量安全负责人代其承担质量管理体系的具体组织管理工作，因此质量安全负责人本质上是最高管理者的助手。为了有利于集中管理，企业的最高管理者一般只能指定一名质量安全负责人。

1. 质量安全负责人的任职条件和任命

质量安全负责人是负责建立、实施并保持质量管理体系的关键人员，是最高管理者与企业各部门间的联系纽带与桥梁。因此，企业主要负责人应当高度重视质量安全负责人人选的确定。鉴于质量安全负责人在质量管理体系中的重大作用，应当具有与其履行职责所具备的相应教育、培训、工作经历与经验。

《条例》第三十二条规定"质量安全负责人应当具备化妆品质量安全相关专业知识，并具有5年以上化妆品生产或者质量安全管理经验。"为了保证《条例》要求的可操作性和可评价性，《规范》进一步明确了质量安全负责人的专业背景要求，即具备化妆品、化学、化工、生物、医学、药学、公共卫生、食品、法学等相关专业知识、具备化妆品质量安全相关专业和法规知识。

本条款对质量安全负责人未明确学历要求。但是，无论企业还是监管、检查人员，都应当意识到，这里的专业知识要求是否能够满足，最直接的依据还是相关专业的教育背景，即学历。本条款列举的这些专业，除法学外，其共同特点是把化学作为其必修基础课或专业课。众所周知，化妆品行业是基于化学科学的技术产业，因此具备化学专业知识，特别是有机化学专业知识，是从事化妆品的生产和质量管理的基础。一个连化学分子式都看不懂、连各类无机或有机化合物的基本性质都不清楚的人，是不可能胜任化妆品生产企业的质量安全负责人、质量管理部门负责人、生产部门负责人的岗位职责的。所以，接受过化学相关专业高等教育应当是对化妆品行业生产和管理人员的起码要求。当然，对某些特定人员，例如已具备了很好的质量管理经验，但其化学专业知识相对不足时，也可通过非学历教育或有效的培训来弥补。

质量安全负责人，除了专业要求外，还应当熟悉化妆品相关法律法规、强制性国家标准及技术规范，并具有5年以上化妆品生产或者质量管理经验。其中，对法律法规、强制性国家标准及技术规范的要求，大家较好理解。

对质量安全负责人应当"具备5年以上化妆品生产或者质量管理经验的要求"是《条例》的规定，在《规范》中也照此要求了。在《规范》实施后的一定阶段内，这条要求可能会导致合格质量安全负责人的紧缺。根据国家药监局综合司关于化妆品质量安全负责人有关问题的复函（药监综妆函〔2022〕224号），鉴于药品、医疗器械、特殊食品等健康相关产品生产或者质量安全管理的原则与化妆品生产或者质量安全管理的原则基本一致，根据法规立法原意和监管实际，化妆品质量安全负责人在具备化妆品质量安全相关专业知识的前提下，其所具有的药品、医疗器械、特殊食品生产或者质量管理经验，可以视为具有化妆品生产或者质量安全管理经验。尽管如此，考虑到化妆品行业的特殊性，在计算其5年化妆品生产或者质量安全管理经验的年限时，已具备药品、医疗器械、特殊食品生产和质量管理的工作经验的人员虽然可以折抵一定年限，还是应当要求其至少有1至2年的化妆品生产或管理经验。总之，企业在任命质量安全负责人时应当充分考虑企业实际情况，任命要满足《规范》要求的基本条件，让真正具备相应能力和经验的人员作为质量安全负责人。

为了保证其更好地独立履行职责，质量安全负责人应当是企业高层管理人员。在中等以上规模的生产企业，质量安全负责人一般应由分管质量管理的副总经理担任。在较小规模的生产企业，质量安全负责人也可由企业负责人自己兼任。在规模很小的企业，质量安全负责人甚至可以同时兼任质量管理部门负责人。无论哪种情形，都必须保证任命的质量安全负责人能够不受干扰地履行其职责。

质量安全负责人应当是企业的专职人员，每一个具有独立生产许可证的企业应当设立独立的专职质量安全负责人。原则上同一个自然人不得同时兼任不同化妆品注册人、备案人和持有不同生产许可证的生产企业的质量安全负责人。注册人、备案人与生产企业为同一法人且执行同一质量管理体系的，其质量安全负责人可以由同一自然人兼任。

确定人选后，企业主要负责人应当以签发任命书的形式任命质量安全负责人，任命书要明确其职责、权限和任职期限，并传达到企业所有相关部门，以保证其顺利履职。

2. 质量安全负责人的职责

企业可以将本《规范》中的5项职责直接写入质量安全负责人任命书中，也可以将这些职责进一步细化与分解。无论语言如何表述，质量安全人的职责应至少符合本条款要求，不可或缺。

具体来讲，质量安全负责人应当协助法定代表人承担企业质量管理体系的建立、实施和保持，处理质量管理体系建立、运行中的各种具体问题；就质量管理体系的业绩和改进向最高管理者报告，并在获得批准后组织实施；通过培训、交流、奖罚等多种方式和手段在企业内部提高满足顾客要求和保证化妆品安全有效的质量意识；通常还负责与质量管理体系有关的对外联络事宜：如企业供应商质量管理体系审核、委托生产企业的选择和审核、组织化妆品型式检验、安全性和功效评价、临床验证等相关事宜。

3. 质量安全负责人与企业主要负责人的关系

企业主要负责人是质量管理的首要负责人，质量安全负责人是企业法定代表人或主要负责人在质量管理方面的助手、责任授权人，直接对企业主要负责人负责，全面负责处理企业质量管理体系的具体事务。质量安全负责人可以协助最高管理者开展相关质量管理活动，如制定质量方针和质量目标、具体落实体系运行必需的资源、实施管理评审等。但是，质量安全负责人不能代替企业法定代表人或主要负责人行使第六条规定的应当由企业法定代表履行的职责。例如，质量安全负责人可以签署质量体系内的其他程序文件，但是质量方针和质量目标必须由企业法定代表人或主要负责人签发。

4. 质量安全负责人的独立履职

本条款第三款首先是对质量安全负责人独立履职，不受企业其他人员干扰的规定。这里所指干扰人员，最可能来自企业法定代表人或企业主要负责人。后者有时可能出于成本和效益的考虑，会对质量安全负责人在质量安全方面的正确决策，例如产品不予放行的决定，给予干扰。因此，企业应当对质量安全人的独立履职作出规定。当然，如果企业法人或主要负责人是对质量安全负责人履职情况的督促和正面干涉，则是应该鼓励的。

5. 关于质量安全负责人职责的委托

对较大生产规模的企业，质量安全负责人的所有职责单靠一个人是难于承担的。因此，在本条第三款规定了可委托的情形，以及受托人的资质要求。

本条第三款明确，除了"建立并组织实施本企业质量管理体系，落实质量安全管理责任，定期向法定代表人报告质量管理体系运行情况"和"产品质量安全问题的决策及有关文件的签发"两项职责外，质量安全负责人可以指定本企业的其他人员协助其他职责，包括：履行产品安全评估报告、配方、生产工艺、物料供应商、产品标签等的审核管理，化妆品注册、备案资料的审核；物料放行管理，与产品放行、化妆品不良反应监测管理职责。同时明确，指定他人协助履职应当满足以下条件：被指定人员应当具备相应资质和履职能力，且其协助履行上述职责的时间、具体事项等应当如实记录，确保协助履行职责行为可追溯。同时，还规定质量安全负责人应当对协助履行职责情况进行监督，且其应当承担的法律责任并不转移给被指定人员。

◆ **检查要点**

（一）第一款【5*】

1. 企业是否设有质量安全负责人。

2. 质量安全负责人是否具备化妆品、化学、化工、生物、医学、药学、食品、公共卫生或者法学等专业教育或培训背景，是否具备化妆品质量安全相关专业知识，是否熟悉相关法律法规、强制性国家标准、技术规范。

3. 质量安全负责人是否具有5年以上化妆品生产或者质量管理经验。

（二）第二款【6*】

1. 质量安全负责人是否建立并组织实施本企业质量管理体系，落实质量安全管理责任，并定期以书面报告形式向法定代表人报告质量管理体系运行情况。

2. 质量安全负责人是否负责产品质量安全问题的决策及有关文件的签发。

3. 质量安全负责人是否组织制定产品安全评估报告、配方、生产工艺、物料供应商、产品标签等的审核管理程序，并履行审核管理职责。

4. 质量安全负责人是否履行对化妆品注册、备案资料审核的职责（受托生产企业除外）。

5. 质量安全负责人是否根据质量管理体系要求，履行物料放行管理和产品放行职责。

6. 质量安全负责人是否履行化妆品不良反应监测管理职责。

（三）第三款【7】

1. 质量安全负责人是否按照质量安全责任制独立履行职责，在产品质量安全管理和产品放行中不受企业其他人员的干扰。

2. 质量安全负责人指定本企业的其他人员协助履行其职责的，指定协助履行的职责是否为化妆品生产质量管理规范第七条第二款（一）（二）项以外的职责；是否制定相应的指定协助履行职责管理程序并经法定代表人书面同意。

3. 被指定人员是否具备相应的资质和履职能力。

4. 被指定人员在协助履职过程中是否执行相应的管理程序，并如实记录，保证履职的内容、时间、具体事项可追溯。

5. 质量安全负责人是否对协助履职情况进行监督。

◆ 检查方法

本条款的检查主要采用查阅相关文件和记录、与质量安全负责人及相关人员交流等方式进行。

1. 查阅企业人员名单和质量安全负责人任命文件，确认质量安全负责人是否由企业负责人任命，任命书是否注明其职责和权限。

2. 查阅企业组织机构图、质量手册中有关质量安全负责人职责等相关文件，确认质量安全负责人被赋予的权限能够保证其有效履职，质量安全负责人职责是否覆盖《规范》要求的全部内容。

3. 查阅质量安全负责人履历简历、推荐信、工作证明、培训证书等相关文件，了解质量安全负责人的教育背景、工作经历和培训经历，并通过与质量安全负责人交谈了解其对工作职责、相关法律法规、相关管理要求的掌握情况，查看企业岗位资质要求，综合评估质量安全负责人的教育背景、工作经历与培训经历能否胜任其职责要求。

4. 查阅质量安全负责人履职相关记录，如质量手册、程序文件等体系文件批准记录、质量管理体系内审、外审记录、特别质量策划/计划和评审等记录、化妆品验证/确认计划批准记录、特别不合格事件处置记录、管理评审参会记录、纠正预防措施相关记录等，综合评价质量安全负责人履职情况。

5. 通过与企业负责人、生产/质量管理部门负责人、从事检验、验证等质量相关员工交谈，进一步了解企业质量管理体系总体运行情况和质量安全负责人履职情况。

6. 了解其他章节检查员发现的问题，综合评价企业质量管理体系建立、运行情况和质量安全负责人履职情况。

> **第八条** 质量管理部门负责人应当具备化妆品、化学、化工、生物、医学、药学、食品、公共卫生或者法学等化妆品质量安全相关专

业知识，熟悉相关法律法规、强制性国家标准、技术规范，并具有化妆品生产或者质量管理经验。质量管理部门负责人应当承担下列职责：

（一）所有产品质量有关文件的审核；

（二）组织与产品质量相关的变更、自查、不合格品管理、不良反应监测、召回等活动；

（三）保证质量标准、检验方法和其他质量管理规程有效实施；

（四）保证完成必要的验证工作，审核和批准验证方案和报告；

（五）承担物料和产品的放行审核工作；

（六）评价物料供应商；

（七）制定并实施生产质量管理相关的培训计划，保证员工经过与其岗位要求相适应的培训，并达到岗位职责的要求；

（八）负责其他与产品质量有关的活动。

质量安全负责人、质量管理部门负责人不得兼任生产部门负责人。

◆ **条款解读**

本条款是对质量管理部门负责人的规定，第一款包括任职条件和职责范围。第二款强调质量安全负责人、质量管理部门负责人不得兼任生产部门负责人。

质量管理部门是质量管理体系运行的直接管理部门，其工作范围涵盖研发、生产、销售3个重要环节。因此，其负责人的法律法规意识、实践经验及其质量管理能力直接决定着质量体系能否有效运行，直接决定着产品的质量。企业应当依据所生产化妆品的产品特点、生产规模、专业技术要求、风险控制要求等因素综合选择、配备质量管理部门负责人。

本条对质量管理部门负责人提出了3方面要求：

1. 应当具备化妆品、化学、化工、生物、医学、药学、公共卫生或者食品等相关专业的教育背景或培训经历，以具备相关专业知识。

2. 具备化妆品质量安全相关专业和法律法规知识。

3. 具备化妆品生产或者质量管理经验。该条款中对生产和管理经验的要求虽然没有像质量安全负责人那样规定具体的年限，但是一般应当具备3年以上。

此外，质量管理部门负责人必须是专职人员，不仅不能在其他企业兼职，同时也不能兼任其他部门负责人，尤其是生产部门的负责人。这是从保证质量管理的公平性、客观性的角度提出的要求。

企业在任命质量管理部门负责人时，在满足基本条件的前提下，还要重点关注其实际工作经验与能力应与其从事的工作、承担的责任相匹配。此外，还要注重对质量管理部门负责人的培训与定期考核，保证已任命的质量管理部门负责人能够持续熟悉化妆品相关法规，具有足够的法律意识与风险意识，具备足够的管理经验，有能力识别化妆品质量管理中的风险，并根据风险大小，及时做出正确的判断与处理。对不能认真履职的质量管理部门负责人要及时更换。

关于质量管理部门负责人的职责，除了本条款列举的8个主要方面外，还要对质量管理部门所承担的其他质量保证和质量控制职责（详见对第四条的解读）负责。

◆ **检查要点【8*】**

1. 企业是否设有质量管理部门负责人。

2. 质量管理部门负责人是否具备化妆品、化学、化工、生物、医学、药学、食品、公共卫生或者法学等专业教育或培训背景，是否具备化妆品质量安全相关专业知识，是否熟悉相关法律法规、强制性国家标准、技术规范。

3. 质量管理部门负责人是否具有化妆品生产或质量管理经验。

4. 质量管理部门负责人是否承担所有产品质量有关文件（包括制度、程序、标准、记录、报告等）的审核管理。

5. 质量管理部门负责人是否根据质量管理体系要求，组织与产品质量相关的变更、自查、不合格品管理、不良反应监测、召回等活动。

6. 质量管理部门负责人是否监督保证质量标准、检验方法和其他质量管理规程有效实施。

7. 质量管理部门负责人是否组织实施主要生产工艺（包括生产工艺参数、工艺过程的关键控制点）等必要的验证工作，并审核和批准验证方案和报告。

8. 质量管理部门负责人是否承担物料和产品的放行审核工作，并保证审核工作可追溯。

9. 质量管理部门负责人是否根据物料供应商相关管理制度定期评价物料供应商。

10. 质量管理部门负责人是否根据企业实际情况制定生产质量管理相关的入职培训和年度培训计划，并根据培训计划实施培训及考核，以保证员工达到岗位职责的要求。

11. 质量管理部门负责人是否负责其他与产品质量有关的活动。

12. 质量安全负责人、质量管理部门负责人是否兼任生产部门负责人。

◆ 检查方法

本条款的检查主要采用查阅相关文件和记录、与质量管理部门负责人及相关人员交流等方式进行。

1. 查阅企业质量手册，了解质量管理部门的职能与负责人的职责、权限；确认企业是否规定了质量管理部门负责人应具备的专业知识水平、工作技能、培训经历、工作经验等任职要求。

2．查阅企业人员名单、任命书或等效文件，确认质量管理部门负责人。

3．查阅质量管理部门负责人履历、学历证书、培训证书、考核与评价记录等，并通过与其本人及质量管理部门员工交谈等方式，了解是否满足企业的任职要求，并正确履行了相关职责。

4．抽查与质量管理部门负责人履职有关的记录，如化妆品技术文档、生产及检验批记录文件、内审记录、成品检验放行记录等，结合《规范》其他章节相关检查发现，综合评价质量管理部门负责人专业、法规、业务能力与质量管理能力是否符合企业相关质量体系文件的要求。

5．检查质量安全负责人、质量管理部门负责人是否兼任生产部门负责人，一般可通过查阅企业人员任命书了解具体情况。

第九条　生产部门负责人应当具备化妆品、化学、化工、生物、医学、药学、食品、公共卫生或者法学等化妆品质量安全相关专业知识，熟悉相关法律法规、强制性国家标准、技术规范，并具有化妆品生产或者质量管理经验。生产部门负责人应当承担下列职责：

（一）保证产品按照化妆品注册、备案资料载明的技术要求以及企业制定的生产工艺规程和岗位操作规程生产；

（二）保证生产记录真实、完整、准确、可追溯；

（三）保证生产环境、设施设备满足生产质量需要；

（四）保证直接从事生产活动的员工经过培训，具备与其岗位要求相适应的知识和技能；

（五）负责其他与产品生产有关的活动。

◆ 条款解读

本条款是对生产部门负责人的规定：一是任职条件，即专业知识、法律法规知识、生产或质量管理经验的要求；二是职责范围。

生产部门是负责产品生产的具体实施部门，是质量管理体系重点控制的环节，因此，其负责人的法规意识、实践经验及其质量管理能力直接决定着产品的质量。企业应当依据所生产化妆品的产品特点、生产规模、专业技术要求、风险控制要求等因素综合选择、配备生产部门负责人。

本条款对生产部门负责人提出了3方面要求：

1. 应当具备化妆品、化学、化工、生物、医学、药学、食品、公共卫生或者法学等相关专业知识，一般可理解为相关专业教育背景或培训经历。

2. 具备化妆品质量安全相关专业和法律法规知识。

3. 化妆品生产或者质量管理经验。该条款中对生产和管理经验的要求虽然没有像质量安全负责人那样规定具体的年限，但一般应当具备3年以上为宜。

企业在任命生产部门负责人时，在满足上述基本条件的前提下，还要重点关注其实际工作经验与能力是否与其从事的工作、承担的职责相匹配。此外，还要注重对生产部门负责人的培训与定期考核，保证其能够持续熟悉化妆品相关法规，具有足够的法律意识与风险意识，具备足够的生产管理经验。对不能认真履职的生产部门负责人要及时更换。

生产部门负责人的职责，包括本条款列举的5个主要方面：

1. 保证产品按照化妆品注册、备案资料载明的技术要求以及企业制定的生产工艺规程和岗位操作规程生产。

2. 保证生产记录真实、完整、准确、可追溯。

3. 保证生产环境、设施设备满足生产质量需要。

4. 保证直接从事生产活动的员工经过培训，具备与其岗位要求相适应的知识和技能。

5. 负责其他与产品生产有关的活动。

◆ **检查要点【9*】**

1. 企业是否设有生产部门负责人。

2. 生产部门负责人是否具备化妆品、化学、化工、生物、医学、药学、食品、公共卫生或者法学等专业教育或培训背景，是否具备化妆品质量安全相关专业知识，是否熟悉相关法律法规、强制性国家标准、技术规范。

3. 生产部门负责人是否具有化妆品生产或者质量管理经验。

4. 生产部门负责人的职责是否包含本条款规定的职责内容。

5. 生产部门负责人是否根据相应的生产管理规程，保证产品按照化妆品注册、备案资料载明的技术要求以及企业制定的生产工艺规程和岗位操作规程生产。

6. 生产部门负责人是否根据相应的生产管理规程，保证生产记录真实、完整、准确、可追溯。

7. 生产部门负责人是否根据相应的生产管理规程，保证生产环境、设施设备满足生产质量需要。

8. 生产部门负责人是否确认直接从事生产活动的员工培训内容，明确培训效果，保证其具备与岗位要求相适应的知识和技能。

9. 生产部门负责人是否负责其他与产品生产有关的活动。

◆ **检查方法**

本条款的检查主要采用查阅相关文件和记录、与生产部门负责人及相关人员交流等方式进行。

1. 查阅企业质量手册，了解生产部门的职能与负责人的职责、权限；确认企业是否规定了生产管理部门负责人应具备的专业知识水平、工作技能、培训经历、工作经验等任职要求。

2．查阅企业人员名单、任命书或等效文件，确认生产部门负责人。

3．查阅生产部门负责人履历、学历证书、培训证书、考核与评价记录等，并通过与其本人及生产部员工交谈等方式，了解是否满足企业的入职要求，并正确履行了相关职责。

4．抽查与生产部门负责人履职有关的记录，如生产环境监控记录、生产检验批记录、原料验收、领用、成品检验放行记录等。

5．结合《规范》其他章节相关检查发现，综合评价生产负责人专业法规、业务能力与质量管理能力是否符合企业相关质量体系文件的要求。

> **第十条**　企业应当制定并实施从业人员入职培训和年度培训计划，确保员工熟悉岗位职责，具备履行岗位职责的法律知识、专业知识以及操作技能，考核合格后方可上岗。
>
> 企业应当建立员工培训档案，包括培训人员、时间、内容、方式及考核情况等。

◆ 条款解读

本条款是对企业员工培训相关的要求。第一款强调企业应当制定并实施从业人员的入职培训和年度培训计划，而且通过培训，使得员工既熟悉岗位职责，又要具备相关法律法规知识、专业知识和履行岗位职责的操作技能，且考核合格后才能上岗。第二款规定培训要建立培训档案以及档案包括的主要内容。

企业质量管理体系是否有效运行，与其员工，特别是与产品质量有关的技术、管理、生产、检验等人员密切相关。这些人员的质量管理意识、质量管理知识、专业知识与履职能力是企业质量管理体系的重要支撑。化妆品品种繁多、产品风险程度跨度大、产品生产工艺各异，且知识更新迅速，均要求化妆品生产企业员工的质量管理意识、知识与技能都要及时更新，与时俱进。

入职和在职培训是企业人员更新知识、提高质量意识与操作技能不可或缺的重要手段。所有国际质量体系标准，包括ISO 22716：2007《国际化妆品生产质量管理规范指导原则》，均对员工培训的要求作出规定：组织应提供培训并评价采取措施的有效性；应确保员工认识到其工作的质量重要性并懂得如何为实现质量目标做贡献；组织应保持培训等相关记录。

企业不仅要按照本条款要求制订并执行培训计划，还应当制订人员培训管理制度，明确规定培训的人员范围、培训内容、培训计划制订要求、培训组织实施部门、培训效果评估方法、培训资料的归档范围等内容。监管部门在检查这一条款时，企业培训管理制度、培训计划和相关培训记录都应当是企业对影响产品质量人员实施有效培训的主要依据。

培训的目的除了提高相关人员的专业知识和工作技能外，还有一个重要的目的是不断强化每个员工的质量意识和法律法规意识。只有让每个员工真正了解其在整个质量体系中的作用和对产品质量安全所承担的职责以及相关的法规要求，才能让其履职行为变成自觉的行动。

培训的内容和方式应当具有针对性。不同的岗位、职责、教育背景、工作经历等所需培训的内容和方式应当有所区别。企业应针对不同的培训需求，制订不同的培训计划，例如新员工入职培训、生产或检验人员上岗前培训、在岗人员继续教育培训以及新法规、新技术出现时或企业体系文件制订、修订后的专题培训等。承担培训的师资可以来自企业内部或外部。培训方式可以针对培训内容和培训对象选择不同的方式，例如课堂学习、分组研讨、自学、网络学习、实际操作训练。

企业应在每年年初就制订年度培训计划，明确培训对象、培训内容、培训次数、培训方式等内容。培训结束时应有考核或效果评估，考核及评估结果应及时反馈给受训人员。培训的实施过程、考核、总结和评估应当保留记录，一般应包括培训计划和方案、组织部门、培训时间、授课人、培训资料、培训人员签到表、考卷、考核和评估记录等。

◆ **检查要点【10】**

1. 企业是否制定从业人员入职培训和年度培训计划；培训计划是否根据生产的化妆品品种、数量和生产许可项目合理设置法律知识、专业知识以及操作技能等内容。

2. 企业是否按照入职培训和年度培训计划对员工进行培训；培训效果是否经过考核。

3. 新入职员工或调岗员工是否经岗位知识、岗位职责和操作技能考核合格后上岗；员工是否具备相应履职能力。

4. 企业是否建立员工培训档案；培训档案是否包括培训人员、时间、内容、方式及考核情况等。

◆ **检查方法**

本条款的检查主要采取查阅相关文件、记录和现场考查（抽查）人员的方式进行。

1. 查阅的文件和记录包括企业对影响质量人员确定与评价的文件、培训的程序或制度；入职和年度培训计划；培训记录及相关资料等。在评价培训效果时应当注意其年度培训计划的频次是否适宜、培训内容是否充分、是否有针对性（例如分层次、因人因岗而异）、培训师资是否适当、培训手段是否多样化、培训效果是否经考核和评估、培训是否覆盖所有质量有关人员、培训记录是否完整保存等。

2. 对人员的现场考核可通过与相关人员交流，主要通过询问或交谈的方式，了解其实际专业知识、质量意识、对其岗位职责和需执行SOP的了解。对某些技术性要求高的岗位，例如配料工序、检验人员也可以采用实际操作方式考核。

第十一条　企业应当建立并执行从业人员健康管理制度。直接从事化妆品生产活动的人员应当在上岗前接受健康检查，上岗后每年接受健康检查。患有国务院卫生主管部门规定的有碍化妆品质量安全疾病的人员不得直接从事化妆品生产活动。企业应当建立从业人员健康档案，至少保存3年。

企业应当建立并执行进入生产车间卫生管理制度、外来人员管理制度，不得在生产车间、实验室内开展对产品质量安全有不利影响的活动。

◆ 条款解读

本条款是对从业人员和进入车间的外来人员的健康卫生进行管理的要求。第一款包括3方面的含义：一是对企业建立并执行从业人员健康管理制度的要求。包括直接从事化妆品生产活动的人员应当在上岗前及每年度接受健康检查。二是直接引用《条例》对从业人员的要求，即"患有国务院卫生主管部门规定的有碍化妆品质量安全疾病的人员不得直接从事化妆品生产活动。"三是应当建立从业人员健康档案和对保存期限的要求，即至少3年。第二款是对进入生产车间的人员控制要求，包括建立并执行进入生产车间卫生管理制度、外来人员管理制度。

化妆品将直接或间接影响消费者的健康，在其生产过程中所有接触人员的个人健康卫生情况是影响产品质量因素之一。从业人员所携带的（病原体病毒、病菌等）可能会成为产品的微生物污染源。因此对直接从事化妆品生产活动的人员健康状况进行控制和管理，不仅是对员工职业防护的需要，更是产品质量安全管理的需要。

直接从事化妆品生产活动人员的范围，企业可根据实际情况确定，原则上应当包括从事化妆品生产、检验和仓库相关操作人员等。此类从业人员入职前和在岗期间应当按规定进行健康检查，取得医疗机构出具的检查项目齐全并有明确结论的体检报告后方能上岗。

人员自身健康状况对化妆品质量的影响程度因化妆品产品类别、环境要求、接触产品的程度不同而异。因此，在保证相关人员健康状况对产品质量（主要是污染、交叉污染的风险）得到有效控制的基本要求下，企业应根据其产品特点、风险程度、生产环境要求（一般环境还是洁净环境）和工作岗位（直接接触还是不接触过程产品或产品）等，确定需要进行健康管理的人员范围和不同的要求。

企业应当按照岗位健康要求，在具备资质的医疗机构对员工开展入职前体检。员工入职后，有健康管理要求的岗位一般至少一年接受一次健康体检。《条例》规定，患有国务院卫生主管部门规定的有碍化妆品质量安全疾病的人员不得直接从事化妆品生产活动。在国务院卫生主管部门出台有碍化妆品质量安全疾病的范围规定之前，企业可暂时参考原《化妆品卫生监督条例》规定的有碍化妆品质量安全疾病的范围。即患有痢疾、伤寒、病毒性肝炎、活动性肺结核、手部皮肤病（手癣、指甲癣、手部湿疹、发生于手部的银屑病或者鳞屑）和渗出性皮肤病等疾病的人员，不能直接从事化妆品生产活动。

企业应当按规定建立员工健康档案并保留健康体检、健康报告等相关记录，保存期限为3年。

企业应当建立并执行进入生产车间卫生管理制度，内容一般包括：进入人员的卫生要求、着装（含鞋帽）要求、不得带入与生产无关物质及禁止在生产区及仓储区吸烟、饮食或者进行其他有碍化妆品生产质量的活动。

企业应当建立并执行外来人员管理制度，包括外来人员进入生产区域或仓储区域的批准登记制度。进入这些区域前，外来人员必须有企业人员给予清洁、消毒、更衣、安全等方面的指导，在进入后也应当由企业相关人员陪同并对其行为进行监督指导，避免发生影响产品质量安全的行为。

◆ 检查要点

（一）第一款【11】

1. 企业是否建立并执行从业人员健康管理制度。

2. 直接从事化妆品生产活动的人员是否在上岗前接受健康检查，是否在上岗后每年接受健康检查；直接从事化妆品生产活动的人员是否患有国务院卫生主管部门规定的有碍化妆品质量安全的疾病。

3. 企业是否建立从业人员健康档案；健康档案保存期限是否符合要求。

（二）第二款【12】

1. 企业是否建立并执行进入生产车间卫生管理制度；进入生产车间卫生管理制度是否包括进入生产车间人员的清洁、消毒（必要时）、着装要求等内容；企业是否定期对工作服清洁消毒。

2. 企业是否制定外来人员管理制度；外来人员管理制度是否包括批准、登记、清洁、消毒（必要时）、着装以及安全指导等内容；企业是否对外来人员进行监督。

3. 企业是否在生产车间、实验室内开展对产品质量安全有不利影响的活动，是否带入或者放置与生产无关的个人用品或者其他与生产不相关物品。

◆ 检查方法

对本条第一款的检查主要通过查阅企业健康管理制度和记录、档案的方式进行。重点在于评估其健康管理制度规定的人员是否满足入职体检和定期体检（一年至少一次的要求）、体检项目是否充分，是否按照其健康管理的要求实施。可根据企业健康管理制度规定确认需要进行健康管理的人员名单，查阅企业人员健康管理档案，抽查员工健康记录、考勤记录等，确认企业相关岗位工作人员是否存在不能满足健康要求却仍在从事化妆品生产的情况。

对本条第二款的检查主要通过查看进入生产区和仓储区人员管理制度；查看工作服清洗保洁制度及记录；查看人员进入批准登记记录等。

三、注意事项

1. 由于组织机构与人员是企业质量管理体系的基础，对企业质量管理水平有重大影响。企业对本章要求的符合程度会直接影响到对其他章节要求的符合程度，因此，其他章节发现相关问题的多少和严重程度可以直接佐证企业组织机构与人员管理的优劣状况。在检查本章条款时，检查员应注意与其他章节相关条款的符合程度进行关联，例如在审核企业组织机构设置及其职责权限规定、企业负责人、质量安全负责人履职情况、企业质量管理相关人员配备情况、相关人员胜任岗位能力情况时，尤其要重视其他章节发现的问题和证据。

2. 对本章内容的检查，需要检查员在充分熟悉企业产品特点和质量体系文件的基础上综合运用查阅相关文件和记录、与不同人员交谈等多种方法，与其他章节发现问题相互印证，来广泛收集缺陷项的证据，并在基于证据的基础上，得出检查结论。如果片面地认为本章节各条款是基本要求，相对简单，因此仅仅通过查阅人员名单、质量手册、程序文件、部门人员职责与权限等文件，仅满足了解这些文件的有无，就很难发现企业质量管理体系的系统性问题。

3. 对企业组织机构中各部门的设立，只要满足本《规范》的要求，关键是与企业的规模和产品特点相适应，在部门的多少和具体名称上，检查员应尊重企业的自主权利，不应当强求一律。

四、常见问题和案例分析

（一）常见问题

1. 企业组织管理机构方面

组织管理机构设置不合理，例如质量管理部门人员数量与企业规模不匹配。各部门职责、权限不清晰，存在重叠或交叉。例如，一些企业物料的采购和验收由生产和检验部门同时负责，但由于二者分工权限不明确，导致物料的采购未严格按照采购程序执行。再如，有的企业规定中央空调、制水系统、日常使用由生产部门负责，但未明确具体维护保养部门，导致上述设施设备的日常维护保养出现漏洞。又如，未在部门职能文件中明确质量管理部门的"质量否决权"，使得出现质量问题时，各部门间出现推诿情况。

2. 质量安全负责人设置方面

有的企业质量安全负责人不具备相应的资质，不能有效行使对质量体系管理职责；有的企业的质量安全负责人更换频繁，不能保证质量体系管理的稳定性；有的企业名义上任命了符合资质要求的质量安全负责人，但实际上所具备的权限有限，不能对质量管理体系实施全面管理等；有的企业质量安全负责人承担职责太多，一人承担了体系文件起草、批准、分发、实施等大部分具体工作，内审、外审、管理评审都是质量安全负责人在"唱独角戏"，其他部门的参与度低。

3. 生产部门、质量管理部门负责人

有的对相关法规不够熟悉，有的不具备应当具备的专业背景，有的缺少质量管理的经验，不能对企业生产和质量管理中的实际问题做出正确的判断和处理。

4. 企业生产人员或检验人员配备方面

配备不足或不合理，例如配料工序操作人员不了解其岗位操作规程，检验人员不具备岗位职责要求的工作技能或未经过充分的培训；某些较大规模的化妆品生产企业仅配备2名检验员，不能满足包括原料、半成品、成品、洁净区的环境监测、工艺用水检测等需求；有的企业检验员同时承担质量管理的职责。

5. 执业人员健康管理方面

对直接接触产品的人员健康疏于管理，有的企业不能保证必要的体检频率，检查项目少；有的企业在在职人员体检中发现某些指标例如转氨酶超常时，未对其进行进一步检查和评价，仍让其从事直接接触化妆品产品的配料和灌装工序；有的企业人员体检查报告中已明确是乙肝传染期的患者（"大三阳"），却仍让其从事直接接触化妆品的生产工作。

（二）典型案例分析

案例1 A企业是一家化妆品受托生产企业，生产许可范围涵盖膏、霜、液、粉等多种类型，其接受委托的产品既有特殊化妆品也有普通化妆品，年产值超过2000万元。在现场检查时发现，该企业的质量管理部门设在总经理办公室，质量管理部门负责人由总经理秘书兼任，总经理办公室另设1名工作人员，声称主要承担质量管理部门的具体工作。在忙不过来时，可由办公室其他1名人员协助。

讨论分析 该企业的质量管理部门实际上无论办公场所，还是人员均非独立，且在职能与总经理办公室的职能存在较大的重叠，因此很难充分履行质量管理的职责。兼职质量负责人作为企业负责人即总经理的秘书，可能更多的精力要用于协助配合总经理工作，因此很难保证履行其质量负责人的应尽职责。此外，专职质量管理人员实际上仅1名，与企业的生产范围和规模不相适应。因此，该企业可判断为违背了《规范》第四条。

虽然《规范》第八条中仅明确规定，质量部门负责人不得兼任生产部门负责人，并没有排除兼任其他部门负责人的可能。但是，若质量部门负责人如果因为兼任了其他方面职责，而不能保证其履行质量管理的本职工做，也是不合适的。

案例2 B1企业是B集团公司的化妆品生产工厂。B1企业的质量安全负责人，符合《规范》第七条要求的所有任职条件，但他同时兼任该集团公司研发中心B2公司的总工。

讨论分析 《条例》的第三十二条明确规定化妆品注册人、备案人、受托生产企业应当设置质量安全负责人，承担产品质量安全管理和产品放行职责。同时在第六十二条对未设置质量安全负责人设立了法律责任。可见，质量安全负责人对企业的质量体系所承担的责任是非常重大且不可或缺的。《规范》第七条对质量安全负责人的资质条件和职责进一步明确，作为一个合格的质量安全负责人并真正履行其质量管理职责无疑应当是专职人员。在本案例中，B1企业的质量安全负责人由研发中心的总工兼任，即使该总工能力和水平都很高，但一身二职，要切实履行好B1公司的质量安全负责人，在时间和精力上都得不到保证，显然也是不合适的。

五、思考题

1. 化妆品生产企业的组织机构图应明确哪些要素？

2．化妆品生产企业法人代表或主要负责人应履行哪些职责？

3．化妆品生产企业质量安全负责人应履行哪些职责？

4．为什么化妆品生产企业质量安全负责人、质量管理部门负责人和生产部门负责人应当具备化学相关专业的教育背景？

5．化妆品质量管理部门一般工作人员与部门负责人在职责方面有何不同？

（田少雷编写）

第三章

质量保证与控制

一、概述

《化妆品生产质量管理规范》（以下简称《规范》）是化妆品注册人、备案人和生产企业建立质量管理体系的基本准则。《规范》的第三章是对化妆品生产质量保证和质量控制的原则性规定。

根据GB/T 19000—2016/ISO 9000：2015《质量管理体系基础和术语》对"质量管理"的定义，质量管理是制定质量方针和质量目标，以及通过质量策划、质量保证、质量控制和质量改进实现质量方针和质量目标的过程。可见"质量管理"是一个大的概念，涵盖了为满足质量要求而保障所需资源、组织生产过程、实施质量控制、推行持续改进等所有活动。

质量管理的重点环节和手段是质量保证（quality assurance，QA）和质量控制（quality control，QC），定义见本书第二章第四条款的解读，在此不再赘述。

质量控制不仅仅是指产品的质量检验，还包括生产过程的质量控制，两者结合是控制产品质量的双重手段。化妆品直接作用于人体表面，能满足消费者对美的需求，随着化妆品相关学科和生产技术的进步，一些新原料的出现和新工艺的产生，极大地推动了化妆品产业的发展，同时也增加了化妆品安全风险，生产过程的质量控制和产品的质量检验对保障化妆品的质量尤为重要。

质量是指产品满足要求的程度。评价化妆品质量好不好，要看化妆品的"特性"是否符合"要求"。化妆品的"特性"包括安全性、稳定性和功效性。安全性，即依照化妆品安全评估方法确认化妆品对人体不存在健康危害。稳定性，即化妆品能够通过耐热、耐寒、离心、色泽稳定性试验，保证在正常使用条件下物理状态稳定，无变质，无污染。功效性，即符合化妆品功效宣称有关要求，使用后能够实现消费者预期的清洁、保护、美化、修饰的目的或防晒、祛斑美白、染发、烫发、防脱发等特殊功效。对化妆品来说，质量特性中的安全性要求，应当尤为关注。为了保障化妆品在正常使用时不会给消费者的健康造成损害，我国化妆品的相关法律法规和监管部门的监管重点均把安全性放在首位。

《规范》第三章包括7个条款，分别从质量体系文件管理、记录管理、追溯管理、自查制度、检验管理、实验室管理与检验要求、留样管理等7个方面对建立和运行质量保证与质量控制的关键内容作出了原则性规定。

本章虽然只有7个条款，但却涵盖了化妆品质量管理体系中，包括人员管理、生产和检验设施设备管理、物料管理、生产过程管理、销售管理等全过程的有关质量保证的通用要求和对物料（含原料和包装材料）、半成品、产品质量控制的原则要求。在《规范》的其他章节中，有很多条款是为落实本章7个方面的原则性规定而设定的更为细化、更加具体的要求。因此，在企业建立质量管理体系和检查员检查过程中，应当将本章的7个条款与其他章节的相关条款结合起来实施。

二、条款解读与检查指南

第十二条　企业应当建立健全化妆品生产质量管理体系文件，包括质量方针、质量目标、质量管理制度、质量标准、产品配方、生产工艺规程、操作规程，以及法律法规要求的其他文件。

> 企业应当建立并执行文件管理制度，保证化妆品生产质量管理体系文件的制定、审核、批准、发放、销毁等得到有效控制。

◆ 条款解读

本条款是对企业建立质量管理体系文件的原则要求。第一款规定了企业应当建立的质量管理体系文件的范围，包括质量方针、质量目标、质量管理制度、质量标准、产品配方、生产工艺规程、操作规程以及法律法规要求的其他文件；第二款是对企业建立并执行文件管理制度的要求，该制度应当涵盖制定控制、审核控制、发放控制、销毁控制等内容。

质量管理体系应当通过文件化的形式表现出来。质量管理体系文件的建立过程相当于企业对自身质量管理的"立法"过程。

1．质量管理体系文件的构成

质量管理体系文件一般可分为以下5个层次：

（1）质量手册　包括质量方针、质量目标、对质量体系阐述说明的文件、企业组织机构图、各职能部门的职责分工和关系、人员岗位说明书等。

（2）质量管理制度或程序　如从业人员健康管理制度、物料进货查验记录制度、生产管理制度、产品检验管理制度、实验室管理制度等；需说明的是，管理制度和管理程序可视为同一类文件，可互相替代。

（3）标准操作规程（SOP）　如生产设备使用规程、岗位操作规程或作业指导书、清洁消毒操作规程、物料验收规程、工艺用水管理规程等。

（4）质量技术文件　如产品质量标准、原料验收标准、生产配方、生产工艺规程、检验规程、验证方案、注册备案资料等。

（5）记录实际生产过程和质量管理活动的文件　如批生产检验记录、检验原始记录、环境监测记录、清洁消毒记录、仪器设备使用记录、销售记录、领料单、退料单、出货单、自查报告、风险分析报告等。

此外，企业还应当指定专人及时收集、更新和保存外部文件，例如相关法律法规、国家标准及技术规范、供应商资料、委托方或客户需求等资料。

2. 质量体系文件的重要性

ISO 22716：2007中相关条款对建立文件的要求和必要性进行了解释，即通过文件管理可以创建一种机制，这种机制可以展示出产品是如何被生产出来、如何经过检验的。因为文件规定了企业的所有过程、程序和生产活动的各个方面，通过文件，既可以防止依赖口头交流而导致的误解或者信息丢失，又可以帮助企业跟踪问题可能出现的位置，以便采取适当的纠正措施。

《规范》要求企业建立完善的质量管理体系文件和产品技术文件，并特别强调了质量管理制度、质量标准、生产配方和工艺规程、操作规程等4个方面的重要文件，与目前我国化妆品生产质量管理状况和化妆品安全问题密切相关。

3. 对质量体系文件的要求

企业在建立质量体系文件时，要注意以下几个方面：

（1）合法合规性　企业的所有质量体系文件均应当符合国家法律法规的要求，不得与法律法规、国家标准和技术规范相冲突。

（2）系统完整性　质量管理体系文件和产品技术文件应当完善，能够覆盖从物料采购到生产、检验、贮存、销售和召回的全过程，至少涵盖《规范》规定的管理文件、质量管理制度、操作规程、技术要求和记录等内容。

（3）适用可行性　质量体系文件必须结合本企业实际，与本企业规模、生产范围、资源水平、生产管理能力相适宜。例如，质量方针和质量目标应当切合本企业实际，既能对本企业质量体系的建立发挥引领和指导作用，又可实现、可操作、可评价。各项管理制度应当与企业的生产规模和生产范围相适应，具有可行性。

（4）科学有效性　各项质量管理制度和技术文件应当制定有据，切实可行，必要时需经过验证或确认。在实施一定时间后，应当对实际效果进行评估，必要时修订。

（5）权威性　质量管理体系文件具有内部法规的作用，一经制定并发布，企业全体人员必须遵守，不得违背。如需修改，应当具有充分合理的理由，并在按照修订程序正式修订发布后才能执行。

规模不同、产品不同、生产工艺不同、人员能力不同的企业，质量管理体系文件的复杂程度可能存在很大的差异。无论注册人、备案人、受托生产企业还是监管人员都要避免重形式不重内容的做法。制定质量体系文件的目的是为了执行。如不执行或不能有效执行，再完善的质量体系文件也没什么作用。

4. 关于质量方针和质量目标

质量管理体系是企业为实现质量方针和目标而组织生产资源和实施质量管理的所有活动。质量方针是企业质量管理长远发展的方向，质量目标是企业实施质量管理近期期望的结果。《规范》第六条已明确了企业法人代表组织制订实施质量方针和质量目标的职责。

企业在制定质量方针时应当注意以下5个方面。

（1）质量方针应当适应企业的宗旨、环境并支持其战略方向。

（2）质量方针要能够为企业进一步建立的质量目标提供框架。

（3）质量方针应当包括满足适用要求的承诺。

（4）质量方针应当包括持续改进质量管理体系的承诺。

（5）质量方针应当由企业最高管理者正式批准发布，体现权威性。

在制定质量目标时也应当注意以下5个方面。

（1）企业应当针对与质量相关的各职能、各层次和质量管理体系所需的各个过程建立质量目标。

（2）质量目标应当与质量方针保持一致，并明确要做什么、需要什么资源、由谁负责、何时完成以及如何评价结果。

（3）质量目标应当可测量，并作为评价各职能、各层次质量管理工作的依据。

（4）质量目标应当考虑适用的要求，与产品和服务合格以及提升顾客满意度相关。

（5）企业应当对质量目标的实现予以监测、沟通、评估并适时更新。

质量方针和质量目标制定得越是科学合理，其指导作用和引领作用就越强。应当对质量方针和质量目标进行定期评估，考查其能否在企业各层级、各部门，对相关人员真正发挥质量管理引领的功能。

质量方针和质量目标在企业内部应得到充分的培训，使得生产和质量管理相关人员对其内容能够有较深理解，才能够更好发挥提高员工执行力、保证质量目标实现、提升管理水平的作用。

5．质量管理制度或程序

对《规范》的全文进行分析，涉及的管理制度包括：

（1）文件管理制度。

（2）记录管理制度。

（3）追溯管理制度。

（4）质量安全责任制度。

（5）从业人员健康管理制度。

（6）从业人员培训制度。

（7）进入生产区和仓储区人员控制制度。

（8）工作服清洗消毒制度。

（9）供应商遴选审核评价制度。

（10）原料验收管理制度。

（11）生产设备管理制度。

（12）生产过程及质量控制制度。

（13）生产管理制度。

（14）物料管理制度。

（15）实验室设备和仪器管理制度。

（16）产品检验制度。

（17）取样及样品管理制度。

（18）物料放行管理制度。

（19）留样管理制度。

（20）制水系统清洁、消毒、监测制度。

（21）空气净化系统监测、清洁、消毒、维护制度。

（22）产品销售管理制度。

（23）退货管理制度。

（24）产品质量投诉管理制度。

（25）不良反应监测制度。

（26）召回制度等。

需要说明的是，企业在制订质量管理制度时应本着实事求是的原则，按照《规范》的要求，结合其实际生产规模、产品复杂程度、资源实际情况等来制订各项制度。只要保证各质量管理环节或过程均有制度可依，就不必拘泥于所制订制度名称是否与《规范》中的说法完全一致。还需注意《规范》第五十四条对委托方建立并执行质量管理制度作出了规定，包括：产品注册备案管理、从业人员健康管理、从业人员培训、质量管理体系自查、产品放行管理、产品留样管理、产品销售记录、产品贮存和运输管理、产品退货记录、产品质量投诉管理、产品召回管理等质量管理制度，建立并实施化妆品不良反应监测和评价体系。委托方向受托生产企业提供物料的，委托方应当按照本《规范》要求建立并执行供应商遴选、物料审查、物料进货查验记录和验收以及物料放行管理等相关制度。委托方应当根据委托生产实际，按照本《规范》建立并执行其他相关质量管理制度。特别提示化妆品注册人、备案人，即使本企业完全委托生产，也需要建立包括相关质量管理制度的质量管理体系。

6. 关于质量技术文件

质量技术文件主要是指产品的工艺配方、生产工艺、产品和半成品检验标准、原料的验收检验标准等。实际上，每种化妆品在提交注册和备案资料时，均已涵盖了产品的技术要求有关的文件。《条例》中明确规定，企业必须按照注册、备案提交的技术要求组织生产。因此，企业要注意确保每种化妆品在生产过程或委托生产企业的相应生产环节所采用的技术文件与注册、备案提交的资料相符，否则会违背相关法规要求，并需承担相应法律责任。

7. 关于质量体系文件管理

本条款第二款是对文件管理的主要内容和要求。为保证企业的质量管理体系文件齐全、真实、合法、可靠、方便查阅，企业应当对文件实施管理控制。企业为了对质量文件进行有效管理，应当首先制订文件管理制度（或程序），即通常所说的"SOP制订管理的SOP"。

文件管理制度，在内容上一般包括以下几方面：

（1）要明确文件的制修订、发布、实施流程，一般包括起草或修订、审核、批准、发放、培训、使用、回收销毁等。

（2）规定文件管理控制的措施，确保制订的文件得到有效落实和控制，例如，相关岗位人员应当经过培训，熟悉相关文件内容；在使用现场为最新的有效版本，避免误用作废的文件。

（3）对制订的文件要定期评估，必要时及时修订或废除等。

（4）质量管理部门应当及时回收由于修订、版本变更、废除等作废的文件。对作废文件，企业应当至少保存一份，以满足追溯的需要，其他作废文件应当予以销毁并保存销毁记录。

为保证所有文件的有效性、可靠性和适用性，在文件的制定、审核、批准、发放、销毁过程中，企业应当注意以下6点：

（1）做好文件标识，明确文件标题、编号、版本、制修订和批准的日期、生效日期、印制人数以及起草部门、审核部门、批准部门、发放部门等，文件的制定人、审核人和批准人应当签字，受控文件应当加盖"受控"章。

（2）确定文件形式和载体，如文字、图表、纸质文件、电子数据等。

（3）文件应当得到审核和批准，并保存相关记录。

（4）发放过程应当有发放、接收记录。

（5）质量管理部门应当有企业所有质量管理文件目录和管理情况记录。

（6）使用部门应当有本部门相关质量管理文件目录和管理情况记录。

◆ **检查要点**

（一）第一款【13】

1. 企业建立的化妆品生产质量管理体系文件是否健全，是否包括质量方针、质量目标、质量管理制度、质量标准、产品配方、生产工艺规程、操作规程，以及法律法规要求的其他文件。

2. 企业是否制定能体现质量方向的质量方针，并向全员宣贯；质量目标是否有量化指标；质量管理制度是否适宜并可操作；质量标准是否涵盖物料和产品的质量要求；产品配方是否与化妆品注册、备案资料一致；操作规程是否涵盖关键岗位和关键仪器设备操作要求。

（二）第二款【14】

1. 企业是否建立文件管理制度；文件管理制度是否明确质量管理体系文件制定、审核、批准、发放、作废、销毁等的程序和格式。

2. 企业是否执行文件管理制度；文件是否受控、是否经审核批准、在使用处存放的是否为有效版本，外来文件是否及时更新，作废文件是否及时销毁等。

◆ 检查方法

本条款的检查主要采取查阅相关文件、记录和现场考查（抽查）人员的方式进行。

1. 查看企业的生产质量管理体系文件目录和基本内容，询问相关人员，判断企业建立的化妆品生产质量管理体系文件是否齐全。

2. 查看企业的质量方针、质量目标、质量管理制度、质量标准、产品配方、生产工艺规程、操作规程等文件，对照注册、备案资料和质量方针宣贯、质量目标考核等记录，询问相关人员，结合质量管理体系各环节发现问题情况，综合判定企业的生产质量管理体系文件是否健全。

3. 查看企业的文件管理制度和落实制度的相关记录。

4. 询问质量管理部门人员，对化妆品法律法规、技术规范等的掌握情况和相关文件更新情况。

5. 抽查企业质量管理体系文件，询问质量管理部门人员和相关人员，综合判定企业是否对文件的制定、审核、批准、发放、销毁等实施有效控制。

6. 抽查质量管理部门存放的质量管理制度、质量标准，生产部门存放的质量管理制度、产品配方、生产工艺规程、操作规程等是否与质量管理部门存放的质量管理体系文件一致。

每次检查不可能面面俱到，一般采取抽样检查的方式进行。例如，在检查企业的生产配方和工艺规程时，可以抽查正在生产的产品、风险相对较高的3～5种产品，看其配方和工艺规程是否与注册、备案（申请注册、备案）的技术要求一致；再如，在检查企业的操作规程时，可以抽查主要设备和关键岗位，审核企业是否对其制定了操作规程，操作规程能否为现场操作提供详细指导，是否在使用处的明显位置张贴相关内容。

检查企业的质量体系文件时，不仅要查"有没有"，更要查文件的适用性、有效性。例如，能否与生产规模和生产许可项目相适应，能否在实际工作中得到切实的执行。由于本条款是一项综合性条款，除本条款规定的检查要点外，还应当考虑《规范》其他相关条款对应的检查要点，在完成对企业质量管理体系的全部检查之后进行综合判定。

对文件管理制度的检查应当采用查看资料、询问相关人员和现场查看相结合的方式进行。

> **第十三条** 与本规范有关的活动均应当形成记录。
>
> 企业应当建立并执行记录管理制度。记录应当真实、完整、准确，清晰易辨，相互关联可追溯，不得随意更改，更正应当留痕并签注更正人姓名及日期。
>
> 采用计算机（电子化）系统生成、保存记录或者数据的，应当符合本规范附1的要求。
>
> 记录应当标示清晰，存放有序，便于查阅。与产品追溯相关的记录，其保存期限不得少于产品使用期限届满后1年；产品使用期限不足1年的，记录保存期限不得少于2年。与产品追溯不相关的记录，其保存期限不得少于2年。记录保存期限另有规定的从其规定。

◆ 条款解读

本条款是对企业记录文件的管理控制要求。第一款明确了记录的范围是与本规范有关的所有活动。第二款是对记录控制的要求。第三款是对计算机（电子化）系统生成、保存记录或者数据的要求。第四款是对记录保存和期限的要求。

1. 记录管理的重要性

仅从本条款第一句"与本规范有关的活动均应当形成记录"就可以看出，记录对于企业质量管理体系运行的重要性。记录是企业实现产品可追溯的基础，是评价质量管理体系运行情况的证据，是发现问题以实现持续改进目标的信息来源。GB/T 19001—2016/ISO 9001：2015《质量管理体系要求》关于"记录"的定义是：阐明所取得的结果或提供所完成活动的证据的文件。记录是开展预防和纠正措施，持续改进产品质量的依据，是质量问题、投诉、不良事件发生后追溯原因的依据，是内部审核、第三方认证和官方监督检查的主要依据。记录是随着活动的开展逐步形成的，企业的生产活动是否符合《规范》的要求，要通过检查相关记录来判定。

不仅化妆品生产企业应当独立满足《规范》的全部要求，建立与《规范》有关的活动的记录并保存必要的验证文件，即使完全委托生产的注册人、备案人也应当对其实际开展的全部生产质量管理的相关活动形成记录，并保存相关证明文件。

2．建立记录的范围

企业记录体系首先应当保证记录的充分性和完整性，即可覆盖产品生产、质量控制活动的方方面面，既能够作为企业按照《规范》开展所有质量管理活动的证据，也能够在企业发生质量安全问题时作为分析查找原因的依据。

本条款第一款规定"与本规范有关的活动均应当形成记录。"言简意赅，虽然字数不多，但所涵盖内容广泛，也就是说，只要《规范》中涉及的活动，均应当建立记录。梳理一下，这些活动包括但不限于以下方面：

（1）质量体系文件管理。

（2）供应商审核评价。

（3）物料采购、进货查验。

（4）生产设施设备维护、清洁消毒、使用。

（5）生产环境、仓储环境控制。

（6）从业人员卫生健康管理。

（7）从业人员培训。

（8）批生产。

（9）工艺验证。

（10）《规范》自查（内审）。

（11）接受外审或监管部门检查及整改。

（12）原料、半成品、产品检验。

（13）实验室设备和仪器管理，包括校准、检定、清洁、维护、使用等。

（14）标准品、试剂、试液、培养基采购、配制、灭菌。

（15）实验室对检验超标情况进行分析、调查、评估、确认和处理以及
采取纠正与预防措施。

（16）留样管理。

（17）物料及产品贮存。

（18）制水系统管理。

（19）空气净化系统管理。

（20）领料。

（21）生产清场。

（22）不合格品管理。

（23）销售管理。

（24）退货管理。

（25）质量投诉。

（26）不良反应监测。

（27）召回等。

3．对记录控制的要求

本条款对记录提出的明确要求包括：

（1）所有记录应当真实、完整、准确，清晰易辨，相互关联可追溯。

（2）所有记录都不得随意更改，更正应当留痕并签注更正人姓名及日期。

（3）所有记录都应当标示清晰，存放有序，便于查阅。

（4）采用计算机（化）系统生成、保存记录或者数据的，应当符合本规

范附1的要求。

对记录的管理控制一般包括记录表格的编制、填写、保存和处置等。企业在建立质量管理体系文件时，应当识别哪些记录需要形成和存贮，明确规定记录的格式和载体采用的方式，以及相关场所及条件、权限、保存期限和处置要求等。对记录的基本要求是及时、原始、真实、清晰、完整、可追溯、不可随意更改、易于识别、安全贮存等。

（1）及时　是指要即时即地记录，不得漏记、事后补记。

（2）真实　是指要实事求是记录，不得编造数据。

（3）准确　是指数据的来源和填写要认真，不得出现歧义或误解。

（4）完整　从大的方面讲，是指各种记录要覆盖所有与《规范》相关的活动，从小的方面讲，是指每项记录的规定内容，包括人员签字，都应当认真填写，不能有空项、漏项，不适用项也要注明"不适用"或"NA"（no applicable）。

（5）规范　记录要按照记录管理制度规定的格式填写，包括字体、单位、专业术语等要规范。

（6）清晰易辨　是指填写的内容要清楚，尤其人工填写的内容，应书写规范、字迹易辨。

（7）不易篡改　是指记录时应当使用不可擦除的书写工具，例如用钢笔、签字笔填写，而不能用铅笔填写。

（8）可追溯　是指各项关联记录之间应当保持合理的逻辑关系和连续性，形成产品可追溯的证据链。

（9）不得随意更改　不是不能"改"，而是只有在发现填写错误时才可以"更正"。即使更正也要实施控制，不得涂改或重新填写，而是通过"杠改"，保持原数据（信息）清晰可见，在旁边注明更改的内容，签注更正人姓名及日期，必要时（如可能影响实验结果的数据）还要注明修改理由。

（10）易于识别　可以采取编号、编码、颜色等方式识别，以方便查找调取。

（11）安全贮存　应当在安全场所保存，具有防潮、防火、防丢失措施。记录的保存期限应当符合要求。

对各类记录的具体要求如下：

（1）原料管理记录　一般包括名称、代码、批号、质量要求、产地、接收、检验、试验、处置和使用记录等。

（2）批生产检验记录　至少包括生产指令和领料、称量、配制、灌装、包装过程及产品检验、放行记录等内容，能够证明生产过程按照生产工艺规程和岗位操作规程实施和控制，保证产品生产、质量控制、贮存和物流等活动可追溯。每批产品的记录应当包含所使用的物料的名称和批号，原料名称应当使用提交化妆品注册备案资料时使用的名称。

（3）产品批号　应当能够追溯到原料的名称、成分、含量、批号和进货日期，以及内包装材料的材料名称、进货日期。

（4）检验记录　至少包括：可追溯的样品信息、检验开展时间、检验方法及判定标准、检验所用仪器设备信息、检验原始数据和检验结果、检验人和复核人的签名及日期。检验报告基本信息应当与原始记录保持一致，并附有报告人、复核人、批准人的签名及日期。

（5）仓储区环境检测记录　至少包括温、湿度监测记录、异常情况处理记录，负责此项工作的专门人员签字。

（6）制水系统管理记录　至少包括定期清洁、消毒、监测记录。

（7）空气净化系统管理记录　至少包括定期清洁、消毒、维护记录以及定期检测记录。

（8）生产设备管理记录　至少包括采购、安装、确认、使用、维护保养、清洁、消毒（必要时）记录。

（9）物料进货查验记录　至少包括查验供应商资质及物料合格出厂证明文件、购销信息记录，并留存相关票证文件。对于一些特殊原料，还要保留以下记录、证据：

● 企业使用按照国家有关规定需要检验、检疫的进口原料的，应当留存相关检验、检疫证明。

- 企业使用动植物来源的化妆品原料的，应当留存原料来源、制备工艺、使用部位等材料。

- 企业使用动物脏器组织及血液制品或者提取物的原料的，应当留存原料来源、制备工艺等材料，以及在原产国获准使用的此类原料的证据材料。

- 外购半成品直接灌装的企业，应当留存查验其所购买的半成品的国内生产企业取得相应的化妆品生产许可证的证据材料，境外生产企业取得当地化妆品监管机构生产质量管理体系相关资质认证的证据材料，以及由半成品生产企业出具的半成品生产工艺、质量标准和成分表。

（10）领料记录　应当包括领料单，领料时确认生产指令、核对物料包装和标签上的信息、确认领取的物料是合格经放行的物料、确认所领取的内包材已按照清洁消毒操作规程进行清洁消毒或者已确认其卫生符合性的相关记录。

（11）生产清场记录　应当包括清场时间、对应的产品批次、清场方法以及对生产区域、生产设备、管道、容器、器具清洁、消毒（必要时）的相关记录。

（12）不合格品（适用物料、半成品及产品）管理记录　应当包括不合格项目，不合格原因，返工、销毁等处理措施，经质量部门批准的情况和处理过程等。

（13）销售记录　应当包括产品名称、注册证编号或者备案编号、价格、数量、生产日期、生产批号、使用限期、销售日期、购买者名称、地址和联系方式等内容。

（14）退货记录　应当包括退货单位、产品名称、规格、批号、数量、原因以及处理结果等内容。

（15）不良反应监测记录　应当包括报告人或者发生不良反应者的姓

名、症状或者体征、不良反应类型、化妆品开始使用日期、不良反应发生日期、化妆品名称和批号、医生的信息和诊断意见、引起不良反应可能的原因以及处理结果等内容。如有缺项，应当作出合理说明。

（16）产品召回记录　应当包括召回通知、召回的实施过程等内容，召回通知记录应当包括企业发现问题、停止生产、发布召回已经上市销售产品的指令、通知相关化妆品经营者和消费者停止经营或者使用的情况（受委托企业发现问题、停止生产、通知化妆品注册人、备案人实施召回的情况），召回实施过程的记录应当包括产品名称、批号、发货数量、召回单位和召回数量、处理、销毁情况等内容。

（17）人员培训记录　应当包括培训时间、被培训人姓名、培训人员姓名、培训内容、培训资料、考核方式、考卷等。

4．对记录保存时限的要求

（1）与产品追溯相关的记录，例如批生产、检验记录，其保存期限不得少于产品使用期限届满后1年；产品使用期限不足1年的，记录保存期限不得少于2年。

（2）与产品追溯不相关的记录，例如质量体系自查记录，外审记录，环境控制记录，制水系统定期清洁、消毒、监测记录，实验室设备和仪器维护、保养、使用校准等管理记录等，其保存期限不得少于2年。

（3）记录保存期限另有规定的从其规定。例如企业的人员健康档案至少保存3年。

企业应当结合实际，根据本企业生产规模、产品类别、技术复杂程度，来建立记录系统。为了保证记录的完整性和规范性，企业在建立记录管理系统时，可以就以下问题进行策划：什么活动应当形成记录？各个记录应当采取哪些形式、记录哪些内容、在哪个区域使用、由谁来填写、由谁来审批？记录如何妥善保存以便在需要的时候能够及时调取。

企业建立记录管理系统，要把握充分性、真实性、可追溯性。充分性，就是企业建立的记录体系能够覆盖与《规范》有关的所有活动。真实性，就是企业的记录能够证明所完成的生产活动和质量管理活动的情况及活动当时的状态。可追溯性，就是通过查看相关记录可以重现从原料到产品实现的全过程。

需要注意，《规范》中有些条款涉及的活动明确提出了建立记录的要求，有些条款对相关活动的记录要求并没有直接作出规定，如人员培训、健康管理、环境监控、供应商遴选评价、质量体系自查及整改、风险控制等等，这些活动都是要建立记录的。企业应当根据《规范》的要求一项一项梳理，确定企业要建立的记录的名称、内容、形式等。记录可采用纸质文件也可采用电子文件。

5. 对电子化或数字化记录的要求

随着信息化技术的提高，采用ERP系统、物料电子码或二维码管理系统等电子化管理手段的企业越来越多，而且许多设备、仪器本身就有电子数据自动生成、输出或贮存系统。因此，本条款第三款的规定，即"采用计算机（化）系统生成、保存记录或者数据的，应当符合本规范附1的要求"。下面为《规范》附1的内容。

采用计算机（电子化）系统（以下简称"系统"）生成、保存记录或者数据的，应当采取相应的管理措施与技术手段，制定操作规程，确保生成和保存的数据或者信息真实、完整、准确、可追溯。

电子记录至少应当实现原有纸质记录的同等功能，满足活动管理要求。对于电子记录和纸质记录并存的情况，应当在操作规程和管理制度中明确规定作为基准的形式。

采用电子记录的系统应当满足以下功能要求：

（一）系统应当经过验证，确保记录时间与系统时间的一致性以及数据、信息的真实性、准确性；

（二）能够显示电子记录的所有数据，生成的数据可以阅读并能够打印；

（三）具有保证数据安全性的有效措施。系统生成的数据应当定期备份，数据的备份与删除应当有相应记录，系统变更、升级或者退役，应当采取措施保证原系统数据在规定的保存期限内能够进行查阅与追溯；

（四）确保登录用户的唯一性与可追溯性。规定用户登录权限，确保只有具有登录、修改、编辑权限的人员方可登录并操作。当采用电子签名时，应当符合《中华人民共和国电子签名法》的相关法规规定；

（五）系统应当建立有效的轨迹自动跟踪系统，能够对登录、修改、复制、打印等行为进行跟踪与查询；

（六）应当记录对系统操作的相关信息，至少包括操作者、操作时间、操作过程、操作原因，数据的产生、修改、删除、再处理、重新命名、转移，对系统的设置、配置、参数及时间戳的变更或者修改等内容。

◆ 检查要点

（一）第一款【15】

企业是否对与化妆品生产质量管理规范有关的活动均形成了记录；是否包括人员培训、健康、卫生管理，环境监控，设施、设备、仪器的清洁、消毒、监测、使用、维护管理，供应商审核评价，物料采购、验收、贮存、使用等管理，产品生产、放行管理，不合格品管理，检验管理，留样管理，实验室管理，体系自查，销售、退货、投诉、召回、不良反应监测等活动记录。

（二）第二款【16*】

1. 企业是否建立记录管理制度；记录管理制度是否明确记录的填写、保存、处置等程序和格式。

2. 企业是否执行记录管理制度，是否及时填写记录；记录是否真实、完整、准确、清晰易辨、相互关联可追溯；记录是否存在随意更改的情况；记录的更正是否符合要求。

（三）第三款【17】

企业采用计算机（电子化）系统生成、保存记录或者数据的，是否符合化妆品生产质量管理规范附1的要求。主要包括：

1. 采用电子记录的系统是否满足规定的功能要求。

2. 系统的有效性和安全性是否经过验证。

3. 系统是否具有保证数据安全性的有效措施，例如定期备份，防止病毒和非法入侵等。

4. 系统是否可以确保登录用户的唯一性与可追溯性。

5. 电子记录能否实现与纸质记录同等功能；系统生成和保存的数据或者信息是否真实、完整、准确、可追溯。

6. 系统是否建立有效的轨迹自动跟踪系统，能够对登录、编辑、修改、删除以及系统的设置、校准、修改、时间变更等操作进行自动跟踪，追溯操作者、操作时间和操作过程。

（四）第四款【18】

1. 所有记录是否标示清晰，存放有序，便于查阅。

2. 记录保存期限是否符合要求。

◆ 检查方法

对本条款的检查应当采用检查制度文件和记录、检查现场以及询问相关人员相结合的方式。

1. 在检查企业相关记录时，重点是核查企业是否建立了记录管理制度，是否对需要建立记录的"与规范相关活动"进行了识别，是否对识别出的活动实施了记录管理，记录模板是否符合要求，有关人员是否按记录管理制度的要求及时、真实、准确、完整、规范地填写了记录，记录内容是否清晰易辨认，有无使用易篡改的方法填写记录，有无篡改记录的情况，记录之间能否实现相互关联可追溯，有无更正记录的情况，如有记录更正是否按照更正的有关规定留痕并签注更正人姓名及日期。

2. 抽查企业记录的保存期限，核查企业的记录保存期限是否符合规定要求，记录是否有序存放、标识清楚、易于查找调取。

3. 企业采用计算机系统生成保存电子记录或者数据的，对照附1的要求进行检查。

特别要注意检查记录的及时性、真实性、准确性、完整性和规范性。可以通过查看活动的时间和记录的时间是否符合制度规定来判断记录的及时性，通过核查相关数据的逻辑关系来判断记录的真实性，通过核查仪器、设备等原始数据来源的工具的精度和检定情况来判断记录的准确性，通过检查记录内容是否全部填写来判断记录的完整性，通过查看记录的编号、签字、是否涂改等，判断记录的规范性。

如果企业正在生产，应当在生产现场对记录管理制度的落实情况实施动态考核，查看现场相关人员是否及时、准确、完整、规范地对其所从事的活动进行记录。

> **第十四条** 企业应当建立并执行追溯管理制度，对原料、内包材、半成品、成品制定明确的批号管理规则，与每批产品生产相关的所有记录应当相互关联，保证物料采购、产品生产、质量控制、贮存、销售和召回等全部活动可追溯。

◆ **条款解读**

本条款规定了化妆品质量追溯管理制度的要求，并强调企业应当对物料和产品批号管理规则作出规定并将追溯性管理落实在生产活动各个环节、各个过程中。

《质量管理体系 基础和术语》（GB/T 19000—2016/ISO 9000∶2015）关于"可追溯性"的定义是：追溯产品、过程、资源等客体的历史、应用情况或所处位置的能力。追溯管理对于防止混淆和误用、分析质量安全问题原因、实现产品溯源追踪十分重要。

追溯管理是需要认真策划的一整套系统性工程。企业在开展追溯管理时应当注意以下几点：

1. 建立完善科学的追溯性管理制度

追溯管理制度是追溯性管理的基础，只有制订的追溯管理制度完整、科学、适当，保证每批产品有相应的批号和生产检验记录，才能达到本条款"保证物料采购、产品生产、质量控制、贮存、销售和召回等全部活动可追溯"的要求。追溯管理制度的内容应当至少包括：批的确定，批号管理规则，每批产品的生产指令、领料、配料、批生产、检验、销售记录等，还要有生产过程和仓储环境条件、设备设施仪器使用及质量投诉、退货、不良反应监测、召回记录等。因为记录的完整性、准确性、可靠性是形成完整的证据链条、实现追溯的基础，本条款与第十三条记录管理，以及后续关于物料管理、生产过程管理、生产设备设施管理、实验室管理、检验和留样管理、仓储管理、销售管理等条款密切相关。

2. 设立清晰明确的批号管理规则

质量追溯性的关键是从物料到成品整个产品实现过程都应当基于统一的批号管理规则，通过每一生产批次的批号，与生产各个环节的记录建立联系，使得无论正向或者逆向追溯，都可以复现原来的生产过程和质量管理过程。纳入我国《已使用化妆品原料目录（2021年版）》的化妆品原料有8000多种，加上与化妆品直接接触的容器和包装材料等，化妆品生产使用的物料非常多，为了避免发生错用、非预期使用等问题，企业应当建立物料和成品的批号管理规则。

产品批号的设立规则最好能直观显示产品的类别和生产日期。有些不良企业为了迷惑消费者和监管人员，在产品批号的设置上故弄玄虚，实际上会带来批号管理上的混乱，埋下较大的风险隐患，这显然是与批号设置的初衷是相悖的。此外，为了保证追溯性，半成品和产品的批号最好保持一致，如不能一致时，二者之间应当具有明确的对应关系。

3．物料和产品设置唯一性标识

中等以上规模的化妆品生产企业会涉及数以百计甚至千计的不同类别、不同安全特性和不同质量标准的物料和产品，因此为了避免误用或混用，每种物料和产品设定唯一性标识就显得非常必要。成品的唯一性标识与物料标识、生产过程记录等一一对应，可以在出现质量安全问题时分析原因，采取纠正或纠正预防措施。物料和产品的检验检测状态应当有标识和记录，如待检、已检、待定、合格、不合格以及检验检测数据等。有的企业或许出于保护产品配方的目的，对原料名称完全用代码代替，使得生产岗位和质量管理岗位的操作人员都不清楚实际投放的原料是什么，特别容易导致化妆品安全隐患。

4．物料和成品的批号和相关记录等均不得随意更改

如果确实需要更正的，也不应涂改，一般采取"杠改"的方式，即在错误批号、记录上画一条横线或斜线，保持原数据清晰可见，在旁边标注正确的内容，并注明修改时间和修改人的签名，较重要的修改还要标注修改原因。物料和成品的批号和生产日期不得随意更改，确实需要更正的，须经质

量安全负责人书面批准，并记录更正情况和原因，保存更正前的相关记录。

◆ **检查要点【19】**

1. 企业是否建立并执行追溯管理制度；是否明确规定批的定义以及原料、内包材、半成品、成品的批号管理规则。
2. 企业能否通过批号管理确保与每批产品生产相关的所有记录相互关联。
3. 企业能否保证物料采购、产品生产、质量控制、贮存、销售和召回等全部活动可追溯。

◆ **检查方法**

对本条款的检查，主要采用查看资料、询问相关人员和现场查看、核对记录相结合的方式，重点要关注物料和产品批号管理规则以及产品批号和记录能否形成完整的链条。

1. 检查企业生产的产品是否按照批号管理规则建立相应的批号，建立并保存了对应每批产品的生产指令，领料、称量、配制、灌装、包装、过程及产品检验、放行等记录，保证产品生产、质量控制、贮存和物流等活动可追溯。

2. 检查产品批号能否追溯到原料的名称、成分、含量、批号和进货日期，以及内包装材料的材料名称、进货日期。

3. 检查企业记录是否有更改，查看企业关于更正的管理规定，如果发现有更正的情况，要核查更正的情形是否合理、是否符合企业关于更正的管理规定。注意发现企业有无物料和成品的批号和生产日期有更改的情况。

在检查策略上，可以先查看企业的产品追溯管理制度、物料和产品批号管理规则，再通过询问相关人员和现场查看、核对批生产、检验、贮存等记录来核查产品追溯管理制度的落实情况，综合判断企业的产品追溯制度能否保证从原料到产品全链条可追溯。重点核查原料批号能否追溯到原料的规范名称、成分、含量和进货日期，直接接触化妆品的包装材料能否追溯到包装物的材料名称、进货日期，产品批号能否追溯到品种、规格、生产日期和工艺条件。

也可以直接抽查3~5批产品和对应物料，询问相关人员批号如何建立，查看这些批次的批生产记录，重点是生产指令，领料、称量、配制、灌装、包装过程及产品检验、贮存、放行、销售等记录，看批号和记录能否保证产品生产、质量控制、贮存和物流等活动可追溯，最后核对企业物料和产品批号的建立和管理是否符合其物料和产品批号管理规则、产品追溯制度能否保证从原料到产品全链条可追溯。

对产品追溯制度建立和执行情况的检查，可以采取从原料向成品正向追踪的方法，也可以采取从成品向原料逆向溯源的方法。

第十五条 企业应当建立并执行质量管理体系自查制度，包括自查时间、自查依据、相关部门和人员职责、自查程序、结果评估等内容。

自查实施前应当制定自查方案，自查完成后应当形成自查报告。自查报告应当包括发现的问题、产品质量安全评价、整改措施等。自查报告应当经质量安全负责人批准，报告法定代表人，并反馈企业相关部门。企业应当对整改情况进行跟踪评价。

企业应当每年对化妆品生产质量管理规范的执行情况进行自查。出现连续停产1年以上，重新生产前应当进行自查，确认是否符合本规范要求；化妆品抽样检验结果不合格的，应当按规定及时开展自查并进行整改。

◆ 条款解读

本条款是对企业建立并执行《规范》实施情况自查制度的规定。第一款明确了企业应建立并执行质量管理体系自查制度以及主要内容；第二款是对自查方案、自查报告以及对整改情况进行跟踪评价的要求；第三款明确了自查的频次要求。

《条例》第三十四条规定：化妆品注册人、备案人、受托生产企业应当定期对化妆品生产质量管理规范的执行情况进行自查；生产条件发生变化，不再符合化妆品生产质量管理规范要求的，应当立即采取整改措施；可能影响化妆品质量安全的，应当立即停止生产并向所在地省、自治区、直辖市人民政府药品监督管理部门报告。

《条例》所规定的企业对《规范》执行情况的自查制度相当于质量管理体系中的内审制度，只不过采用了更为通俗易懂的表述方式而已。

》 知识延伸：内审

内审（internal audit）是企业自己评价其质量管理体系符合性和有效性的重要手段，无论国际ISO 9001：2015《质量管理体系标准》，ISO 22716：2007《国际化妆品GMP指导原则》[Cosmetics—Good Manufacturing Practices（GMP）—Guidelines on Good Manufacturing Practices]，还是美国FDA颁布的化妆品GMP（GMPC），均有内审方面的要求。

《质量管理体系 基础和术语》（GB/T 19000—2016/ISO 9000：2015）关于"审核"（audit）的定义是：为获得客观证据并对其进行客观的评价，以确定满足审核准则的程度所进行的系统的、独立的并形成文件的过程。

审核分为内审（internal audit）和外审（extra audit）。外审是第三方或官方实施的检查。内审是由组织自己或以组织的名义进行，用于管理评审和其他内部目的，可作为组织自我合格声明的基础，内审应当由与被审核活动无责任关系的人员进行，以保证独立性。

GB/T 19001—2016/ISO 9001：2015《质量管理体系要求》要求企业依据有关过程的重要性，对组织产生影响的变化和以往的审核结果，策划、制定、实施和保持包括频次、方法、职责、策划要求和报告的审核方案；规定每次审核的审核标准和范围；选择审核员并实施审核，以确保审核过程客观公正；确保将审核结果报告给相关管理者；及时采取适当的纠正和纠正措施；保留成文信息，作为实施审核方案以及审核结果的证据。

ISO 22716：2007《国际化妆品GMP指导原则》规定：内审是监测企业是否实施GMP、实施GMP程度以及必要时实施改进活动的工具。企业应当指定有能力的专门人员，以独立而充分的方式，定期或按要求开展内审。内审中收集的所有审核证据均应对照审核准则进行评价，并与适当的管理人员共享。内审跟踪应当确认纠正措施是否实施以及是否圆满完成。

本条款涉及的内容信息量大，可从以下5方面理解：

1. 自查频次

企业至少每年开展一次对《规范》执行情况的自查。这是《条例》的法定要求。企业可根据自身情况制定相应的年度自查频次，其中至少包括一次《规范》执行情况的全面自查，其他自查可根据情况有重点或局部开展。如在发现某些企业员工在执行管理制度或SOP存在问题时，可开展一次针对全体员工质量意识和培训情况的自查。再如，在发现局部物料管理瑕疵时，开展一次物料管理方面的自查。

2. 自查方案

企业应当建立、实施和保存自查方案。自查方案应当确定在一年内策划的一个或者多个自查组合的安排，包括具体时间、自查范围、自查内容、自查程序以及审核员等等。在制定自查方案时，应当注意：

（1）企业要根据实际情况策划自查。企业应当根据质量体系运行情况、以往出现的问题、质量投诉、需要重点关注的部门和过程等合理设置自查频次、配置审核人员、明确每次自查审核要求。

（2）自查方案中应当明确审核方法，如访谈、观察、抽样、信息评审等。

（3）确定审核员时，应当确保审核过程的客观、公正，即不能"自己审自己"，要交叉审核，涉及本部门的审核时，该部门的审核员应当回避。

（4）自查方案中应当包括审核的准则和范围，准则就是《规范》的检查要点，范围是具体部门、产品、设施、设备、过程和活动等。如果企业实施一年多次的自查，那么并不要求每一次都覆盖《规范》的全部要求。但是在一年内，企业的自查应当覆盖所有与质量相关的产品和服务、活动、过程以及《规范》的所有要求。

（5）自查方案一般应由质量管理部门制订，经质量安全负责人批准。

3. 自查报告

每次自查活动结束后，企业应当对收集到的所有问题和审核证据对照《规范》进行逐条评价，形成自查报告，报告内容应当包括发现的问题、安全风险评价和整改建议。整改建议应当明确整改的时间、措施以及评价要求等，以便相关部门能够及时整改和质量管理部门的跟踪评价。自查报告应当经质量安全负责人批准后，报告企业法定代表人，并反馈相关部门。

4. 整改（纠正与预防）

在自查中发现问题的岗位或者部门，应当针对不符合项，及时进行原因分析，本着举一反三的原则采取必要的纠正和预防措施（CAPA，corrective action and preventive action），以消除不符合问题及其原因，避免再次发生类似问题。相关部门应当在自查报告规定的时间内完成整改，质量部门应当按期评估相关部门的整改结果。

5．自查的标准与范围

企业对《规范》执行情况自查准则是《规范》及其检查要点。自查涉及的质量管理体系的范围，不仅包括企业自己建立和运行的质量管理体系，如果企业接受委托生产化妆品，那么自查还要覆盖由委托方（化妆品注册人、备案人）主导建立并要求企业实施的生产质量管理。如果是注册人、备案人，自查范围既包括自行组织生产的企业的质量管理体系，如有委托，还包括委托生产企业的质量管理体系。

6．记录保存

自查活动方案、自查记录、自查报告及整改方案、整改情况评估等都属于自查记录，应予保存2年以上。

◆ 检查要点

（一）第一款【20】

1. 企业是否建立质量管理体系自查制度。

2. 质量管理体系自查制度是否包括自查时间、启动自查情形、自查依据、相关部门和人员职责、自查程序、结果评估等内容，是否对法规、规章中关于自查发现问题的评估、整改、停产、报告等程序作出具体规定。

（二）第二款【21】

1. 企业是否在实施质量管理体系自查前制定自查方案，是否在自查完成后形成自查报告。

2. 自查报告是否包括发现的问题、产品质量安全评价、整改措施等内容；自查报告是否经质量安全负责人批准，是否报告法定代表人，是否反馈企业相关部门。

3. 企业是否对整改情况进行跟踪评价。

（三）第三款【22*】

1. 企业是否每年对化妆品生产质量管理规范的执行情况进行自查；在发现生产条件不符合化妆品生产质量管理规范要求时，是否立即采取整改措施；在发现可能影响化妆品质量安全时，是否立即停止生产并向所在地省、自治区、直辖市药品监督管理部门报告。

2. 企业有连续停产1年以上的情形时，是否在重新生产前按规定开展全面自查，确认符合化妆品生产质量管理规范要求后再恢复生产；自查和整改情况是否在恢复生产之日起10个工作日内向所在地省、自治区、直辖市药品监督管理部门报告。

3. 企业在出现化妆品抽样检验结果不合格时，是否按照规定及时开展自查并进行整改。

◆ **检查方法**

对这一条款的检查可以采取查看资料、询问相关人员、核对记录等方式。

1. 查看企业的质量管理体系自查制度、年度自查计划以及每次自查方案、记录、报告、纠正和预防措施的实施方案、整改记录和评估报告。

2. 询问自查人员资质及自查实施情况。

3. 检查企业纠正预防措施的执行情况，以及向所在地省、自治区、直辖市人民政府药品监督管理部门报告的记录。

对企业自查情况的检查，主要应当关注以下事项：一是企业是否在一年内实施了对《规范》执行情况充分的自查；二是企业的自查是否有效，是否确实发现了问题并确实采取了纠正和预防措施；三是企业各相关部门和员工的参与度如何，质量安全负责人是否履行了批准职责，企业法定代表人和管理层是否对自查给予足够的支持并切实参与自查，质量部门自查和评估工作怎样，发现问题的部门和员工是否对问题认真分析并能举一反三地防范问题再发生；四是文件和记录做得怎样，自查方案、自查报告、整改记录、评估记录等是否符合《规范》第十三条对记录的要求。

需要注意，在查看自查报告和整改记录时，应当特别关注企业生产条件发生变化，不再符合《规范》要求时，能否立即采取整改措施；在发现企业生产条件的变化可能影响化妆品质量安全时，能否立即停止生产并向所在地省、自治区、直辖市人民政府药品监督管理部门报告。

> **第十六条** 企业应当建立并执行检验管理制度，制定原料、内包材、半成品以及成品的质量控制要求，采用检验方式作为质量控制措施的，检验项目、检验方法和检验频次应当与化妆品注册、备案资料载明的技术要求一致。
>
> 企业应当明确检验或者确认方法、取样要求、样品管理要求、检验操作规程、检验过程管理要求以及检验异常结果处理要求等，检验或者确认的结果应当真实、完整、准确。

◆ 条款解读

本条款是对企业建立并执行检验管理制度，制定原料、内包材、半成品以及成品的质量控制要求。第一款对检验项目、方法、频次做了要求。第二款要求企业应当明确检验或确认方法、取样要求、样品管理要求、检验操作规程、检验过程管理要求，以及检验异常结果处理等。

质量检验就是按照规定的检验方法和规程对原料、内包材、半成品以及成品进行取样、检验和复核，以确定这些物料和产品的微生物、有害物质、功效成分的含量和外观、气味等性状是否符合已经确定的质量标准、技术要求的过程。

质量检验在化妆品生产活动中发挥着产品或物料合格放行、预防、改进及实现可追溯性等作用。通过对原料、内包材、半成品以及成品等的检验和监测，保证不合格的原料、包装材料、工艺用水等不投入生产，不合格的半成品不转入下一道生产工序，不合格的成品不出厂销售。质量检验获得的信息、数据和问题经过汇总、分析和评估后，为控制质量提供依据，发现化妆品质量问题，找出原因并及时排除，预防或减少不合格品的再次产生，帮助持续改进质量体系或化妆品质量。此外，检验报告和质量控制记录也有助于实现化妆品质量的可追溯性。因此，虽说"产品的质量是生产出来的，不是检验出来的"，但是，质量检验仍然是保证产品质量不可或缺的环节。

要保证质量检验环节的有效性，既需要具备相应的试验设施、检验检测设备和仪器，需要合格的检验人员，需要科学可靠的检验方法，也需要可靠和有效的检验管理制度和相关标准操作规程。

本条款是对检验管理制度建立和执行的要求，包含4个层次的内容：

1. 企业应建立检验管理制度，包括原料、内包材、半成品以及成品的质量控制要求，检验项目、方法、频次应当与产品注册、备案资料载明的技术要求一致。

2. 如果企业对购进的原料、内包材、半成品不检验，则应向其生产企业索取相应的质量标准、检验方法和检验结果并确认，确保符合《化妆品安全技术规范》等相关技术规范的要求；如果相关技术规范中尚未包含相应的质量指标和检验方法时，则企业需对该质量指标和检验方法进行确认，确保物料和产品的质量安全以及检验方法的可行性。

3. 企业应严格按照质量控制要求开展检验，例如过程检验、出厂检验、型式检验等。

4. 检验结果是否真实并可追溯，包括是否在检验过程中采用一定质量控制方式验证检验结果，所有检验记录是否完整和可追溯等。

◆ **检查要点**

（一）第一款【23*】

1. 企业是否建立并执行检验管理制度；检验管理制度是否明确与检验相关的职责分工、程序、记录和报告要求等内容。

2. 企业是否制定原料、内包材、半成品以及成品的质量控制要求；质量控制要求是否符合强制性国家标准和技术规范。

3. 企业采用非检验方式作为质量控制措施的，是否明确质量确认方式和要求；采用检验方式作为质量控制措施的，检验项目、检验方法和检验频次是否符合化妆品注册、备案资料载明的技术要求。

4. 企业是否明确规定化妆品出厂检验项目。

（二）第二款【24】

1. 企业是否对每种检验对象规定检验或者确认方法、取样要求、样品管理要求、检验操作规程、检验过程管理要求以及检验异常结果处理要求等。

2. 企业检验或者确认的结果是否真实、完整、准确；检验结果是否与检验原始记录保持一致。

◆ **检查方法**

对本条款的检查主要采用查阅相关制度及记录的方式进行，必要时询问企业质量管理和检验人员。

1. 查阅企业制定的检验管理制度、原料、内包材、半成品以及成品的质量标准和物料验收、产品检验规程，以及物料和产品验收或检验记录，其中涉及的检验项目、方法、频次应当与产品注册、备案资料载明的技术要求一致。

2. 对购进物料不检验的，查阅是否有物料生产企业提供的检验报告或质量规格证明，结果是否符合《化妆品安全技术规范》或企业质量标准。

3．是否按检验规程、检验规范、检验标准的要求，对物料和产品执行进货检验、过程检验和成品检验。

4．查看仪器使用记录（如烘箱、高压锅等）、标准品、培养基配制记录、原始检验记录等是否真实、准确、完整、可追溯。

第十七条　企业应当建立与生产的化妆品品种、数量和生产许可项目等相适应的实验室，至少具备菌落总数、霉菌和酵母菌总数等微生物检验项目的检验能力，并保证检测环境、检验人员以及检验设施、设备、仪器和试剂、培养基、标准品等满足检验需要。重金属、致病菌和产品执行的标准中规定的其他安全性风险物质，可以委托取得资质认定的检验检测机构进行检验。

企业应当建立并执行实验室管理制度，保证实验设备仪器正常运行，对实验室使用的试剂、培养基、标准品的配制、使用、报废和有效期实施管理，保证检验结果真实、完整、准确。

◆ **条款解读**

本条款是对企业建立检验实验室的硬件要求和软件要求。第一款强调企业应当建立与生产的化妆品品种、数量和生产许可项目等相适应的实验室，实验室应当至少具备菌落总数、霉菌和酵母菌总数等微生物检验项目的检验能力，并保证检测环境、人员、设施、设备、仪器和试剂等满足检验需要。同时，如果企业限于条件而确有困难的，对重金属、致病菌和产品执行的标准中规定的其他安全性风险物质，可以委托取得资质认定的检验检测机构进行检验。第二款是对企业应当建立并执行实验室管理制度的规定。

《条例》第二十六条明确，从事化妆品生产活动，应当具备能对生产的化妆品进行检验的检验人员和检验设备。企业应设立与生产的化妆品品种、数量和生产许可项目等相适应的检验人员和实验室。但是，在制定《规范》过程中，还是在执行层面上综合考虑了我国多数企业的实际情况，对《条例》的要求在严格执行方面有所保留，例如：允许重金属、致病菌和产品执行的标准中规定的其他安全性风险物质，可以委托取得资质认定的检验检测机构进行检验。

本条款分5个层次对企业建立检验实验室进行了规定。

1. 企业应建立实验室，实验室须满足与生产的化妆品品种、数量和生产许可项目等相适应的要求。

2. 在检查能力上，规定企业应至少具备菌落总数、霉菌和酵母菌总数等微生物检验项目的检验能力。

3. 企业应当配备能够满足检验项目相适应的检验人员和物质资源，包括检验环境、检验设施、设备、仪器和试剂、培养基、标准品等。

4. 如自身不具备相应的检验重金属、致病菌和产品执行的标准中规定的其他安全性风险物质的能力和条件，需委托检验的受托检验机构应具备受托项目的检验能力和条件。

5. 企业应当建立并执行实验室管理制度，保证检验结果真实、完整、准确。实验室管理制度内容应当包括：设备仪器管理、样品管理（抽样、贮存、标识）、实验材料（含试剂、培养基、标准品）管理、对检验记录和报告的要求，以及出现超标结果时的分析、评价和处理方法等。

检验区域的环境和设施设备应能满足生产的化妆品品种、数量和生产许可项目等检验要求，应建立理化实验室和至少具备菌落总数、霉菌和酵母菌总数检验能力的微生物实验室等。因化妆品品种的不同，企业规模的不同，仪器设备的水平不同，每个企业的实验室的布局也会不同。但实验室应有足够的空间来满足各项实验的需要，以每一类操作均有适宜的试验区域，不相互影响和干扰为原则。企业的检验区域通常应具备下列功能区：

（1）接收与贮存区　送检样品、留样、实验室试剂、标准品（对照品）、培养基、菌种等的接收与贮存场所。

（2）清洁洗涤区　用于玻璃仪器清洗、干燥、必要时消毒的设施。

（3）高温实验室　放置烘箱、马弗炉等高温设备。

（4）留样观察室　主要有常温留样观察室、冷冻（冷藏）留样观察室。

（5）理化分析室　用于进行化妆品理化分析的场所，包括样品处理、称量、试剂配制、物理性状观测、常规化学分析、小型仪器（如黏度计、pH计、电导率仪、显微镜）等。天平室宜单独设置，应防潮、防震动。

（6）仪器分析室　通常包括光谱仪器（NMR、UV、IR、MS）室、色谱仪器（气相色谱或HPLC）等。

（7）微生物实验室　一般由准备室、培养间、灭活间、微生物限度检测间和阳性对照间等构成。微生物实验室和阳性对照间的空调系统应当独立设置，阳性对照间空调系统应当向外直排。微生物实验室的操作柜（生物安全柜）一般应当达到万级环境下的局部百级的洁净度要求。

◆ **检查要点**

（一）第一款【25*】

1. 企业是否建立与生产的化妆品品种、数量和生产许可项目等相适应的实验室。

2. 企业是否具备菌落总数、霉菌和酵母菌总数等微生物检验项目的检验能力。

3. 实验室的检测环境、检验人员以及检验设施、设备、仪器和试剂、培养基、标准品等是否可以满足检验需要。

4. 企业委托检验检测机构检验重金属、致病菌和产品执行的标准中规定的其他安全性风险物质时，受托检验检测机构是否具有相应检验项目的资质和检验能力；委托检验协议或者相关文件是否明确了检验项目、检验依据、检验频次等要求。

（二）第二款【26】

1. 企业是否建立并执行实验室管理制度；是否对设备、仪器和试剂、培养基、标准品的管理作出明确规定，保证检验结果真实、完整、准确。

2. 企业是否建立实验室设备、仪器清单；设备、仪器是否设置唯一编号并有明显的状态标识。

3. 企业是否按规定对实验室设备、仪器进行校准或者检定、使用、清洁、维护，保证实验室设备仪器正常运行。

4. 企业是否对实验室使用的试剂、培养基、标准品等的采购、贮存、配制、标识、使用、报废和有效期等实施有效管理。

◆ 检查方法

对本条款的检查主要采用现场检查与文件及相关记录检查相结合的方式进行，必要时询问企业质量管理和实验室操作人员。

1. 查看实验室布局是否合理，是否有足够的操作空间，是否满足检验所需的环境要求。

2. 检查微生物实验室是否符合《化妆品安全技术规范》的要求。是否建立与生产的化妆品品种、数量和生产许可项目等相适应的实验室，实验室面积是否能满足检验需要，实验室功能布局和环境条件是否满足《化妆品安全技术规范》等规范要求和检验标准要求。

3. 查看企业检验设施、设备、仪器是否齐全，如是否配备电子天平、烘箱、高压灭菌锅、超净工作台等，确认是否与所生产产品检验，生产环境、生产工艺用水、物料和产品微生物指标限值监测相适应，能否满足检验要求。

4. 查看仪器设备放置及使用环境是否符合检测项目的要求，是否能保证测定结果的准确性,有温度、湿度贮存要求的场所是否有温度、湿度调节设施,是否有温度、湿度记录。

5. 查看企业检验人员档案,现场考核检验人员,看其数量和能力是否能满足对产品、生产环境、工艺用水、物料、产品中微生物指标限值进行检验或监测的要求。

6. 如有委托检验的项目,查阅是否签订委托检验合同,合同中是否明确委托事项、检验标准、委托期限、检验频次、双方对检验质量的责任等内容,受托检验机构是否能够提供委托检验项目相关的原始检验记录,查阅受托检验机构资质和原始记录等确定受托检验机构是否具备受托项目的检验能力和条件,是否建立微生物实验室,是否符合无菌检查和微生物限度检查的要求。

7. 查看企业实验室管理制度,内容是否完整,是否具有可操作性。

第十八条 企业应当建立并执行留样管理制度。每批出厂的产品均应当留样,留样数量至少达到出厂检验需求量的2倍,并应当满足产品质量检验的要求。

出厂的产品为成品的,留样应当保持原始销售包装。销售包装为套盒形式,该销售包装内含有多个化妆品且全部为最小销售单元的,如果已经对包装内的最小销售单元留样,可以不对该销售包装产品整体留样,但应当留存能够满足质量追溯需求的套盒外包装。

出厂的产品为半成品的,留样应当密封且能够保证产品质量稳定,并有符合要求的标签信息,保证可追溯。

企业应当依照相关法律法规的规定和标签标示的要求贮存留样的产品,并保存留样记录。留样保存期限不得少于产品使用期限届满后6个月。发现留样的产品在使用期限内变质的,企业应当及时分析原因,并依法召回已上市销售的该批次化妆品,主动消除安全风险。

◆ 条款解读

本条款是对企业建立留样制度的要求，并解释了留样的具体要求，包括留样方法、留样数量、留样贮存条件、留样时间及留样记录的要求。

留样是质量管理体系中的一个重要制度设置。通过留样，企业可以更好地观测研究产品质量的稳定性，以便改进产品质量，确定产品的保质期是否适当。而且，在进入市场的同批次产品发生消费者投诉、监督抽检或其他质量问题反馈时，可通过对留样的观察、检验等分析查找原因，以便及时改进产品配方，避免类似安全风险发生，甚至在市场出现假冒伪劣产品时，可自证清白。因此企业应当对留样高度重视，建立有效的留样制度并切实执行，以充分发挥好留样的应有作用。

留样需要投入的主要成本是留样室的建设。留样室需具备与化妆品的贮存条件相一致的温湿度要求，因此需要相应的监控设施，而且随着产品类别和产品的数量的增加，对留样室的物理空间需求也会越来越多。有的企业还考虑到留样产品的成本。因此，有的企业不重视留样也不愿意留足够的样，显然是对留样的意义不甚明确。

对本条款应当从下列5方面理解把握：

1. 企业应建立留样管理制度，包括留样对象、留样方式、留样量、留样标识、留样贮存条件、留样保留时间等内容。

2. 企业应执行留样管理制度，对每批出厂的成品留样，成品留样应当保持原始销售包装。应按规定的贮存条件有序存放，标识清楚，易于查找调取。不同样品留样数量也不一定相同，但都应当满足成品质量检验量的要求。虽然本条款规定留样量至少不低于2倍出厂检验数量的要求，但如果仅按照出厂检验量的2倍留样，当产品在市场上遇到较大质量问题时，例如第三方投诉举报或监督抽检发现严重问题时，就会出现不能满足质量检验量要求的被动局面。

3. 留样保存时间至少超过成品保质期后6个月。

4. 出厂的产品为半成品的，留样应当密封且能够保证产品质量稳定，并有符合要求的标签信息，保证可追溯。

5. 企业应当保存留样的相应记录，留样记录应当包括产品名称、批号、数量、贮存时间、贮存地点、取样人、接受人等内容，在留样过程中需要定期观测或检验的，还应当包括观测检验记录。留样记录应力求完整、真实、可追溯。

6. 在发现留样的产品在使用期限内变质的，企业应当及时分析原因，并依法召回已上市销售的该批次产品，主动消除安全风险。

考虑到化妆品行业的特点，在第二款中对特定套盒形式进行销售的成品，在留样方面设置了有条件的豁免，即销售包装为套盒形式，该销售包装内含有多个化妆品且全部为最小销售单元的，如果已经对包装内的最小销售单元留样，可以不对该销售包装产品整体留样，但应当留存能够满足质量追溯需求的套盒外包装。化妆品注册人、备案人和受托生产企业，一定要注意本条款的限制条件，并不是所有的套盒包装产品均可豁免留样，只有销售包装内的单件化妆品均为最小销售单元，且每样最小销售单元均按规定留样后，整个套盒留样才可以豁免。

◆ **检查要点**

（一）第一款、第二款、第三款【27*】

1. 企业是否建立并执行留样管理制度；留样管理制度是否明确产品留样程序、留存地点、留样数量、留样记录、保存期限和处理方法等内容。

2. 企业是否对出厂的半成品、成品逐批留样；留样数量是否符合规定。

3. 出厂的产品为成品的，留样的包装是否符合规定。

4. 出厂的产品为半成品的，留样是否密封并保证产品质量稳定；标签信息是否包括产品名称、企业名称、规格、贮存条件、使用期限等信息，保证可追溯。

（二）第四款【28】

1. 企业是否设置专门的留样区域；留样的贮存条件是否符合相关法律法规的规定和标签标示的要求。

2. 企业是否按规定保存留样记录，是否记录留样在使用期限内的质量情况；留样的保存期限是否不少于产品使用期限届满后6个月。

3. 企业是否依据留样管理制度对留样进行定期观察；发现留样的产品在使用期限内变质时，企业是否及时分析原因，并依法召回已上市销售的该批次化妆品，主动消除安全风险。

◆ 检查方法

对本条款的检查采用现场检查和查阅相关文件和记录的方式进行。

1. 查看企业留样制度、留样记录。企业的留样管理制度应当对留样室管理、留样数量、留样贮存条件和留样时间、留样处理等作出明确的规定。

2. 查看批生产记录等，是否都按批次留样，是否有留样少于成品保质期后6个月被提前处理的情况。

3. 检查留样室，查看留样环境条件是否满足产品标签标注的贮存要求，是否有序存放，标识清楚，易于查找调取。留样室是否存在交叉污染的风险，如易挥发性液体留样是否与其他留样分开，易碎产品是否有适宜的保护措施。

4. 询问留样管理人员留样目的，检查留样数量是否符合规定，可跟踪几个留样的观察和（或）留样检验记录，并检查其结果的信息反馈和应用情况。

5. 检查是否按规定对留样进行了定期观察，留样结束是否及时处理，并保存有观察、处理记录，可抽查几批留样。

三、注意事项

（一）由于本章涵盖的质量管理的内容多是对质量管理体系文件和质量管理活动的原则性要求，具体制度的要求在后续章节相关条款中会具体规定，所以在对本章条款的检查过程中，要注意结合其他章节相关条款的检查结果进行综合判定。例如在其他章节发现了相应制度、记录或追溯性管理方面的问题，根据问题的严重程度，可以同时判定企业文件、记录和追溯管理存在缺陷。

（二）在检查企业质量管理体系文件时，不仅要观察有没有，更重要的是要关注企业文件是否充分、科学、适当、可执行。不仅要看是否有合格的文件，还要看企业的实际执行情况。在既往检查实践中，经常发现有些企业委托第三方咨询公司制订的质量管理体系文件，看起来很多，但往往并不切合本企业实际。还有的企业的质量管理体系文件是抄袭其他企业的，与企业自身情况不甚相符，实际上很难执行。这些文件大多并没有准备执行，仅仅是用来应付监督检查人员的。

（三）检查时应当注意检查要点条款之间的关联性。如在抽查《规范》第四十条的批生产记录时，发现企业的批生产记录有不完整的情况，应当进一步核查《规范》第十七条第二款的检验记录是否存在同样的问题，再进一步核查要点第九条第二款企业生产部门负责人的履职能力是否符合要求，特别要综合研判所发现的问题是偶发的、瑕疵性问题，还是对生产过程有重大影响的甚至系统性的问题，如果企业在批生产检验记录方面存在整体缺陷，那么本章中对记录管理和追溯管理的条款第十三条、第十四条均应判定为不符合。

（四）本章内容虽然条款数量不多，但是质量保证和质量控制是质量管理体系的核心内容，也是其他环节的导引性要求，因此该章的关键项目比例较大，其中还有一些是《条例》明确规定了法律责任的。所以在检查中，要特别注意合法性审查。

1. 在检查企业的质量管理体系文件和产品技术文件时，特别要注意企业执行的质量标准、生产配方和工艺等的合法性。《条例》第六十条规定的处罚情形包括"使用不符合强制性国家标准、技术规范的原料、直接接触化妆品的包装材料，应当备案但未备案的新原料生产化妆品，或者不按照强制性国家标准或者技术规范使用原料""生产经营不符合强制性国家标准、技术规范或者不符合化妆品注册、备案资料载明的技术要求的化妆品"，第六十一条规定的处罚情形包括"上市销售、经营或者进口未备案的普通化妆品"，如果在检查中发现企业的执行标准、生产配方和工艺规程与法规要求不符，检查员应当注意收集证据，做好记录。

2. 在检查企业建立和执行的质量管理制度时，特别要注意企业建立和执行质量管理制度的情况。《条例》第六十一条规定的处罚情形包括"未依照本条例规定建立并执行从业人员健康管理制度"，第六十二条规定的处罚情形包括"未依照本条例规定建立并执行进货查验记录制度、产品销售记录制度"，如果在检查中发现企业未按《规范》建立相关制度，检查员应当注意收集证据，做好记录，以便后续依法处理。

3. 在检查企业生产质量管理体系运行情况的年度自查情况时，特别要注意《条例》第六十二条规定的处罚情形包括"未依照本条例规定对化妆品生产质量管理规范的执行情况进行自查"，如果在检查中发现企业的自查情况与法规要求不符，检查员应当注意收集证据，做好记录，以便后续依法处理。

4. 涉及检验设备仪器校准/检定的情形，如果计量部门的资质或认可的能力范围中没有包括该检验仪器和设备及计量器具或相关项目，其出具的校准/检定或测试报告是无效的。检验仪器和设备经过搬运并重新进行安装、调试，重新投入使用前应进行校准/检定或测试。

5. 涉及委托检验的，要重点关注委托检验单位是否具有相关产品或参数的检验资质和能力。

四、常见问题和案例分析

（一）常见问题

1. 在质量管理体系文件和产品技术文件方面

（1）企业内部缺乏对质量方针和质量目标的交流、培训，仅仅管理层或少数人员知道质量方针和质量目标，质量方针和质量目标也没有定期评估。

（2）质量目标不可测量，或者测量指标不合理，不能起到对质量体系的提高、促进作用。

（3）质量目标未分解落实到具体的执行部门，未建立质量目标考核评价机制。

（4）质量管理体系文件和产品技术文件不完整。

（5）质量管理制度的适宜性和可操作性不强，与企业的实际情况不符，对相关工作没有实际指导意义。

（6）原料、包装材料、半成品、成品的质量标准缺失。

（7）实际执行的产品技术要求，例如配方、生产工艺、检验标准与产品注册、备案资料载明的技术要求不符。

（8）缺少岗位操作规程，或者操作规程内容笼统，缺乏操作细节。

2. 在文件管理方面

（1）没有建立并执行文件管理制度，或者文件管理制度缺少应有的内容。

（2）文件版本混乱，在使用处出现同一文件的一个以上版本。

（3）外来文件不受控，尤其受托生产企业，在接受多个委托方、多种产品的委托时，相关合同中缺乏实质性技术要求。

（4）外来文件更新不及时，有的国家标准和技术规范已经更新，企业仍执行已作废的标准或规范。

3. 在记录管理方面

（1）记录管理制度规定不合理，应当记录的活动未规定记录要求。

（2）记录样式设计不合理，如检验原始记录、检验报告，生产指令、领料单，称量、配制、灌装、清洁消毒、不合格品处理等记录内容不能涵盖要点规定的内容，体现不出工艺规程和岗位操作规程的要求。

（3）记录不及时，有的缺少，有的后补。

（4）记录不准确，有的记录计量单位有问题，有的记录数据有问题，有的记录数据来源不可靠。

（5）记录不完整，在规定的记录上该记的没记，或者缺少原始记录。

（6）记录不规范，有的记录人不采用规定的标准表格记录，或者随意填写、涂改；记录不清晰，字迹模糊，看不清关键数据；记录易篡改；记录之间关联性不强，无法确定记录之间的关系，不可追溯。

（7）记录的保存期限不符合要求，存放无序。

（8）采用计算机（化）系统生成、保存记录的，不符合《规范》附件1的要求，或者存在与人工填写记录同样的不及时、不准确、不完整等问题。

4. 在追溯性管理方面

（1）追溯管理制度、批号管理规则不健全，缺乏应当规定的内容。

（2）批生产检验记录不全，各环节记录之间缺乏逻辑关系，或者相关环节的记录存在矛盾，无法追溯。

（3）生产记录中只使用企业自设的代码，体现不出所使用的物料名称和批号。

（4）缺少原始记录，尤其生产、检验环节，没有设备使用记录、原始操作记录，无法追溯操作过程和检验过程的真实性。

（5）记录填写时有漏填、补填、涂改等现象，有的记录所填时间不符合逻辑，有的记录上操作人、复核人签字字体一样，有的记录填写的内容无法辨认，更改没有注明理由、未经质量安全负责人批准。

（6）批生产记录关联性不强，如领料单与投料单不符、投料单中记录的原料与工艺规程规定的配方不符，检验记录与待检的半成品或产品对不上号。

（7）批号管理混乱，多批次产品共用一个批号、企业不同部门对同一批次产品使用不同的批号、不同员工对企业自定的批号解释不同、批号和记录随意涂改等。

5．在《规范》执行情况自查方面。

（1）自查方案过于简单，未规定出应规定的内容。

（2）自查流于形式，没有起到发现问题、整改提高的目的。

（3）自查方案和自查报告未经质量安全负责人批准，自查结果没有得到法定代表人和相关部门的重视，未在相关范围内讨论并确定纠正和预防措施。

（4）自查发现的问题未按期整改，或者整改不到位，整改效果未经质量部门评估。

（5）自查发现企业生产条件发生变化，不再符合《规范》要求时，不能立即采取整改措施；发现企业生产条件的变化可能影响化妆品质量安全时，不能立即停止生产并向所在地省、自治区、直辖市人民政府药品监督管理部门报告。

（6）自查方案、报告和整改、评估记录未按规定保存。

6．实验室管理方面

（1）实验室未独立设置，未在质量体系文件中规定实验室的职责和要求。

（2）检验人员的资质、经历或培训不满足检验岗位的要求；配置的检验人员数量与检验工作量不适应。

（3）实验室仪器设备不足，无法满足检验项目对仪器设备的要求。

7．检验仪器和设备管理方面

（1）检验仪器和设备经过安装、调试、验收后投入使用前未按照使用要求经过校准/检定，直接使用出厂时的校准或测试证书。

（2）检验仪器和设备经过校准/检定后，未对校准/检定结果进行确认。

（3）检验仪器和设备无明显的状态标识。

（4）检验仪器和设备对环境有要求的，未按要求对环境进行控制和记录。

（5）检验仪器和设备出现异常或不符合要求时，未对以往的检验结果进行追溯评价。

（6）用于检验的计算机软件初次使用时未进行确认。

8．标准品、培养基和试剂试液管理方面

（1）无标准品、培养基及试药试剂的管理规程。

（2）未按规程对标准品、培养基及试药试剂进行验收、使用、贮存和记录。

9．检验记录和报告方面

（1）检验记录和报告的信息不充分，不能满足可追溯性的要求。

（2）实际检验与标准规定不一致，包括检验方法、检验过程、结果单位等。

（3）检验记录的更改不符合规定的要求。

（4）未对检验超标情况进行分析、调查、评估、确认和处理，无纠正和预防措施。

（5）检验记录未保存2年以上。

10. 样品和留样管理方面

（1）无取样管理制度，实际取样方法和取样量无代表性。

（2）产品留样数量满足不了留样目的所要求的检验数量或检验方法的要求。

（3）样品未按规程进行标识，标示内容未包含必须的内容。

（4）产品留样室未设置环境监控设施和记录。

（二）典型案例分析

案例1 在检查某企业时，发现企业没有建立取样及样品管理规程、产品检验规程，也没有建立实验室设备和仪器管理制度，没有规定实验室设备仪器使用记录、原始检验记录等记录的样式和内容。经进一步核查，发现企业的检验部门没有实施相关制度，只是由检验员在自制的表格上做简单的记录。

讨论分析 《规范》要求企业建立完善的质量管理体系文件和产品技术文件，企业应当建立健全化妆品生产质量管理体系文件，与《规范》有关的活动均应当形成记录。在实际检查中，发现企业文件不全、记录不规范的问题较突出。主要原因是企业不能充分识别与质量相关的活动，不理解对生产活动和质量管理实施严格控制的意义，出现问题时也不能追溯，找不到问题发生的原因。以上这些问题不仅违背了本章关于文件、记录的规定，也违背了关于质量控制的相关条款，同时也反映出质量安全负责人根本没有发挥应有的职责，违背了《规范》第七条的规定。

案例2 2019年12月中旬，检查组在检查某儿童化妆品生产企业时，发现一种婴儿护肤霜，企业标准和生产作业指导书规定的微生物指标中，菌落总数限值为≤1000cfu/g。

讨论分析 化妆品生产企业应当特别重视对强制性国家标准和技术规范制订和修订情况的跟踪，保证现行国家相关法规、强制性国家标准及技术规范得到有效实施。《化妆品安全技术规范（2015版）》对儿童化妆品菌落总数限值的规定为≤500cfu/g，《化妆品安全技术规范（2015版）》自2016年12月1日起施行。检查企业的时间是2019年12月中旬，新的安全技术规范已施行3年，而企业仍在按照已废止3年的《化妆品卫生规范（2007版）》规定的菌落总数限值为≤1000cfu/g执行，说明企业对外来文件，尤其是国家标准和技术规范，没有实施有效的收集、更新、控制等管理，更没有根据技术规范的要求及时修订相关质量管理体系文件和产品技术文件。疏于管控的结果很可能是产品不合格，企业应当立即停止婴幼儿化妆品的生产，对照《化妆品安全技术规范（2015版）》的要求全面分析评价有关质量体系文件，保证以后的生产活动符合技术规范的要求。同时还应当就2016年12月1日到2019年12月15日生产的婴幼儿化妆品的质量安全情况进行分析，采取必要的措施，防止因微生物超标问题给儿童消费者造成危害。

本案例提示，化妆品企业应当特别重视对强制性国家标准和技术规范制订和修订情况的跟踪，以保证新发布的国家相关法规、强制性国家标准及技术规范在本企业得到及时有效的实施。

案例3 在某次飞行检查中，检查员从抽取的同一产品不同批次检验报告和检验记录中发现检验人员、复核人员签名笔迹相同，不同批次检验结果数值非常接近，于是怀疑企业在检验报告和记录上存在造假嫌疑，直接询问检验人员，被否认。

讨论分析 在遇到类似情况时，做好不要直接质问相关人员，这样容易造成被动，而是进一步对企业在检验过程中是否有造假行为进行查证。可以从两个方面着手：一是可循着生产、留样、取样、处理样品、理化检验、微生物检验等过程时间这条线进行查证，看各个环节时间顺序上是否合理或各种记录是否相互关联可追溯；二是可从仪器设备、培养基、试剂溶液、标准品等使用记录上查找造假行为的更多的证据。在发现更多的证据时，再询问相关当事人。

五、思考题

1. 质量管理体系文件一般包括哪些内容？
2. 文件管理制度应当包括哪些内容？
3. 企业应当建立并执行的质量管理制度主要包括哪些？
4. 如何检查企业追溯管理制度的执行情况？
5. 《规范》对记录管理的基本要求是什么？
6. 在检查企业的自查方案时，应当注意哪些内容？
7. 企业检验原始记录应至少包括哪些内容？
8. 留样的重要性是什么？

（王道红、刘丹松、田少雷编写）

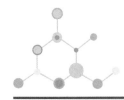

第四章

厂房设施与设备管理

一、概述

厂房设施与设备是化妆品生产企业的硬件条件，是化妆品规范生产的基础要素，厂房设施与设备是否合理配置和良好运转，直接关系到生产的顺利进行和产品的质量控制。

根据《化妆品监督管理条例》（以下简称《条例》）第二十六条，从事化妆品生产活动，应当具备下列条件：一是依法设立的企业；二是具有与生产的化妆品相适应的生产场地、环境条件、生产设施设备；三是具有与生产的化妆品相适应的技术人员；四是具有能对生产的化妆品进行检验的检验人员和检验设备；五是具有保证化妆品质量安全的管理制度。由此可见，生产场地、环境条件、生产设施设备是设立化妆品生产企业的必备条件。

厂房设施与设备主要包括：厂房建筑实体（含门、窗）、道路、围护结构，必要的公用设施，如制水系统、空气净化系统、电气供应设施、照明设施等，以及生产过程所需的生产设备、工艺装备、必要的检验设备、仪器和计量器具等。

厂房设施是否充分、设计布局是否合理、维护保养是否规范，生产设备是否适宜、能否确保正常运转，是直接关系到生产进度和化妆品质量的重要因素。因此，为了确保化妆品的生产质量，应当加强对厂房设施与设备的检查、维护和管理，保证其处于完好并能够有效运行的状态。对于有清洁或洁净生产环境要求的化妆品，生产设备还要符合生产环境的要求，不对生产环境带来污染或影响。此外，为了减少人为因素对产品质量的影响，生产企业越来越广泛地使用计算机控制的全自动生产设备，这也对设备的结构、日常维护、保养和定期检修及操作等提出了更高的要求。

《化妆品生产质量管理规范》（以下简称《规范》）第四章共有9个条款，主要包括对生产企业的厂房选址和结构、生产车间布局、生产环境控制、生产车间及仓储设施、易产生污染工序、设备设计管理、水处理系统、空气净化系统等方面的要求，目的是让企业合理构建厂房设施，为产品的生产、贮存等提供可靠的环境保障（如洁净环境、温湿度等），配备合适的设备以满足生产工艺要求，最大限度降低污染、交叉污染、混淆和差错的风险，便于操作、清洁消毒与维护，同时能够确保员工健康，进而确保生产的顺利进行和产品的质量。

二、条款解读与检查指南

第十九条　企业应当具备与生产的化妆品品种、数量和生产许可项目等相适应的生产场地和设施设备。生产场地选址应当不受有毒、有害场所以及其他污染源的影响，建筑结构、生产车间和设施设备应当便于清洁、操作和维护。

◆ 条款解读

本条款是对生产企业的选址和生产车间、设施设备设计和建造的原则性要求：一方面强调企业应当具备与生产的化妆品品种、数量和生产许可项目等相适应的生产场地和设施设备；另一方面是预防污染与交叉污染的要求，包括生产场地选址应当不受有毒、有害场所以及其他污染源的影响，建筑结构、生产车间和设施设备应当便于清洁、操作和维护。

本条款涉及的专业术语如下：

1. 厂房是指用于接收、贮存、生产、包装、质量控制和运输等活动的场所、建筑物，包括生产、行政、生活和辅助区。

2. 设施是指为满足生产相关活动的需要而建立的系统，如在生产车间建立的管道输送系统、空气净化系统、制水系统、安全消防系统等。

3. 污染是指产品中出现化学、物理和（或）微生物等不符合要求的物质。

4. 洁净区的设计、建造的相关标准可参照GB 50457—2019《医药工业洁净厂房设计标准》执行。

本条款包括了以下3个方面的内容：

1. 生产企业的选址不应在对化妆品有显著污染的区域，应该远离污染源，例如垃圾场、垃圾及污水处理站、有害气体、放射性物质等，或者其他扩散性污染源不能有效清除的地址。

2. 生产企业应根据生产规模和产品类型进行厂房设计和建造。厂房的面积和空间应与生产能力相适应，便于设备安置、清洁消毒、物料存储及人员操作。

3. 厂区内的道路应铺设混凝土、沥青或者其他硬质材料；裸露空地应采取必要措施，如铺设水泥、地砖或草坪等方式，保持环境清洁，防止正常天气下扬尘和积水等现象的发生。通过墙壁地板天花板等材质选择、交界处最好设计为弧形等措施，做到便于清洁、操作和维护。

◆ **检查要点【29*】**

1. 企业是否具备与生产的化妆品品种、数量和生产许可项目等相适应的生产场地和设施设备。

2. 生产场地周边是否有粉尘、有害气体、放射性物质、垃圾处理等扩散性污染源及有毒、有害场所；企业的建筑结构、生产车间和设施设备是否便于清洁、操作和维护。

◆ 检查方法

本条款的检查主要采用检查现场和查看厂区平面设计图的方式进行。

1. 查看厂区的规模面积和车间面积以及生产线的数量和规模，是否与生产的品种、生产量、生产许可项目相适应。

2. 查看企业厂区内外围环境，是否有污染源，是否处于常年风向的下风口，是否远离高速公路，厂区是否整洁，地面是否硬化或有绿化，人流物流是否分开便于运输。

3. 查看厂区总体布局及厂区平面图，是否标识清楚，布局是否合理。

4. 检查员现场检查前最好先查看企业的布局图、设计图纸，做到整体情况心中有数，然后再到现场核查。检查现场，可查看企业生产许可申请材料和档案。

5. 本条款是整体性原则性要求，建议此条款结合本章其他条款的检查来综合评判。

> **第二十条** 企业应当按照生产工艺流程及环境控制要求设置生产车间，不得擅自改变生产车间的功能区域划分。生产车间不得有污染源，物料、产品和人员流向应当合理，避免产生污染与交叉污染。
>
> 生产车间更衣室应当配备衣柜、鞋柜，洁净区、准洁净区应当配备非手接触式洗手及消毒设施。企业应当根据生产环境控制需要设置二次更衣室。

◆ 条款解读

本条款对车间的功能区布局设置、车间更衣室设施配备和二次更衣室设置提出要求。第一款要求企业的生产车间应当根据产品生产工艺和环境控制要求进行设置并合理布局；未经许可企业不得擅自改变车间功能用途和生产车间不得有污染源，物料、产品和人员流向应当合理，避免产生污染与交叉污染。第二款是对生产车间更衣室的设施要求。

生产环境控制要求是指化妆品生产工艺要求的温度、湿度要求和生产车间的空气质量要求。

车间布局合理是指符合生产工艺流程及相应洁净度级别要求，做到人流、物流分开，工序上下衔接，避免迂回、穿越和往返，操作不得相互妨碍，避免交叉污染和混淆。

交叉污染是指物料在存放过程中未合理分隔导致气味混淆、物料渗透、微生物滋生、引入外来杂质等污染，或者是因为人和物的流动方向重叠或发生交叉产生的相互污染。

消毒是指减少被污染惰性表面微生物的操作。

更衣室阻拦式鞋柜是指需要横跨过去的换鞋柜，一边放个人鞋子，另一边放工作鞋，有的企业在鞋柜内部还设有换气管。

非手接触式洗手及消毒设施是指采用流动水，不需用手去开或关的水龙头、不需用手去接触开关的消毒器。

本条款应从以下6个方面来理解把握。

1. 企业应当按照生产工艺流程及环境控制要求设置生产车间的布局。按照生产工序划分，依次设置人员更衣室、缓冲间、原料清洁消毒间、称量间、配制间、半成品贮存间、洁净容器与器具贮存间、灌装间、外包装间等。

2. 不得擅自改变生产车间的功能区域划分。如需改变用途的，若企业变更的工艺设备布局不涉及主要生产区域的（如称量、配制、半成品贮存、灌装或填充等），企业经自查不对产品质量安全造成影响，应向当地监管部门报备；若对产品质量安全造成影响，应申请生产许可变更。

3. 生产车间不得有污染源。常见污染源包括厕所、与产品生产无关的生活物品或杂物等。生产车间内不得设置厕所，如果生产车间同一楼层设有厕所的，应当与生产区域设置间隔区或缓冲间分隔，防止造成污染。

4. 物料、产品和人员流向应当合理，避免产生污染与交叉污染。进入车间的物料和输出车间的产品应有单独的物流通道，进出车间的人员应有单独的人流通道，人流和物流应有有效的分流措施，有一定的间隔，避免交叉污染。

5. 进入洁净区、准洁净区的生产车间的更衣室应当配备衣柜、鞋柜、非手接触式洗手及消毒设施，而且这些设施应确保处于正常使用状态。

6. 企业应当根据生产环境控制需要，在必要时设置二次更衣室。例如，在配料间与灌装间的洁净度要求不同时，从配料间进入灌装间的人员应进行二次更衣。而且，灌装间与制作间的工作服应有所区别。

◆ 检查要点

（一）第一款【30*】

1. 企业是否按照生产工艺流程及环境控制要求设置生产车间，是否擅自改变更衣、缓冲、称量、配制、半成品贮存、填充与灌装、清洁容器与器具贮存、包装、贮存等功能区域划分。

2. 生产车间内是否有污染源；物料、产品和人员流向是否合理，是否存在导致物料、产品污染和交叉污染的情形。

（二）第二款【31】

1. 生产车间更衣室是否配备衣柜、鞋柜；洁净区、准洁净区是否配备与人员数量相匹配的非手接触式洗手及消毒设施。

2. 企业是否根据生产环境控制需要设置二次更衣室。

◆ 检查方法

本条款检查主要通过查看车间布局图、设备配置图和现场检查相结合的方式进行。

1．检查前首先查看产品的技术要求，熟悉产品的特性和生产工艺；查看车间布局图，了解各功能间设置分布情况。

2．重点检查生产现场布局的合理性和合规性，设施设备是否设置合理，是否符合工艺要求，特别关注是否存在污染与交叉污染的风险。

3．查看生产车间现场，核实是否有未经许可擅自变更车间布局或用途的情况。

> 　　第二十一条　企业应当按照产品工艺环境要求，在生产车间内划分洁净区、准洁净区、一般生产区，生产车间环境指标应当符合本规范附2的要求。不同洁净级别的区域应当物理隔离，并根据工艺质量保证要求，保持相应的压差。
> 　　生产车间应当保持良好的通风和适宜的温度、湿度。根据生产工艺需要，洁净区应当采取净化和消毒措施，准洁净区应当采取消毒措施。企业应当制定洁净区和准洁净区环境监控计划，定期进行监控，每年按照化妆品生产车间环境要求对生产车间进行检测。

◆ 条款解读

本条款是对生产环境控制的要求。第一款明确企业应当按照产品类别和工艺要求设置不同洁净度区域，且应当物理隔离，保持相应的压差；第二款是对生产车间温度、湿度、洁净度的要求，以及为了保证相关要求而定期进行环境监测和控制的要求。

对不同的产品所要求的生产环境是不同的，企业应根据产品的生产工艺特点和产品风险程度来确定生产环境控制的要求。在车间内划分不同的洁净级别进行分别控制：

1．洁净区　指符合一定洁净度级别要求的功能区域。牙膏、眼部护肤类化妆品、儿童护肤类化妆品的半成品贮存、填充、灌装、清洁容器与器具贮存需要符合《规范》附2中规定的洁净度要求。

2. 准洁净区　指需要进行普通的环境微生物监控的功能区域。一般包括牙膏、眼部护肤类化妆品、儿童护肤类化妆品的称量、配制、缓冲、更衣等区域，以及其他化妆品的半成品贮存、填充、灌装、清洁容器与器具贮存、称量、配制、缓冲、更衣等区域。

3. 一般生产区　指无需进行环境参数指标监控的功能区域。一般指与原料、内包材、半成品无直接暴露的功能区域，如包装、贮存等。

洁净度相关指标测试方法参照《GB/T 16292 医药工业洁净室（区）悬浮粒子的测试方法》《GB/T 16293医药工业洁净室（区）浮游菌的测试方法》《GB/T 16294医药工业洁净室（区）沉降菌的测试方法》的有关规定；空气中细菌菌落总数测试方法参照《GB 15979一次性使用卫生用品卫生标准》或者《GB/T 16293 医药工业洁净室（区）浮游菌的测试方法》的有关规定。

本条款包括了以下8个层面的内容。

1. 企业应当按照产品类别和工艺环境要求设置洁净区、准洁净区、一般生产区。

2. 生产施用于眼部皮肤表面以及儿童皮肤、含口唇表面，以清洁、保护为目的驻留类化妆品（粉剂化妆品除外），以及牙膏类等产品，其半成品贮存、填充或灌装、清洁容器与器具贮存等工序需要符合《规范》附2中洁净区的悬浮粒子、浮游菌、沉降菌、压差等指标要求；其称量、配制、缓冲、更衣等工序需要符合附2中准洁净区的细菌菌落总数控制要求。

3. 生产除上述类别以外的其他类化妆品，其称量、配制、半成品贮存、填充或灌装、清洁容器与器具贮存等工序需要符合空气中细菌菌落总数≤1000cfu/m³的要求。

4. 不同洁净级别的区域应当物理隔离，并根据工艺要求保持相应的气密和压差。

5. 生产车间应当保持良好的通风和适宜的温度、湿度。

6. 根据生产工艺需要，洁净区应当采取净化和消毒措施，准洁净区应当采取消毒措施。消毒措施可采用紫外线、臭氧或化学消毒剂等消毒方法。

7. 洁净区和准洁净区应当制定环境监控计划，按照计划定期监控并记录。

8. 每年按照生产车间环境要求对生产车间进行检测，当车间的生产设施设备发生变化，可能影响产品质量安全时，应当由具有资质的检验机构进行环境检测，检测报告至少保存2年。

◆ **检查要点**

（一）第一款【32*】

1. 企业是否按照产品工艺环境要求划分生产区域；生产车间环境指标是否符合化妆品生产质量管理规范附2的要求。

2. 不同洁净级别的区域是否物理隔离，是否根据工艺质量保证要求，保持相应的压差。

（二）第二款【33】

1. 生产车间是否保持良好的通风和适宜的温度、湿度；温度、湿度是否在规定的区间范围内。

2. 企业是否根据生产工艺需要，制定洁净区净化和消毒、准洁净区消毒管理制度，以确保相关措施的有效实施，是否按制度执行并记录。

3. 企业是否制定洁净区和准洁净区环境监控计划，是否按照计划定期监控并记录；企业是否每年根据环境监控计划，按照化妆品生产车间环境要求对生产车间进行检测。

◆ **检查方法**

本条款的检查主要通过检查现场与相关文件相结合的方式进行。

1．查看生产车间的环境监控制度要求。

2．检查不同洁净级别的生产区域的物理隔离或缓冲。

3．查看生产车间洁净区的洁净度检测报告、监控记录。

　　第二十二条　生产车间应当配备防止蚊蝇、昆虫、鼠和其他动物进入、孳生的设施，并有效监控。物料、产品等贮存区域应当配备合适的照明、通风、防鼠、防虫、防尘、防潮等设施，并依照物料和产品的特性配备温度、湿度调节及监控设施。

　　生产车间等场所不得贮存、生产对化妆品质量安全有不利影响的物料、产品或者其他物品。

◆ 条款解读

　　本条款是对生产车间和物料、产品贮存区配备相关控制、监控措施的要求。第一款明确车间配备防止蚊、虫、鼠进入设施，仓库配备照明、通风、防鼠、防虫、防尘、防潮控制设施的要求；第二款规定生产车间禁止贮存、生产对产品质量有不利影响的物料、产品或其他物品的要求。

　　蚊、虫、鼠进入生产区域，对产品会造成潜在的质量风险。常见的防虫鼠设施包括风幕、灭虫灯、粘虫胶、捕鼠器、粘鼠板、挡鼠板等。各地区在一年不同季节的差别大，要考虑不同的防虫鼠措施，而且建筑物内部墙面、地面出现裂缝，要及时修补，防止成为虫鼠藏匿地。

　　本条款可从以下6个层面理解把握。

　　1．车间配备防止蚊蝇、昆虫、鼠和其他动物进入、孳生的设施，并有监控。企业要多措并举控制各类虫鼠害的风险，具体可根据当地环境和实际情况，建立包括多种方法的虫害控制系统，也可以委托相应的外包公司提供服务，通过定置绘图、编号标识、定期检查评估效果和必要时的趋势分析，综合控制虫害和其他动物对生产产品带来的风险。

2．物料、产品等贮存区域应当配备合适的照明、通风、防鼠、防虫、防尘、防潮等设施。配备照明设施时一般应设置应急照明设施。仓库通风设施可采用通风扇或空调。防鼠可配备挡鼠板、粘鼠胶、捕鼠笼、驱鼠器等。防蚊、虫可配备纱窗、灭蚊灯等。防尘可配备窗帘、吸尘器、加湿器、拖布、抹布等除尘工具。防潮可配备除湿机、吸湿剂等。

3．依照物料和产品的特性配备温度、湿度调节及监控设施。应该明确物料和产品的贮存条件，对温度、相对湿度或其他有特殊要求的物料和产品应按规定条件贮存、监测并记录；应制定产品保质期和物料的使用期限的制度，保证合理性。专人负责监测仓储区域的温湿度，及时处理温湿度异常情况。

4．车间内不得贮存、生产对化妆品质量安全有不利影响的物料、产品或者其他物品。共用生产车间生产非化妆品的，不得使用化妆品禁用原料及其他对化妆品质量安全有不利影响的原料，例如含有荧光增白剂、抑菌剂等部分非化妆品准用原料的洗衣液或消毒液等产品，则属于对产品质量有不利影响的非化妆品产品，应该被禁止在化妆品车间内贮存或生产。共线生产非化妆品的企业，还应该设置防止污染和交叉污染的相应措施，例如在生产后及时清场、清洁、消毒。企业应当对非化妆品是否对化妆品质量安全产生不利影响进行风险分析，并形成风险分析报告。

5．按物料和产品的管理要求、用途和性状等进行分类贮存。易串味的物料，如香精香料应与其他物料分开贮存；液体和固体物料贮存时应有一定的间隔；易燃、易爆等危险化学品应按国家有关规定验收、贮存和领用。

6．设立危险品存放专区、实行专人上锁管理；建立有毒有害物品清单，收集其安全数据资料，如化学品安全说明书（material safety data sheet，MSDS），定点存放，专人管理，标识管理。

◆ **检查要点**

（一）第一款【34】

1. 生产车间是否配备防止蚊蝇、昆虫、鼠和其他动物进入、孳生的设施，是否有效监控并留存记录，是否定期分析存在的风险。

2. 物料、产品等贮存区域是否配备合适的照明、通风、防鼠、防虫、防尘、防潮等设施；企业是否制定相关管理制度，设置温度、湿度范围，是否依照物料和产品的特性配备温度、湿度调节及监控设施。

（二）第二款【35*】

1. 生产车间等场所是否贮存对化妆品质量安全有不利影响的物料、产品或者其他物品。

2. 共用生产车间生产非化妆品的，是否使用化妆品禁用原料及其他对化妆品质量安全有不利影响的原料，并具有防止污染和交叉污染的相应措施；企业是否有风险分析报告，确保其不对化妆品质量安全产生不利影响。

◆ **检查方法**

本条款的检查主要通过检查现场和查阅相关监控文件相结合的方式进行。

1. 现场检查车间防鼠虫害设施，查看鼠虫害控制记录。

2. 现场检查贮存区域的照明、通风和四防（防鼠、防虫、防尘、防潮）设施是否齐全。

3. 查看特殊温湿度要求物料的监控设施及其记录。

4. 查看现场是否有对化妆品质量安全有不利影响的物料或产品。

5. 如共用生产车间或生产线生产非化妆品的，应当重点关注：①非化妆品的产品是否使用了化妆品禁用原料及其他对化妆品质量安全有不利影响的原料；②是否具有防止污染和交叉污染的相应措施，特别是严格按照清场规定，在非化妆品生产后彻底全面地清场、消毒并保留记录；③企业是否对所生产非化妆品对化妆品的风险进行了分析，并保存有风险分析报告。

第二十三条　易产生粉尘、不易清洁等的生产工序，应当在单独的生产操作区域完成，使用专用的生产设备，并采取相应的清洁措施，防止交叉污染。易产生粉尘和使用挥发性物质生产工序的操作区域应当配备有效的除尘或者排风设施。

◆ 条款解读

本条款为对易产生污染和交叉污染产品或工序的特殊要求。易产生粉尘、不易清洁等工序，应当使用单独的生产设备和操作区域，并采取相应的清洁措施，以避免对其他类型产品造成交叉污染。易产生粉尘和使用挥发性物质的生产操作区域应当配备有效的除尘和排风设施。

单独的生产操作区域是指相对独立且有物理隔断的生产车间或生产区域，包括称量、配制、灌装等生产工序的操作区域。

专用生产设备是指针对产品特性和生产工艺配备相应的生产设备。例如：一般液态类，需要混合机械（或气流、超声波）搅拌设备；膏霜乳液类，需要乳化匀质设备；粉类，需要混合拌粉设备；气雾剂类，需要咬口及推进剂充填设备；有机溶剂类，需要防爆机械混合搅拌设备；蜡基类，需要熔化及倒模设备等。

本条款可从以下3个方面理解把握。

1. 对于粉类产品易产生粉尘的生产工序，如称量、筛粉、粉碎、混合等，不易清洁的染发类、烫发类、蜡基类产品，易燃易爆类产品，如气雾剂和有机溶剂类产品，均应使用单独的生产车间和专用生产设备，并采取相应的清洁措施。

2. 牙膏类产品需要单独设置生产车间和专用生产设备。

3. 对于生产易产生粉尘如散粉、粉饼等粉类产品和使用挥发性物质的生产车间应配备有效的除尘排风设施，防止粉尘、气味扩散污染。

>> 知识延伸：相关安全标准

《建筑设计防火规范》（GB 50016—2018）适用于下列新建、扩建和改建的建筑：厂房、仓库、民用建筑、甲、乙、丙类液体储罐（区）、可燃、助燃气体储罐（区）、可燃材料堆场、城市交通隧道。人民防空工程、石油和天然气工程、石油化工工程和火力发电厂与变电站等的建筑防火设计，当有专门的国家标准时，宜从其规定。

《粉尘防爆安全规程》（GB 15577—2018）规定了粉尘防爆安全总则、粉尘爆炸危险场所的建（构）筑物的结构与布局、防止粉尘云与粉尘层着火、粉尘爆炸的控制、除尘系统、粉尘控制与清理、设备设施检修和个体防护。该标准适用于粉尘爆炸危险场所的工程及工艺设计、生产加工、存储、设备运行与维护。

《气雾剂安全生产规程》（AQ3041—2011）规定了气雾剂生产企业的基本要求、作业安全和安全管理要求。

◆ 检查要点【36*】

1. 易产生粉尘、不易清洁等（散粉类、指甲油、香水等产品）的生产工序，是否设置单独生产操作区域，是否使用专用生产设备。

2. 染发类、烫发类、蜡基类等产品不易清洁的生产工序，是否设置单独生产操作区域或者物理隔断，是否使用专用生产设备。

3. 易产生粉尘、不易清洁等的生产工序是否采取相应的清洁措施，防止交叉污染。

4. 易产生粉尘和使用挥发性物质的生产工序（如称量、筛选、粉碎、混合等）的操作区是否配备有效的除尘或者排风设施。

◆ 检查方法

对本条款的检查主要采取检查现场和相应操作记录的方式进行。

1. 现场检查生产车间、专用生产设备是否与生产产品类型相一致；是否按要求独立设置生产车间。

2. 对于易产生粉尘和使用挥发性物质的车间，检查现场除尘设施和排风设施。

第二十四条 企业应当配备与生产的化妆品品种、数量、生产许可项目、生产工艺流程相适应的设备，与产品质量安全相关的设备应当设置唯一编号。管道的设计、安装应当避免死角、盲管或者受到污染，固定管道上应当清晰标示内容物的名称或者管道用途，并注明流向。

所有与原料、内包材、产品接触的设备、器具、管道等的材质应当满足使用要求，不得影响产品质量安全。

◆ 条款解读

本条款明确对企业配备的生产设备选型以及管道设计安装要求，以及与原料、内包材、产品接触的设备、器具、管道等的材质要求。本条款设置目的是为了确保企业能够拥有合理的设备来满足生产工艺要求，尽可能降低产生污染、交叉污染、混淆和差错的风险，便于操作、清洁、维护，进而确保生产顺利进行和产品的质量。

设备的选型需要企业从生产能力、成品率要求、设备维护的难易程度、节能性、安全性、耐用性等方面考虑，选择合适型号的设备。技术部一般从设备与生产工艺适应性、技术可靠性等进行评估；工程部一般从设备的配套性、安全性、环保节能、经济性等方面进行评估。

设备的安装需要企业根据厂房面积、人流物流走向、生产工艺流程等要求确定设备安装位置并实施具体安装工作。

本条款可从以下4个层面理解把握。

1. 企业应当配备与生产的化妆品品种、数量、生产许可项目、生产工艺流程相适应的设备。企业应根据生产规模、产品种类、产品工艺规程要求、生产效率要求、设备的灵活性、设备对环境的影响、维修难易程度等因素选择合适的生产设备。在选择设备时，其规格应与产能需求匹配，设备材质不能与原料及内容物产生作用。设备的性能应达到产品生产工艺的要求，例如真空度的调试、搅拌转速参数应与工艺一致等。

2. 与产品质量安全相关的设备应当设置唯一编号。这是影响产品质量安全的关键设备的标识编码要求，建立关键设备台账，以便进行质量分析追溯和跟踪校验管理。

3. 管道的设计、安装应当避免死角、盲管或者受到污染，固定管道上应当清晰标示内容物的名称或者管道用途，并注明流向。这是对管道设计安装的原则性要求，避免出现死角、盲管或者受到污染的情况。管道应当清晰标示，内容物及流向，以防止误操作并方便清洗消毒，维护保养。

4. 所有与原料、内包材、产品接触的设备、器具、管道等的材质应当满足使用要求，不得影响产品质量安全。企业应要求供应商提供材质证明材料（如材质来源资料、第三方检测报告、官方发布的认可资料、文献研究资料等）或者企业结合自己的评估情况将其送第三方机构进行检测确认等。

设备材质应不易生锈，不易与所用原料及内容物产生化学反应。可以选用304L以上标号的不锈钢，设备表面平整光滑，没有易污染死角。设备安装应易于排水，便于清洗消毒、维护保养操作（设备安装一般需离墙50cm以上）。

管道材质可以采用PE、PP、PET、PCTA、PETG、AS等；半成品贮存可以根据产品性状采用不同材质的容器，如陶瓷罐、304L以上标号的不锈钢、PP、PE、PET、PCTA、PETG、AS等。企业所选用的润滑剂不得对产品、设备器具造成污染或者腐蚀。一般企业可以要求供应商提供成分证明资料或者安全评估报告，企业结合自身情况对润滑剂进行安全评估。企业应保存润滑剂的使用记录，归档相关的安全评估资料。

>> **知识延伸：各种化妆品生产设备及其应用**

单元操作	生产设备	乳液/膏霜	含粉乳液/膏霜	化妆水类制品	固态粉末制品	唇膏类棒型制品	气雾剂制品
粉碎	各类粉碎机		•		•		
粉体混合	V型混合器、螺旋式锥形混合器、双圆锥型混合器、螺旋带式混合器、球磨机、三辊机、		•		•	•	
溶解	各类搅拌设备	•	•	•		•	•
乳化和分散	各类均质搅拌器、真空乳化机、胶体磨、均浆机、超声波乳化器	•	•			•	•
固/液分离	压滤机、叶滤机、真空连续过滤机			•			•
固体粉末分级	电磁振动筛、空气流粉末分离器		•		•	•	
物料输送	隔膜泵、不锈钢离心泵	•	•				
热交换	蒸汽夹层锅、冷冻浴（低于0℃）	•	•			•	
灭菌/消毒	紫外线消毒器、环氧乙烷消毒器、超滤去菌、		•		•	•	
灌装	各种灌装机	•	•			•	
压制	成型机、粉饼压制机				•	•	
打码和包装	贴标机、打码机、打包机	•	•		•	•	•
计量和检测	各种计量检测设备	•	•	•	•	•	•

注：• 表示适用。

>> **知识延伸：常见管道材质类型**

PE表示聚乙烯塑料（polyethylene），是将乙烯聚合制得的一种热塑性树脂。

PP表示聚丙烯塑料（polypropylene），是一种半结晶性材料，它比PE要更坚硬并且有更高的熔点。两者均属于环保材料，可以直接与化妆品、食品接触，是灌装有机护肤品的主要材质，材质本色发白，半透明状。根据不同的分子结构，能达到三种不同的软硬程度。

PET或PETP表示聚对苯二甲酸二乙酯塑料（polyethylene terephthalate）。属于环保材料，可以直接与化妆品、食品接触，是灌装有机护肤品的主要材质，PET材质较软，本色是透明状。

PCTA表示环己烷二甲醇和对苯二甲酸的共聚物，以及根据需要用别的其他酸部分取代对苯二酸所形成的聚合物。与PET相比，具有较低的可萃取性、更好的耐热性、低温抗冲击性和水解稳定性。

PETG表示聚对苯二甲酸乙二醇酯-1,4-环己烷二甲醇酯，是一种透明塑料，是一种透明塑料。

AS表示丙烯腈-苯乙烯共聚物塑料，是由丙烯腈与苯乙烯共聚而成的高分子化合物，一般含苯乙烯15%～50%。硬度不高，较脆，透明，且底色发蓝，可以直接与化妆品、食品接触，适用于做奶瓶和化妆品乳液和膏霜的内包装材料。

PCTA与PETG、AS均属环保材料，可以直接与化妆品、食品接触，是灌装有机护肤品的主要材质，较软，呈透明状。

◆ 检查要点

（一）第一款【37】

1. 企业是否配备与生产的化妆品品种、数量、生产许可项目、生产工艺流程相适应的设备。

2. 与产品质量安全相关的称量、配制、半成品贮存、填充与灌装、包装、产品检验等设备是否设置唯一编号。

3. 管道的设计、安装是否避免死角、盲管或者受到污染；固定管道上是否清晰标示内容物的名称或者管道用途，是否注明流向。

（二）第二款【38】

所有与原料、内包材、产品接触的设备、器具、管道等的材质是否满足使用要求，是否影响产品质量安全。

◆ 检查方法

本条款采取现场查看、查阅文件与生产计划产量估算相结合的方法。

1. 现场检查应查看全部的生产设备和配套的工艺装备。抽查生产设备编号与设备台账。

2. 现场检查管道的设计安装和标示情况。

3. 抽查与原料、内包材、产品接触的设备的材质证明及确认报告。企业是否归档与原料、产品直接接触的设备、工位器具、管道等的材质证明资料。

第二十五条　企业应当建立并执行生产设备管理制度，包括生产设备的采购、安装、确认、使用、维护保养、清洁等要求，对关键衡器、量具、仪表和仪器定期进行检定或者校准。

企业应当建立并执行主要生产设备使用规程。设备状态标识、清洁消毒标识应当清晰。

企业应当建立并执行生产设备、管道、容器、器具的清洁消毒操作规程。所选用的润滑剂、清洁剂、消毒剂不得对物料、产品或者设备、器具造成污染或者腐蚀。

◆ **条款解读**

本条款是对建立并执行生产设备管理制度、主要生产设备使用规程、清洁消毒操作规程的要求。

关键衡器、量具、仪表和仪器是指在企业生产过程中对工艺指标考核、产品质量、安全防护、物料消耗统计等因素起到关键作用的各种测量设备和仪器仪表。

检定是指由法定计量部门或法定授权组织按照检定规程，通过实验，提供证明，来确定测量器具的示值误差满足规定要求的活动。

校准是指在规定条件下，为确定计量器具示值误差的一组操作。是在规定条件下，为确定计量仪器或测量系统的示值，或实物量具或标准物质所代表的值，与相对应的被测量的已知值之间关系的一组操作。校准结果可用以评定计量仪器、测量系统或实物量具的示值误差，或给任何标尺上的标记赋值。

本条款可从以下3个层面理解把握。

1. 建立并执行生产设备管理制度。生产设备管理制度的内容包括生产设备的采购、安装、确认、使用、维护保养、清洁等要求。其中采购的要求，可以由技术部门和生产部门提供所需设备的工艺参数，由使用部门提交请购单，采购部门根据需要选择设备供应商（选择供应商的途径、选择标准），保留筛选记录等；确定安装的时间、保留调试过程中的问题及处理记录、设备厂商对设备使用人进行培训等；保留设备安装完成后的验证报告或记录，包括设备性能验证、清洁验证；仪器仪表等计量器具的计量性能（正确性、稳定性、灵敏度）应定期进行校准。

对关键衡器、量具、仪表和仪器定期进行检定或者校准。仪器设备的校验计划是指为了评定仪器仪表等计量器具的性能（正确性、稳定性、灵敏度），确定其是否合格使用而制定的计划。

2. 建立并执行主要生产设备使用规程。主要设备是指生产过程中发挥主要作用的设备，包括称量设备。配制设备、灌装设备、贮存设备等。正在使用的设备应当标识产品名称、批号；未使用的设备应当标识已清洁、未清洁、维修中或者停止使用等，如正在生产的产品和批次、设备已清洁、设备待清洁、设备已消毒、设备消毒中等，确保企业拥有合理的设备来满足生产工艺要求，尽可能降低产生污染、交叉污染、混淆和差错的风险，便于操作、清洁、维护，进而确保生产的顺利进行和产品的质量。

3. 建立并执行生产设备、管道、容器、器具的清洁消毒操作规程。设备的清洁消毒必须根据规定操作并保留相应的记录。这样才能满足生产工艺要求，尽可能降低产生污染、交叉污染、混淆和差错的风险，便于操作、清洁、维护，进而确保生产的顺利进行和产品的质量。

润滑剂、清洁剂、消毒剂的选择。所选用的润滑剂、清洁剂、消毒剂不得对物料、产品或者设备、器具造成污染或者腐蚀，需要符合高效、环保、残留少、水溶性强等要求。

◆ **检查要点**

（一）第一款【39】

1. 企业是否建立并执行生产设备管理制度；生产设备管理制度是否包括生产设备的采购、安装、确认、使用、维护保养、清洁等要求。

2. 企业是否制定关键衡器、量具、仪表和仪器检定或者校准计划，是否根据计划定期进行检定或者校准。

（二）第二款【40】

1. 企业是否建立并执行主要生产设备使用操作规程；操作规程、操作记录是否符合要求。

2. 称量、配制、半成品贮存、填充与灌装、包装、产品检验等设备状态标识、清洁或者消毒标识是否清晰。

（三）第三款【41】

1. 企业是否建立并执行生产设备、管道、容器、器具的清洁或者消毒操作规程；清洁或者消毒操作规程是否包括清洁消毒方法、清洁剂和消毒剂的名称与配制方法、清洁用水和清洁用具要求、清洁有效期限等内容；企业是否明确清洁或者消毒方法选择的依据。

2. 企业所使用的润滑剂、清洁剂、消毒剂是否对物料、产品或者设备、器具造成污染或者腐蚀。

◆ 检查方法

本条款主要采用检查制度规程及相关记录文件的方式进行，必要时可查看现场。

1. 查看与产品质量相关的生产设备器具的台账。查看设备的采购是否满足产品和产量的需求，是否对供应商进行资料收集、评估甄选。

2. 抽查设备采购、安装、确认、使用、维护保养、维修、清洁的文件和记录。

3. 查看关键衡器、量具、仪表和仪器的清单、检定（校验）计划和管理作业指导书、校验记录。校验计划包括但不限于以下内容：仪器仪表名称、型号、厂家、编号、数量、检定机构、上次检定的有效期、拟检定时间等。

4. 查看设备的操作规程及生产设备、管道、容器、器具的清洁消毒操作规程，以及相关操作记录；查看润滑剂、清洁剂、消毒剂名单及其相关资料。

5. 抽查设备、容器、工器具的清洁消毒状态标识、清洁消毒记录。

6. 现场询问操作人员。

> 第二十六条　企业制水、水贮存及输送系统的设计、安装、运行、维护应当确保工艺用水达到质量标准要求。
>
> 　　企业应当建立并执行水处理系统定期清洁、消毒、监测、维护制度。

◆ **条款解读**

本条款是对工艺用水制水系统的要求。第一款是对制水系统硬件的要求，即制水、水贮存及输送系统的设计、安装、运行、维护应当确保工艺用水达到质量标准要求。第二款是对软件要求，即应当建立并执行水处理系统定期清洁、消毒、监测、维护制度。

化妆品生产企业生产用水，既包括工艺用水也包括生产辅助用水（用于设备、管道、器具等清洁的水和生产过程中加热或冷却用的水），一般包括如下级别的水。

（1）饮用水　即市政自来水管道供水：为天然水经净化处理所得的水，其质量必须符合现行国家标准GB5749—2022《生活饮用水卫生标准》

（2）纯化水　为饮用水经蒸馏法、离子交换法、反渗透法或其他适宜的方法制得的水，不含任何添加剂。

（3）软化水　指饮用水经过去硬度处理所得的水，将软化处理作为最终操作单元或最重要操作单元，以降低通常由钙和镁等离子污染物造成的硬度。

（4）反渗透水　将反渗透作为最终操作单元或最重要操作单元的水。

（5）超滤水　将超滤作为最终操作单元或最重要操作单元的水。

（6）去离子水　将离子去除或离子交换过程作最终操作单元或最重要操作单元的水。当去离子过程是特定的电去离子法时，则称为电去离子水。

（7）蒸馏水　将蒸馏作为最终单元操作或最重要单元操作的水。

（8）实验室用水　经过特殊加工的饮用水，使其符合实验室用水的要求、例如用作液相色谱仪流动相的水。

工艺用水的质量控制需要水处理系统作保障。水处理系统是由制水、水贮存及输送/分配设备等组成的一个完整的系统，该系统能将市政供水、井水、地表水或不符合工艺用水水质要求的水，采用物理、化学、生物等方法改善水质，以达到工艺用水要求。为了满足化妆品工艺的特殊要求，生产企业应根据生产化妆品的品种、数量和生产许可项目选择合适的工艺用水，并设置相应的水处理系统。目前，国内化妆品生产工艺用水以纯化水居多，下面主要介绍纯化水制备系统。

纯化水制备工艺主要包括过滤技术、反渗透技术、离子交换技术等方法。图4-1是采用反渗透技术进行水处理的示意图。

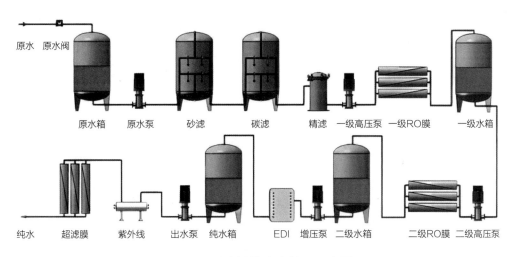

图4-1　反渗透技术水处理示意图

现将相关系统或装置介绍如下：

该系统包括原水装置（原水箱、原水进水阀、原水泵）、预处理装置（多介质过滤器、活性炭过滤器、软化器等）、纯化水机（保安过滤器、换热器、RO反渗透系统、EDI即电渗析和离子交换技术模块、TOC分析仪即总有机碳分析仪等）组件。

（1）原水箱　原水箱是预处理的第一个处理单元，一般设置一定体积的缓冲水罐，其体积的配置需要与系统产量相匹配，具备足够的缓冲时间并保证整套系统的稳定运行。原水箱的材质有FRP（纤维增强复合材料）、PE（聚乙烯塑料）或不锈钢等多种选择，可按预处理的消毒方式不同适当选择。

（2）过滤装置　包括多介质过滤装置和活性炭过滤装置。多介质过滤装置一般填充石英砂、无烟煤等，其作用主要是去除水中的大颗粒杂质、悬浮物、胶体等（图4-2）。活性炭过滤装置主要是通过活性炭表面毛细孔的吸附能力和活性自由基去除水中的游离氯、色度、有机物以及部分重金属等有害物质，以防止它们对纯化系统的反渗透膜和EDI（离子交换技术）造成影响。

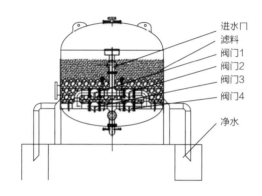

图4-2　多介质过滤器的工作原理示意图

（3）软化装置　供水系统的硬度会导致结垢，水垢为水被去除或蒸发后留下的矿物质。主要出现在锅炉、冷却塔、反渗透装置、纯蒸汽发生器以及蒸馏水机中。软化装置也称软化器，主要功能是去除水中的硬度，如钙离子、镁离子。软化装置通常由盛装树脂的容器、树脂、阀或调节器以及控制系统组成。软化原理主要通过钠型的软化树脂以对水中的钙离子、镁离子进行离子交换，从而将其去除，以防止钙离子、镁离子等在RO膜（反渗透膜）表面结垢。通常情况下，软化装置出水硬度能达到小于3mg/L。

（4）加药装置　良好的加药装置设计不仅是系统保持长期高效运行的基础，也是工艺性能达标的重要保障。通常情况下，化学加药单元被设计在预处理系统中，其中包括原水罐、原水输送泵、多介质过滤装置或超滤、活性炭过滤装置、软化装置、保安过滤装置、RO高压泵、RO等处理单元。

（5）常用的化学药剂为混凝剂PAC（聚合氯化铝）、消毒剂NaClO（次氯酸钠）、还原剂$NaHSO_3$（亚硫酸氢钠），苛性钠（NaOH，氢氧化钠）等。

（6）RO膜生产厂家会建议RO进膜的最大余氯浓度（一般不高于0.1mg/L），超过此浓度，会严重影响RO膜的性能和寿命，故还原剂$NaHSO_3$（亚硫酸氢钠）溶液作为水体中余氯的还原剂，常被用于化妆品生产用水系统中。

（7）预处理超滤装置　属于膜过滤法，其过滤截留分子质量约80000～150000Da。它可以取代传统的预处理中的机械过滤，且产水水质大大优于机械过滤。超滤不能抑制低分子量的离子污染，另外，超滤不能阻隔溶解的气体。

（8）纳滤装置　纳滤是一种介于反渗透和超滤之间的压力驱动膜分离方法。纳滤膜的理论孔径是1nm（10^{-9}m），纳米膜有时被称为"软化膜"，它能去除阴离子和阳离子。

（9）微滤装置　微滤是用于去除细微颗粒和微生物的膜工艺。

（10）脱气装置　主要作用是脱除水中的二氧化碳。二氧化碳会对后续的EDI造成影响，主要表现为可形成碳酸根离子造成EDI的结垢或影响EDI产水的电导率；同时，二氧化碳还会降低EDI对硅、硼的去除率。理论上来说，二氧化碳与碳酸根离子在pH值4.4～8.2区间保持动态平衡。

（11）紫外线装置　紫外线水处理技术主要应用于纯化水制备、贮存及分配系统，包括三类应用：消毒、去除余氯和去除臭氧。

（12）反渗透（RO）装置　反渗透技术，是在加压条件下利用反渗透膜对经过初步过滤的水进行进一步纯化的技术。具有去除杂质范围广、脱盐率高的优点，能够去除无机盐类、有机物、细菌、病毒等杂质。

（13）电去离子装置　简称EDI装置，该系统是一种电渗析工艺和离子交换工艺结合的系统。EDI（electrodeionization）技术是一种新的纯水和超纯水制备技术。该技术将电渗析技术和离子交换技术相融合，通过阴、阳离子交换膜对阴、阳离子的选择性透过作用与离子交换树脂对离子的交换作用，在直流电场的作用下实现离子的定向迁移，从而完成水的深度除盐，水质可达15MΩ·cm以上。

（14）纯化水储罐　通常为常温贮存，根据"在有利于微生物生长的条件下，水停留的时间越短越好"的原则，应该确定一个最小贮水量。在水系统广泛采用的贮罐可分为立式贮罐和卧式贮罐两种类型。应优先选用立式贮罐，比较容易满足输送泵对水位的要求；罐内水流速较快，有利于阻止生物膜形成，回水喷淋效果也较好。

（15）纯水分配系统　通常由纯化水储罐、输送泵、换热器、输送循环管路及不同取样点组成。

>> 知识延伸：制水系统中常见的阀门

制水系统中常见的阀门主要有截止阀、隔膜阀、蝶阀、球阀。

常见的阀门类型及优缺点

阀门类型	优点	缺点
截止阀（长行程）	可高频率使用 可用高温高压 良好的调节性能（特别是直的阀座设计）	介质的压力损失大 流向固定 只能用于清洁和非颗粒介质
隔膜阀（堰式）	洁净介质或污染介质均可 方便清洁 良好的调节性能（液体） 流向可选	介质压力损失大 操作压力和温度限制
蝶阀（中心型）	压力损失低 流向可选 结构紧凑 成本相对较低	工作效率较低 相对较差的调节性能 高磨损率（颗粒介质） 相对较低的工作压力
球阀	球通性，几乎没有压力损失流向 可用于高温、高压条件	工作效率较低 比较差的调节性能（标准版） 关闭时死角大

本条款可从以下4个层面理解把握。

1. 水处理系统的设计要求

水在化妆品生产中是应用最广泛的原料，用作化妆品的组成成分、溶剂、稀释剂等。在化妆品生产中，企业应综合考虑与生产的化妆品品种、数量相适应的水处理系统。维持化妆品生产用水系统质量的本质是控制化妆品生产过程的微生物负荷与颗粒物的负荷。"质量源于设计"，影响生产用水系统水质的各种设计与运行中的设计属性尤为关键，管路计算、死角、表面粗糙度、坡度、模块化设计等因素均是影响化妆品生产水处理系统的关键性设计属性。常见的化妆品生产企业制水间是纯化水的制备、贮存与分配站。一个优秀的制水间设备平面布置图，不仅有利于节约投资、方便操作、便于维修，更能体现一个现代化化妆品企业的形象。

纯化水制备工艺流程的选择需要考虑以下因素：原水水质、产水水质、设备工艺运行的可靠性、系统微生物污染预防措施和消毒措施、设备运行及操作人员的专业素质、不同原水水质变化的适应能力和可靠性、设备日常维护的方便性、设备的产水回收率及废液排放的处理、日常的运行维护成本、系统的监控能力。

制水间宜采用砖混、钢筋混凝土结构。制水间的位置应靠近工艺用水负荷中心，供水、排水合理，避免靠近有毒有害气体、腐蚀性介质及粉尘产生的场所。制水间的面积不宜太小，应预留足够的操作维护区域。

制水间对环境防水、防潮、防霉、易清洗的要求较高，应防止制水间地面、墙壁、顶棚的霉变、起皮、脱落以及门窗变形。明沟排水易滋生细菌，采用围堰方式进行制水间设备的挡水处理，并采用明管排水至地漏，有利于制水间环境微生物负荷的控制。另外，也要考虑制水间停电的直接后果及制水间噪声的污染。

水的贮存与分配系统包括贮存单元、分配单元和用水点管网单元。贮存与分配系统的设计必须符合以下三个要求。

（1）保持用水水质在生产工艺用水的质量标准要求的范围之内。

（2）将工艺用水以符合生产要求的流量、压力和温度输送到各个工艺用水点。

（3）保证初期投资和运行费用的合理匹配。

储罐设计需考虑以下因素。

（1）罐体喷淋球 水流缓慢区域，易附着疏松的生物膜，因此对储罐的消毒和保证罐内水的连续循环非常重要。通过安装罐体喷淋球，使水连续流通并润湿储罐顶部内表面，可进一步降低生物膜的形成，保证罐体始终处于自清洗和全润湿状态。

（2）贮存与分配系统的消毒 巴氏消毒/臭氧杀菌，罐体一般采用材质316L的常压或压力设计。

（3）罐体压力传感器 检测罐内实时压力。

（4）罐体温度传感器 实时监控罐体水温，为有效控制微生物滋生，推荐纯化水罐体水温维持在18～25℃。

（5）爆破片 是传统安全阀门的替代品。

（6）罐体呼吸器 有效阻断外界颗粒物和微生物对罐体水质的影响，采用带电加热夹套或蒸汽伴热并设自排口的呼吸器，能有效防止"瘪罐"发生。

（7）液位传感器 为制水机提供启停信号，并防止后端离心泵发生空转。

分配系统采用流量、压力、温度、TOC、电导率、臭氧等在线检测仪器来进行实时监测和趋势分析，并通过周期性消毒或灭菌的方式来有效控制水中微生物负荷，按照质量检测的有关要求，整个分配系统的总供与总回管网处还需安装取样阀进行水质的取样分析。

取样是化妆品生产用水系统进行性能确认的一种关键措施。取样量一般为100~300ml，为保证取样的安全性，防止人为交叉污染，需采用卫生级专用取样阀进行纯化水取样。

取样阀主要安装于制水设备出口、分配系统总供、总回管网以及无法随时拆卸的硬连接用水点处。

2．水处理系统的安装确认

水处理系统安装完成后，需对设备进行检查与确认工作，主要包含设计文件的确认、工艺管道及仪表流程图（piping & instrument diagram，PID），包含了全部的设备、管道、阀门、仪表等内容，管道的管道号、管径、材料、等级等详细数据的确认，其中设备中的数据为设计数据（如设计压力、设计温度），部件检查、死角检查、低点排放检查、焊接文件检查、电路图检查、设备通电状态与运行检查、设备外观与安全性检查等。所有工作严格按照安装确认与运行确认的相关内容执行，并提供有效执行的工厂测试报告。

死角检查是系统进行安装确认（IQ）时的一项重要内容。对死角的定义是当管路或容器使用时，能导致产品污染的区域。在水处理系统中任何死角的存在均可能导致整个系统的污染。死角过大给工艺用水带来的质量风险如下。

（1）为微生物繁殖提供"温床"并导致"生物膜"的形成，引起微生物超标，TOC指标或内毒素指标超标。

（2）系统消毒或灭菌不彻底导致的二次微生物污染。

（3）系统清洁不彻底导致的二次颗粒物污染或产品交叉污染。

>> 知识延伸：国际常用死角检查量化标准

"6D"规则：其含义为"当$L/D<6$时，证明此处无死角"，其中L指"流动侧主管网中心到支路盲板（或用水点阀门中心）的距离"，D为支路的直径。（出自美国FDA：CFR212法规）见图4-3 a。

"3D"规则：更符合洁净流体工艺系统的微生物控制要求，其中L的含义变更为"流动侧主管网管壁到支路盲板（或用水点阀门中心）的距离"。（出自美国FDA：CFR212法规）见图4-3 b。

目前，更加准确的死角量化定义出自ASMF BPE（《美国机械工程–生物工程设备标准》），该定义明确规定：L是指"流动侧主管网内壁到支路盲板（或用水点阀门中心）的距离"，D是指"非流动侧支路管道的内径"。目前国际均以"3D"规则（$L<3D$）作为安装确认的死角检查标准，见图4-4。

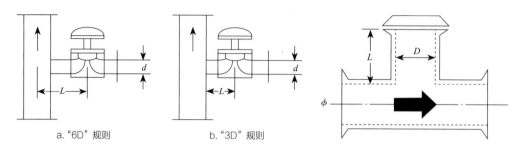

a."6D"规则　　　　b."3D"规则

图4-3 "6D"规则及"3D"规则示意图　　　图4-4 "3D"规则图

表4-1 纯化水性能确认取样点及检测计划

阶段	取样位置	取样频率	检测项目	检测标准
第一阶段	制备系统/原水罐	每月一次	国家饮用水标准[1]	国家饮用水标准[1]
	制备系统/机械过滤器	每周一次	淤泥指数（SDI）	<4[2]
	制备系统/软化器	每周一次	硬度	<1[2]
	制备系统/产水	每天	全检	《中国药典》或者内控标准
	储存与分配系统总进总回取样口	每天	全检	《中国药典》或者内控标准
	分配系统各用水点取样口	每天	全检	《中国药典》或者内控标准
第二阶段	制备系统/原水罐	每月一次	国家饮用水标准[1]	国家饮用水标准[1]
	制备系统/机械过滤器	每周一次	淤泥指数（SDI）	<4[2]
	制备系统/软化器	每周一次	硬度	<1[2]
	制备系统/产水	每天	全检	《中国药典》或者内控标准
	储存与分配系统总进总回取样口	每天	全检	《中国药典》或者内控标准
	分配系统各用水点取样口	每天	全检	《中国药典》或者内控标准
第三阶段	制备系统/原水罐	每月一次	国家饮用水标准[1]	国家饮用水标准[1]
	制备系统/机械过滤器	每月一次	淤泥指数（SDI）	<4[2]
	制备系统/软化器	每月一次	硬度	<1[2]
	制备系统/产水	每天	全检	《中国药典》或者内控标准
	储存与分配系统总进总回取样口	每天	全检	《中国药典》或者内控标准
	分配系统各用水点取样口	每天取样，每月轮检一遍	全检	《中国药典》或者内控标准

3．水处理系统的运行、监控

企业应建立水处理系统的监控制度及计划，规定水处理系统监控的具体内容，并根据计划实施监控。化妆品纯化水主要控制的质量标准包括电导率（25℃时μS/cm）、TOC（总有机碳：指水体中溶解和悬浮型有机物含碳的总量，mg/L）、菌落总数（cfu/ml）、硝酸盐（mg/L）、重金属（mg/L）、酸碱度、亚硝酸盐（mg/L）、铵（mg/L）、易氧化物（mg/100ml，与TOC二选一），不易挥发物（mg/ml）等。

在日常取样监测中，用水点的取样频率（通常一些最小频率）比在性能确认中已确定的采样频率小。应当至少每年进行一次水系统质量回顾。

4．水处理系统的维护

应根据水处理系统维护程序对化妆品生产制水设备进行维护，应该包括系统的维护频率、不同部件的维护方法、维护的记录、合格备件的控制等。对系统进行定期维护后，可不必进行再验证，如有必要只需进行连续的水质检测。化妆品水处理系统典型的维护工作如下。

（1）贮存罐的定期清洗。

（2）阀门、垫圈、呼吸器等易损部位的定期更换。

（3）管道系统的压力试验、清洗钝化等。

（4）水机多介质过滤器、活性炭过滤器、RO反渗透膜的彻底清洗及更换。

（5）仪表的检查、检验及更换。

◆ 检查要点

（一）第一款【42】

企业制水、水贮存及输送系统的设计、安装、运行、维护是否可以确保工艺用水达到质量标准要求。

（二）第二款【43】

企业是否建立并执行水处理系统定期清洁、消毒、监测、维护制度，是否按照制度落实相应措施，并留存相关记录。

◆ 检查方法

本条款的检查采用检查现场与查看相关文件和记录相结合的方式进行，必要时询问相关操作人员。

1. 查看水处理设备及输送系统及其安装、运行、维护记录。

2. 查看水处理系统定期清洁、消毒记录。

第二十七条 企业空气净化系统的设计、安装、运行、维护应当确保生产车间达到环境要求。

企业应当建立并执行空气净化系统定期清洁、消毒、监测、维护制度。

◆ 条款解读

本条款是对空气净化系统的要求。第一款是硬件要求，即空气净化系统的设计、安装、运行、维护应当确保生产车间达到环境控制的要求。第二款是软件要求，即应当建立并执行空气净化系统定期清洁、消毒、监测、维护制度。

生产车间环境的控制需要空气净化系统作保障。空气净化系统是由空气处理装置、空气输送和分配设备等组成的一个完整的系统，该系统能够对空气进行冷却、加热、加湿、除湿和净化处理，还能对空气进行消毒等处理。空气净化系统结构示意图见图4-5。

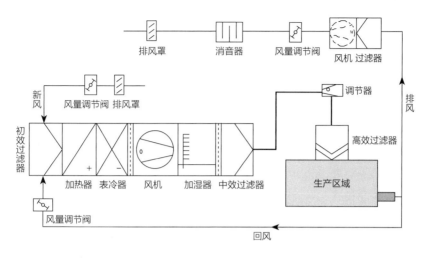

图4-5　空气净化系统结构示意图

空气净化系统对空气的控制措施主要有以下4种。

1. 空气过滤。通过过滤器有效控制从室外引入室内的全部空气的洁净度。由于细菌依附在悬浮粒子上，细菌也能过滤掉。

2. 组织气流排污。在室内组织特定形式和强度的气流，利用洁净空气把生产过程中产生的污染物排出去。

3. 提高空气静压。防止外界污染空气从门以及各种缝隙侵入室内。

4. 采取综合净化措施，即对工艺过程、设备和管道等采取相应的措施。本条款可从以下4个方面理解把握。

1. 空气净化系统的设计

企业应综合考虑车间的换气率、含尘浓度、自净时间。其中换气率也称换气次数，影响因素有房间大小、空气流量、成本投入等因素。洁净区的设计、建造、运行等可参照《医药工业洁净厂房设计标准》（GB 50457—2019）。特别注意外部空气入口环境的影响，排风口和通风竖管必须尽量远离入风口，暖通排风和通风口的布局设计的位置尽可能高，以减小二次污染风险。

洁净车间的送回风设计方式通常包括以下3种：

（1）顶送下排，即送风口在房间的天花板，回风口在房间的地面。

（2）顶送下侧排，即送风口在房间的天花板，回风口在房间的侧面偏下。

（3）顶送顶排，送风口和回风口都设在天花板上，或房间侧面的上部。

相比较而言，第（1）种方式是最好的、最理想的方式，其气流流动方向与灰尘沉降的方向是一致的，有利于对灰尘的净化。但结构复杂、造价高。第（2）种省去了下回风方式需设置地下夹层（或地沟）的要求，是目前工程应用最多、最广泛的回风方式，也是乱流洁净室工程中首选的回风方式，但是这种回风方式同样存在影响生产工艺设备流水线的布置，易被设备阻挡回风口等缺陷。第（3）种不是一种理想的送回风方式，容易产生送回风短路而且不易排除大粒子灰尘。但这种回风方式具有省投资、省空间、方便生产流水线的自由布置等优点。企业在设计洁净车间的空调系统时应综合考虑效果和成本，选择适宜的实际的方式。

2．空气净化系统的安装、确认

企业应有空气净化系统的设计竣工验收报告，包括净化空调系统和工艺布置的平面图、空气洁净度检测报告、送回风管道平面图及空调设备所用的仪表、测试仪器一览表及检定报告，以及操作手册和操作规程等。

3．空气净化系统的运行、监控

企业应建立生产车间环境监控制度及计划，规定车间环境监控的具体内容，并根据计划实施分类监控。主要是控制洁净区的微生物、悬浮粒子和压差，并对准洁净区控制空气中细菌总数，保证洁净区和其他区之间的正压差；易产生粉尘功能间与其他功能间的负压差。不同类别的化妆品参照《规范》中附2执行。

测试方法参照《GB/T 16292 医药工业洁净室（区）悬浮粒子的测试方法》《GB/T 16293医药工业洁净室（区）浮游菌的测试方法》《GB/T 16294—2010 医药工业洁净室（区）沉降菌的测试方法》《GB 15979一次性使用卫生用品卫生标准》的有关规定。

4．空气净化系统的维护

对空气净化系统的维护，包括日常检查和定期维护两方面。

（1）日常检查　包括：空调系统的冷冻机、加热设备（锅炉）等关键设备的运行参数是否正常，运行过程有无异响、异动等；空调机组是否运行正常，电机、风机有无异常，冷凝系统排水是否正常等；洁净间的温度、湿度、压差是否定时检查等。

（2）定期维护　包括：对冷热源设备油脂、过滤器等耗材的更换；冷凝器等关键部件的清洗；初、中效滤网等耗材的更换；风机的润滑；皮带校准及更换；积水盘高效过滤器更换等。

≫ 知识延伸：过滤器的类型

初效过滤器：主要是过滤大于10μm尘粒，其计数效率（对于0.3μm的尘粒）小于20%。

中效过滤器：主要是过滤1～10μm的尘粒，其计数效率（对于0.3μm的尘粒）为20%～90%。

亚高效过滤器：主要是过滤小于5μm的尘粒，其计数效率（对于0.3μm的尘粒）为90%～99.9%。

高效过滤器：主要是过滤小于1.0μm的尘粒，其计数效率（对于0.3μm的尘粒）大于99.97%。

◆ 检查要点

（一）第一款【44】

企业空气净化系统的设计、安装、运行、维护是否可以确保生产车间达到环境要求；企业是否保留空气净化系统设计、安装相关图纸及运行、维护记录。

（二）第二款【45】

企业是否建立并执行空气净化系统定期清洁、消毒、监测、维护制度，是否按照制度落实相应措施，并应留存相关记录。

◆ 检查方法

本条款的检查采用检查现场与查看相关文件和记录相结合的方式进行，必要时询问相关操作人员。

1. 现场查看空气净化系统设施。

2. 查看企业空气净化系统送回风管路设计、安装相关图纸。

3. 查看空气净化系统运行、维护情况及记录。

4. 检查确认企业的空调系统是否可满足其生产许可范围对洁净厂房的要求。

三、注意事项

（一）本章内容虽然是生产企业质量体系硬件即设施、设备的要求，但是也涉及相应的设计、确认、标识、使用、检测、维护等内容，因此在实施现场检查时，既要注重检查现场，也要关注相关文件。建议在检查现场前，先熟悉整个厂区布局图以及生产设备、制水系统、空调系统的设计图纸，到了现场才能心中有数。对设施设备的检查最好能够与其相关的检测检定、使用、清洁消毒、维护等管理制度或操作规程及相关记录同时进行，以提高检查的工作效率。

（二）在检查过程中不仅要观察是否配备了相关设施、设备，更要关注车间的布局和设置的设施、设备、器具等是否与企业生产的产品类型、生产规模、产品工艺相适应，是否能够正常运行且能够保证必要的效果，是否配套有相关制度、规程和记录。

四、常见问题和案例分析

（一）常见问题

1. 在厂区整体环境方面

厂区周边存在污染源；各生产相关区域布局不合理；生产区、生活区、行政区存在交叉。

2. 在生产区域设置方面

生产区、仓储区域的面积和空间与生产规模不匹配；设备靠墙靠顶，不方便生产操作，死角不易清洁消毒；原料、包装材料及产品未按规定堆放在仓储区，任意堆放在走廊或者是厂区其他地方。

3. 在生产环境控制方面

车间未划分洁净区、准洁净区、一般生产区；无环境监控记录或有效的检测报告；企业擅自改变生产车间功能布局等；未制定车间环境监控计划及实施监控；生产车间洁净区与其他生产区之间未安装压差装置；易产生粉尘的功能间未保持一定负压；更衣室洗手、消毒设施不能正常使用。

4. 在设施设备管理方面

管道内容物流向无标识；生产设备状态无标识；现场生产设备无清洁状态标识或清洁状态无有效期；无清场或清洁消毒记录。检验仪器、生产用仪器仪表未定期检定校准，如压差计、乳化锅压力表，电子天平、电热恒温干燥箱等仪表设备未定期检定；关键衡器、量具、仪表和仪器校准证书已过期。

5. 在贮存区设置方面

未按照物料类别和状态分区或分架贮存；贮存区无防鼠、防尘、防虫、防潮、通风等设施；仓储区温度和湿度未能满足环境控制要求；如夏天温度超过30℃，阳光直接照射物料或者产品，未采取有效措施控制；冬天温度低于10℃，未能根据产品特性对环境的温度进行有效控制；春季返潮季节，未采取有效的除湿手段，仓储区相对湿度超过75%等。

6. 在水处理系统方面

未定期清洗、消毒，未保留相应记录；生产用水的管道标识不全或无标识；未对水质定期监测，水质检测记录不符合质量检验标准，或检验项目不齐全等。

7. 在空调系统方面

空调机组未定期维护保养；未按照制度定期清洁消毒滤网；空调过滤网未安装或破损等。

（二）典型案例分析

案例1 某企业无蜡基产品的生产许可范围，在膏霜乳液单元的生产车间生产润唇膏、口红、睫毛膏等产品。

讨论分析 该企业存在超许可范围生产的情况。润唇膏、口红、睫毛膏属于蜡基类产品，其生产工艺和原料与普通膏霜类化妆品不同，且蜡基类化妆品的生产设备在选型也存在较大差异，因此不能在普通膏霜类生产车间生产。但对于润唇膏产品，基于其配方不添加粉质着色剂的实际考虑，在膏霜乳液单元车间共线生产润唇膏，存在交叉污染的风险较低。因此，从生产许可工作实际出发，在膏霜乳液单元的生产车间可生产润唇膏，但原则上不允许共线生产类似口红的彩妆产品。

案例2 在某企业检查时发现车间有3台相同品牌和型号的生产设备。查看生产记录，仅记录为"运转正常"。经询问能否识别它们分别是在什么时间、哪台设备上生产的，操作员回答"不能识别"。

讨论分析 本案例违反了主要生产设备应当有唯一的编号的要求。只有对相同名称、品牌和型号的设备进行区分并清晰标识，并对每台设备的运行状况、加工产品信息等使用情况进行记录，才能实现产品质量的可追溯性。

五、思考题

1. 不生产眼部护肤类化妆品、儿童护肤类化妆品、牙膏产品的生产车间是否也需要区分洁净区、准洁净区、一般生产区这三个区域？

2. 化妆品生产车间共线生产其他日用化工产品应当满足哪些要求？

3. 生产车间洁净区房间一般采用哪种送风回风方式较好？

4. 工艺用水是否可直接采用市政供水？

（吴生齐、李菲、陈坚生编写）

第五章

物料与产品管理

一、概述

物料与产品管理系指化妆品生产所需物料的购入、贮存、发放及相应产品的管理。物料与产品管理是化妆品生产全过程中主要管理系统之一。物料，特别是原料的质量是保证化妆品质量和安全的前提条件。只有使用合格的原料才有可能生产出合格的化妆品。

物料是指生产中使用的原料和包装材料（简称包材）。原料是指化妆品生产过程中使用的所有投入物。包材分为内包材和外包材，内包材是指直接接触化妆品内容物的包装材料。外购的半成品应当参照物料管理。

产品是指生产的化妆品半成品和成品。半成品指除填充或者灌装工序外，已完成其他全部生产加工工序的产品。成品指完成全部生产工序，附有标签并经检验合格放行的产品。

物料流转涵盖了从原料进厂到成品出厂的全过程，涉及企业生产和质量管理的所有部门。因此，物料管理的目的：一是确保化妆品生产所用的原料及与化妆品内容物直接接触的包装材料符合相应的质量标准，并不得对化妆品质量有不利影响。二是建立明确的物料和产品的处理和管理规程，并采取措施，以确保物料和产品的正确接收、贮存、发放、使用和运输，防止污染、交叉污染、混淆和差错。

物料与产品管理的原则：建立物料与产品管理系统，保证物料来源清楚、质量安全信息明确、贮存得当、质量状态明确、流向清晰、具有可追溯性物料标识，防止差错和混淆；实现物料与产品贮存适当，确保物料与产品质量安全。

《化妆品生产质量管理规范》（以下简称《规范》）第五章"物料与产品管理"共7条，分别为：物料供应商遴选、物料审查、物料验收及关键物料留样、物料与产品贮存、物料放行及不合格品管理、生产用水管理以及对产品的要求。

二、条款解读与检查指南

> **第二十八条** 企业应当建立并执行物料供应商遴选制度，对物料供应商进行审核和评价。企业应当与物料供应商签订采购合同，并在合同中明确物料验收标准和双方质量责任。
>
> 企业应当根据审核评价的结果建立合格物料供应商名录，明确关键原料供应商，并对关键原料供应商进行重点审核，必要时应当进行现场审核。

◆ 条款解读

本条款主要是对企业建立并执行物料供应商遴选制度，并在此基础上建立合格供应商名录以及物料采购合同的要求。

企业物料供应商遴选制度应对物料供应商审核评价的范围、内容、方法、程序、合格标准及退出标准等作出明确的规定。物料供应商是指物料的生产商，如通过经销商购买，则需包含经销商。

通常，对供应商审核方法包括书面审核（documentation audit）和现场审核（on-site audit）。

对所有的物料供应商，企业均应经过书面审核。书面审核一般包括：供应商资质证明（如生产许可证、营业执照等）、供应商供货资料[如检测报告（COA）、送货单、发票、进口原料合法进口文件等]、质量安全风险资料（如安全技术说明书、评估报告等）。供应商包含经销商的，应索取生产商出具的代理授权证明等资料。

现场审核应在物料供应商的生产现场进行。现场审核的内容一般包括：生产商的生产条件（场地、设施设备、人员等）、生产能力及产能（技术水平、生产管理、生产规模等）、质量控制能力（质量管理体系、检验能力等）。

关键原料应当重点审核，最好在首次使用前及使用过程中定期对供应商，尤其是生产商，进行现场审核。企业应根据所需采购物料的种类和风险级别明确关键原料，同时规定需进行现场审核的关键原料供应商。

关键原料一般是指对产品的安全性有较大影响的原料，例如限用组分、提取物、易污染成分，以及在安全监测期的新原料等；对产品的功效有较大影响的原料，例如防晒剂、着色剂、染发剂、祛斑美白成分等；在监管或企业生产实践中容易出现问题的原料，包括：复配原料、动植物提取物、外购半成品等。企业应当根据自己的实际情况来确定本企业关键原料的管理范围。

企业应当根据审核评价结果建立合格供应商名录。供应商名录包括物料名称、质量要求、供应商（生产商和经销商）名称和联系方式、审核评价时间和方式等内容。

合格的供应商一般应当满足下列条件：

1. 供应商（生产商、经销商）具备合法资质；

2. 生产商具备所供货物料的生产条件包括生产设施、生产人员等；

3. 生产商具备所供货物料的生产技术、生产能力和产能，能够稳定地供应合格的原料；

4. 生产商具有稳定的合乎质量要求的生产原料来源；

5. 生产商具备所采购原料的质量管理能力和检验能力，如委托检验的应与具有相应检验资质的机构签订委托检验合同；

6. 经销商具有合法的经营范围，对所经营原料具有供货保障能力，例如贮存、运输条件。

企业还应当定期或在发现物料质量问题时，对物料供应商进行再审核评价。如果物料供应商已经不能满足合格要求时或符合预定的退出标准时，应当从合格供应商名录中删除，并更换相应物料的供应商。

企业应当对合格物料供应商建立档案，并且对档案信息进行及时更新，确保物料供应商档案处于最新状态。

本条款还明确要求企业在进行采购时，应与物料供应商签订采购合同，合同中明确物料的验收标准以及双方对原料质量承担的责任和义务。

◆ 检查要点

（一）第一款【46】

1. 企业是否建立并执行物料供应商遴选制度；物料供应商遴选制度是否明确物料供应商的遴选、退出标准以及审核、评价程序；

2. 企业按照物料供应商遴选制度对物料供应商进行审核时是否留存相关资料；

3. 外购半成品的，其所购买半成品为境内生产的，是否留存半成品生产企业的化妆品生产许可证；其所购买半成品为境外生产的，是否留存半成品生产企业的质量管理体系或者生产质量管理规范的资质证书、文件等证明资料，证明资料是否由所在国（地区）政府主管部门、认证机构或者具有所在国（地区）认证认可资质的第三方出具或者认可，并载明生产企业名称和实际生产地址信息；

4. 企业是否定期或者在获知物料供应商生产条件发生重大变化时对物料供应商进行评价，是否按照评价结果采取相应措施，是否留存评价和处理记录；

5. 企业是否与物料供应商签订采购合同，是否在合同中明确物料验收标准和双方质量责任。

（二）第二款【47*】

1. 企业是否根据审核评价结果建立合格物料供应商名录；合格物料供应商名录是否包括物料供应商名称、地址和联系方式，以及物料名称、质量要求、生产企业名称等内容；

2. 企业是否明确关键原料供应商，是否对其进行重点审核，是否明确关键原料供应商需要进行现场审核的情形，并按照规定执行；

3. 企业是否及时对合格物料供应商档案信息进行更新，确保物料供应商档案处于最新状态。

◆ 检查方法

对本条款的检查主要通过查阅相关文件和记录以及与质量安全负责人、质量管理人员、采购人员等进行交流。可查阅的文件包含供应商遴选制度、合格供应商名录、供应商档案、采购合同等。在查阅文件和记录的过程中，可通过询问质量安全负责人、采购等相关岗位人员，来评估企业的实际情况是否与上述文件记录存在不一致的情形。

1. 查看供应商遴选制度，查看是否明确供应商审核评价的范围、内容、方法、合格标准、退出标准等；抽查2~3个原料，查看其供应商档案，判断是否按制度对供应商进行了审核评价。

2. 抽查2~3个原料，查看企业是否与其供应商签订合同，合同中是否明确物料验收标准和双方质量责任。

3. 查看合格供应商名录，是否明确关键原料供应商及需现场核查的供应商。与企业相关人员交流，了解关键物料以及需现场审核的物料供应商是否按制度进行现场审核。

第二十九条　企业应当建立并执行物料审查制度，建立原料、外购的半成品以及内包材清单，明确原料、外购的半成品成分，留存必要的原料、外购的半成品、内包材质量安全相关信息。

企业应当在物料采购前对原料、外购的半成品、内包材实施审查，不得使用禁用原料、未经注册或者备案的新原料，不得超出使用范围、限制条件使用限用原料，确保原料、外购的半成品、内包材符合法律法规、强制性国家标准、技术规范的要求。

◆ 条款解读

本条款是对化妆品原料安全性和合规性审查的要求。第一款强调企业应建立并执行物料审查制度，建立原料、外购的半成品以及内包材清单，留存质量安全相关资料，如原料分析证明、检测报告、安全技术说明书等，应明确原料、外购半成品成分及其含量。第二款强调原料、外购的半成品、内包材的合规性审查。原料、外购的半成品、内包材应当符合法律法规、强制性国家标准、技术规范的要求。

本条款涉及的法律法规主要包括《化妆品监督管理条例》（以下简称《条例》）《化妆品生产经营监督管理办法》《化妆品注册备案资料管理规定》等。强制性国家标准、技术规范包括《化妆品安全技术规范》《已使用化妆品原料目录》等。

此外，本条款中明确了不得使用禁用原料、未经注册或者备案的新原料或者超出使用范围、限制条件使用的限用原料。《条例》中明确不得使用超过使用期限、废弃、回收的化妆品或者化妆品原料生产化妆品。企业应当在采购前对原料、外购的半成品、内包材进行审查，以确保所采用的物料符合相关法律法规、强制性国家标准、技术规范的要求。

◆ 检查要点

（一）第一款、第二款【48*】

1. 企业是否建立并执行物料审查制度。

2. 企业是否建立原料、外购的半成品以及内包材清单，是否明确原料和外购的半成品成分，是否留存必要的原料、外购的半成品、内包材质量安全相关信息。

3. 企业是否在物料采购前对原料、外购的半成品、内包材实施审查。

（二）第二款【49**】

1. 企业是否使用禁用原料、未经注册或备案的新原料。

2. 企业是否超出使用范围、超出限制条件使用限用原料。

3. 企业使用的原料、外购的半成品、内包材是否符合法律法规、强制性国家标准、技术规范的要求。

◆ 检查方法

对本条款的检查主要通过查阅相关文件和记录以及与质量安全负责人、质量管理人员、生产人员、仓库管理人员等进行交流。可查阅的文件包含物料审查制度、物料清单、物料质量安全信息资料等。在现场检查过程中，可通过与质量管理人员、生产人员、仓库管理人员等交流，来判断企业物料审查、使用是否符合要求。

1. 查看企业是否建立物料审查制度，是否建立原料、外购的半成品以及内包材清单。

2. 抽查原料、外购的半成品以及内包材，查看是否留存分析证明、检测报告、安全技术说明书等质量安全相关信息资料；质量安全相关信息资料中是否能明确复配原料、外购的半成品中成分及其含量。

3. 查阅物料清单，查看是否存在禁用原料、未经注册或者备案的新原料，如存在，查看原料出入库记录，判断是否存在使用的情形。

4. 查阅物料清单，关注限用物质，查看其使用记录（出入库记录、产品批生产记录），结合原料质量安全相关信息资料，判断是否存在超出使用范围、限制条件使用限用原料的情形。

> **第三十条** 企业应当建立并执行物料进货查验记录制度，建立并执行物料验收规程，明确物料验收标准和验收方法。企业应当按照物料验收规程对到货物料检验或者确认，确保实际交付的物料与采购合同、送货票证一致，并达到物料质量要求。
>
> 企业应当对关键原料留样，并保存留样记录。留样的原料应当有标签，至少包括原料中文名称或者原料代码、生产企业名称、原料规格、贮存条件、使用期限等信息，保证可追溯。留样数量应当满足原料质量检验的要求。

◆ 条款解读

本条款是对物料验收以及关键原料留样的要求。第一款是对物料验收管理制度和验收规程的规定。第二款是对关键原料留样的要求，包括对关键原料留样记录、标签及数量的规定。

企业应当建立并执行物料进货查验记录制度。物料进货查验是物料采购的重要一环，建立物料进货查验记录制度是保证物料采购顺利进行的基础。

企业应当建立并执行物料验收规程，明确物料验收标准和验收方法。物料的验收至少应包含核对购进物料包装标签标识信息与采购合同和送货票证的一致性，以及与采购合同中规定的质量要求的符合性。

对于到货物料应逐批验收，一般从以下几方面进行。

1. 核对包装容器的标识信息，主要包括品名、数量、批号、生产企业、生产日期与订单、检验报告、送货票证是否一致。

2. 检查包装容器的外观，主要包括包装容器的完整性、密封性。发现有破损情况是否有特殊处理并形成记录。

3. 查验当批物料的出厂检验报告或者物料合格证明及质量标准证明文件并留存。

4. 必要时对原料进行抽样检验。

对于有特殊贮存条件要求的物料，如温度控制的物料，还要检查送货的运输条件是否符合要求。对于零头包装的物料，在接收时，如有必要，还应核实重量和数量。

确保物料根据企业制定的验收规程及标准进行验收。符合验收要求的物料，在接收后应当及时填写物料接收记录或其他文件。

关键原料应当按照本条第二款要求留样并保存留样记录。留样的原料应当贴有标签，内容包括原料中文名称或者原料代码、企业名称、原料规格、贮存条件、批号、使用期限等信息，以保证可追溯性。原则上每一批次均应留样，留样的数量应当满足质量检验的要求。

◆ **检查要点**

（一）第一款【50*】

1. 企业是否建立并执行物料进货查验记录制度。

2. 企业是否建立并执行物料验收规程，是否明确验收标准和验收方法；物料验收规程是否要求留存物料合格出厂证明文件、送货票证等；需要检验、检疫的进口原料是否要求留存相关证明。

3. 企业是否按照物料验收规程对到货物料检验或者确认；企业验收的物料是否与采购合同、送货票证一致，是否达到物料质量要求。

4. 物料标签标示的名称、数量、生产日期或者批号等信息是否与检验报告、实物、订单一致。

（二）第二款【51】

1. 企业是否建立关键原料留样规则。

2. 企业是否建立关键原料目录；是否按规定对关键原料留样，并保存留样记录。

3. 留样标签是否符合规定，保证可追溯；留样数量是否满足原料质量检验的要求；留样是否密封并按规定条件贮存。

◆ **检查方法**

对本条款的检查主要采取查阅相关文件、记录以及生产现场抽查的方式进行。

1. 查看企业是否建立物料进货查验记录制度，抽查物料进货查验记录，查看是否按照制度执行。

2. 查看企业是否建立并执行物料验收规程，是否明确物料验收标准和验收方法；抽查物料验收记录，查看是否与物料验收规程中验收标准和验收方法一致。

3. 抽查物料验收记录、采购合同、送货票证，查看交付的物料信息是否与采购合同、送货票证中信息一致；物料的质量是否能达到采购合同中规定的要求。

4. 查阅物料清单以及核查原料留样，查看关键原料是否留样，数量是否满足质量检验的要求；留样标签中是否包含原料中文名称或者原料代码、企业名称、原料规格、贮存条件、批号、使用期限等信息，以保证可追溯性。

第三十一条　物料和产品应当按规定的条件贮存，确保质量稳定。物料应当分类按批摆放，并明确标示。

> 物料名称用代码标示的，应当制定代码对照表，原料代码应当明确对应的原料标准中文名称。

◆ **条款解读**

本条款第一款是对物料和产品贮存的要求，包括物料和产品按规定条件贮存，物料和产品应分批存放，明确标示。第二款是对物料代码表的要求。

物料在合适的条件下贮存并得到有效管理才能保证物料的质量稳定性，并避免混淆或误用。企业应建立物料和产品贮存管理制度，通过对物料的物理化学特性、预期使用目的及物料间相互影响进行风险评估，确定物料的贮存条件及分类分区原则。通过对物料及其质量状态进行明确标示，并规定发放程序以避免物料混用或误用。物料应按批次发放，并遵循先进先出的原则。

接收的物料在放入存储区域指定的货位时应填写货位卡，内容一般包括：物料名称（INCI）或者代码、生产商名称、经销商名称、生产批号、生产日期、数量、使用期限等。货位卡应放在相应物料的货位上，并与物料贮存的实际情况保持一致。采用信息化管理的，可不设纸质货位卡，但货位上的信息码应当反映物料的真实情况。

企业在确定物料贮存条件时一般可依据以下原则。

1. 根据生产厂家标签上的贮存条件。

2. 根据物料性质、稳定性数据并结合使用的适用性。

3. 除以上两条外，还应注意不同物料之间的相互影响，例如酸、碱一般分开贮存，腐蚀性强、易挥发性物料应单独贮存等。

4. 当改变一种物料的贮存条件时，应进行风险评估，并得到QA批准。

稳定性数据除了来自正式的稳定性考察实验外，也可以是基于科学常识、产品历史测试数据或公开发表文献中的数据，以及在物料贮存一定时间后的复检数据。

贮存区应该有足够的空间以保证不同种类，不同质量状态（待检、合格、不合格、退货或召回产品）的物料和产品的有序存储。应当避免在同一个货位上出现两种质量状态的同批物料。

为了得到适宜的存储条件，存储区域应配备相应的设施：例如配备空调机组、除湿机等以满足温湿度的要求，安装遮光窗帘以满足避光的要求，安装排风扇以保证通风换气等。特殊物料的贮存，需要符合国家有关规定，例如易燃易爆等危险品库应根据安全和消防的规定安装防爆灯具。

物料应当按照标签上的温湿度及光照条件贮存，如果没有明确标示的，可参照以下执行：标注常温条件贮存的，温度一般为10℃～30℃，相对湿度一般为35%～75%；标注阴凉条件贮存的，温度一般为不高于20℃，相对湿度一般为35%～75%，并避免直射光照；标注低温条件贮存的，温度范围一般为2℃～10℃。

企业应根据物料贮存条件要求存放于相应的仓储区域内，一般情况下按照批号码放整齐。还要定时检查仓库的温湿度情况并填写记录。此外，仓储人员需接受防火知识和技术训练，能够熟练操作所配备的消防设施，定期检查紧急照明设施，熟知紧急疏散通道和安全门打开方式等。

采用计算机化仓储管理系统，其物料信息和质量状态，通常与条形码或RFID（radio frequency identification）等技术相结合，产生物料电子标签。在这种情况下，需要有一个安全的管理系统来确保物料使用时能正确识别物料的信息和质量状态。参照第十三条"采用计算机（电子化）系统生成、保存记录或者数据的，应当符合本规范附1的要求"。

物料标识包括信息标识和质量状态标识两类。物料的信息标识有物料标签和货位卡两种。其目的是避免物料在贮存、发放、使用过程中发生混淆和差错，并通过货位卡的作用，使物料具有可追溯性。

物料信息标识的几个基本组成部分为物料名称、代码、生产商、经销商、生产批号、生产日期、数量、使用期限和贮存条件等。

（1）名称　对于已在现行版《国际化妆品原料标准中文名称目录》中的原料应使用标准中文名称。无INCI名称或未列入《国际化妆品原料标准中文名称目录》的，应使用《中国药典》中的名称或化学名称或植物拉丁学名。对于半成品、产品、包装材料和其他物料，企业可按照内部规定的命名规则命名，对于原料尽量采用通用名称或化学名称，如果化学名称太长，可考虑使用商品名称。

（2）代码　物料和产品应给予专一性的代号，相当于物料和产品的数字身份。使用代码的主要目的是确保每一种物料或产品均有其唯一的身份，有利于消除混淆和差错。

（3）生产批号　物料和产品应给予专一性的批号，满足物料和产品的系统性、追溯性要求。批号通常用由数字表示或由字母+数字表示。它用一组数字或字母+数字来代表一批物料或产品，保持物料和产品的均一性。物料和产品批号必须是唯一的，即一个批次的物料或产品只有一个对应的批号。

（4）生产商、经销商　生产商和经销商应按照物料采购信息填写。需注意物料的生产商、经销商应在合格供应商名录中。

化妆品企业出于对配方保密等原因的考虑，喜欢用代码来表示物料。因此《规范》认可这一实际情况，但为了保持物料管理的可追溯性，对物料代码的管理作出规定：物料名称用代码标示的，应当制定代码对照表，原料代码应当明确对应的原料标准中文名称。

◆ **检查要点【52】**

1. 物料是否按照规定的条件贮存，是否按照待检、合格、不合格等分批分类存放，并明确标示；企业是否标示物料名称（原料应当标示原料标准中文名称）或者代码、供应商名称或者代码、生产日期或者批号、使用期限、贮存条件等信息。
2. 产品是否按照规定的条件贮存，是否按照待检、合格、不合格等分批分类存放，并明确标示；是否标示产品名称、批号、使用期限、合格待检状态等信息。

3. 物料名称、供应商名称用代码标示的企业是否制定代码管理规程，是否制定物料、供应商名称代码对照表；原料代码是否明确对应的原料标准中文名称。

4. 企业是否如实记录物料和产品的库存数量和接收、发放、退回等变动情况。

◆ 检查方法

对本条款的检查主要采取检查仓储区域现场并查阅相关文件、记录，询问仓储人员的方式进行。

1. 查看物料和产品贮存制度。

2. 检查仓储区域物料摆放情况，是否分类按批摆放。

3. 在仓储区域中抽查物料和产品，通过查看温湿度计示数及其记录、温湿度控制设施设备，判断仓储条件是否满足物料和产品的贮存条件，物料和产品是否按照待检、合格、不合格、退货、召回分别存放，标识明确。

4. 抽查存货盘点记录，查看物料和产品账目是否清晰。

5. 在仓储区域、留样室中抽查物料和产品，查看标识信息是否完整，如有进口原料，应查看进口原料上是否有相应的中文标签。

6. 查看原料代码对照表，代码对照表中是否有对应的标准中文名称，随机抽查物料，查看其生产商/经销商是否在企业的合格供应商名录中。

第三十二条　企业应当建立并执行物料放行管理制度，确保物料放行后方可用于生产。

企业应当建立并执行不合格物料处理规程。超过使用期限的物料应当按照不合格品管理。

◆ **条款解读**

本条款是对企业建立并执行物料放行制度和不合格物料处理规程的要求。第一款是关于企业物料放行管理的要求。第二款是对不合格物料的管理要求。

企业应当建立并执行物料放行管理制度。物料放行管理的目的是确保生产过程所使用的物料是符合其质量标准的。每批物料应当经过验收，必要时经过检验合格且履行了放行程序后才能被使用。经检验合格的生产物料，由质量部门发放检验合格报告、合格标签和物料放行单。指定人员再将物料状态标识由待检变更为合格。

对检验不合格批次的物料，应当及时移入不合格品区内，并将物料的状态标识由待检变更为不合格，并及时按不合格品处理规程进行处理，并保留处理记录。

企业应当建立并执行不合格物料处理规程，不合格品管理记录应当包括不合格项目、不合格原因、退货或者销毁等处理措施经质量部门批准的情况和处理过程等。发现不合格物料导致化妆品质量问题，应当分析查找原因并及时排除，预防或减少不合格品的再次产生，持续改进质量体系或化妆品质量。

企业应当对物料的使用期限做出规定，超过使用期限未使用或者填充、灌装的，应当及时按照不合格品处理。

◆ **检查要点**

（一）第一款【53】

1. 企业是否建立并执行物料放行管理制度；是否明确物料批准放行的标准、职责划分等要求。

2. 用于生产的物料是否按照规定放行。

（二）第二款【54】

1. 企业是否建立并执行不合格物料处理规程。
2. 不合格物料是否有清晰标识，是否在专区存放；企业是否及时处理超过使用期限等的不合格物料。

◆ 检查方法

对本条款的检查主要采取查阅相关文件、记录以及生产车间、仓库现场抽查、质量安全负责人、检验人员及仓库管理人员进行现场交流的方式。可查阅的文件包含放行管理制度、检验管理制度、原料、包装材料、中间产品检验标准、物料、中间产品使用期限的规定、不合格物料管理制度。

1. 查看物料的放行制度，是否明确生产物料需经验收合格后放行才能使用。

2. 生产车间、仓库中抽查3～5种物料，查看检验记录、放行记录、物料使用记录，重点根据记录的时间节点判断物料放行制度的落实情况，判断是否存在未经验收合格放行已使用物料的情形。

3. 查看不合格物料的管理制度，并查看该制度的执行情况；现场查看不合格物料退回仓库时，是否放置在不合格品区内，按不合格物料予以处理。

4. 查看不合格物料的分析报告、不合格处置记录及报告。查看超过期限未使用或者填充、灌装的物料，是否按照不合格品处理。

5. 从生产车间、仓库中抽查3～5种物料，查看检验记录、物料使用记录，重点根据记录的时间节点判断不合格物料制度的落实情况，判断是否存在超过使用期限的物料仍在使用的情况。

第三十三条　企业生产用水的水质和水量应当满足生产要求，水质至少达到生活饮用水卫生标准要求。生产用水为小型集中式供水或

者分散式供水的，应当由取得资质认定的检验检测机构对生产用水进
行检测，每年至少一次。

　　企业应当建立并执行工艺用水质量标准、工艺用水管理规程，对
工艺用水水质定期监测，确保符合生产质量要求。

◆ 条款解读

　　本条款是对生产用水和工艺用水的要求。第一款要求生产用水水质和水
量应当满足生产要求，水质至少达到生活饮用水卫生标准要求；采用非市政
用水的情形应当每年由有资质的检验机构检测一次。第二款要求企业应当建
立并执行工艺用水质量标准、工艺用水管理规程，对工艺用水水质定期监
测，确保符合生产质量要求。

　　在化妆品生产过程中均会使用大量的水，因此生产用水的质量，尤其是
工艺用水的质量也是直接影响化妆品质量的重要因素。

　　工艺用水是指生产中用来制造、加工产品以及与制造、加工工艺过程有
关的用水。简单地讲，工艺用水是指用作产品原料，例如常见的化妆水、乳
液、膏霜等产品中主要的配方成分就是水，或在生产工艺中加入，然后又可
能全部或部分除去的水，例如生产粉状化妆品时，为了原料能混合均匀，可
能将部分原料先混合于水中，然后再在后续工艺中去除的水。

　　生产用水相对于工艺用水来讲是一个更广泛的概念，既包括生产工艺用
水，也包括生产过程的辅助用水，如作为生产设备、管道、容器具等清洗用
的水，或对设备加热、冷却用的水。一般来讲，对工艺用水的质量要求比辅
助用水要高。

　　生产用水的质量标准应符合《生活饮用水卫生标准》（GB5749—2022）
中的相关规定。由于《生活饮用水卫生标准》（GB5749—2022）中规定的指
标较多，一般的实验室很难有条件完成所有指标的实验。在此情况下，可以
委托取得资质认定的检验检测机构定期（至少每年一次）到工厂进行采样监

测并出具报告。鉴于我国大部分城市的市政供水一般均符合《生活饮用水卫生标准》（GB5749—2022）才能进入城市供水管网，因此为了减少化妆品企业负担，本条款中未对采用市政饮用水提出定期检测的强制要求，但却对生产用水为小型集中式供水或者分散式供水的，即自选水源（如井水或河流的水）的企业作了强制要求，应当由取得资质认定的检验检测机构对生产用水进行检测，每年至少一次。

企业应根据生产产品的工艺要求，确定工艺用水质量标准，并采取适当的净化处理系统制备符合质量标准的工艺用水（参见第四章相关内容）。同时，纯化水的产量也应当与企业的生产要求相匹配。企业应当制定工艺用水管理规程，企业检验室可以根据企业实际情况制定日常工艺用水的监测指标，如菌落总数、理化性质（酸碱度、电导率、微生物、色度、浊度等），通过日常对指标的监测把控工艺用水的质量，确保工艺用水符合生产质量要求。

◆ **检查要点**

（一）第一款【55】

1. 企业生产用水的水量是否满足生产要求；水质是否达到生活饮用水卫生标准要求。

2. 生产用水为集中式供水的，企业是否可以提供生产用水来源证明资料；生产用水为小型集中式供水或者分散式供水的，企业是否能够提供每年由取得资质的检验检测机构对生产用水进行检测的报告。

（二）第二款【56*】

1. 企业是否根据产品质量要求制定工艺用水质量标准、工艺用水管理规程。

2. 企业是否按照工艺用水管理规程对工艺用水的水质进行定期监测，确保符合生产质量要求。

◆ 检查方法

对本条款的检查主要采取查阅相关文件、记录、现场查看以及结合询问相关岗位人员的方式进行。

1. 查看企业是否建立工艺用水标准和管理规程。

2. 通过询问检测人员以及查看工艺用水监测记录，判断企业是否定期对水质进行监测。

3. 查看企业能否提供近两年的取得资质认定的检验检测机构对生产用水卫生情况进行检测的报告。

4. 通过在仓库、留样室中查看企业生产产品单元类别、水系统的制水量、结合询问生产操作工，判断企业的产水量是否满足生产需求，查看近期水质监测报告、水系统中水质情况结合生产现场水质情况，判断水质是否满足生产需求。

> **第三十四条** 产品应当符合相关法律法规、强制性国家标准、技术规范和化妆品注册、备案资料载明的技术要求。
>
> 企业应当建立并执行标签管理制度，对产品标签进行审核确认，确保产品的标签符合相关法律法规、强制性国家标准、技术规范的要求。内包材上标注标签的生产工序应当在完成最后一道接触化妆品内容物生产工序的生产企业内完成。
>
> 产品销售包装上标注的使用期限不得擅自更改。

◆ 条款解读

本条款是对产品法规要求、标签标识及使用期限的规定。本条款中第一款强调企业生产的产品应当符合法律法规、强制性国家标准、技术规范和化妆品注册、备案资料载明的技术要求。第二款强调企业应建立标签的管理制度，应有标签审核确认的相关记录，从而保障产品标签标识满足相关法律法规、强制性国家标准及技术规范的要求。第三款强调产品的使用期限不得随意更改。

本条款中的法律法规包含《条例》《化妆品生产经营监督管理办法》《化妆品注册备案资料管理规定》等，以及强制性国家标准、技术规范包含《消费品使用说明 化妆品通用标签》（GB 5296.3—2008）、《医药工业洁净厂房设计标准》（GB 50457—2019）、《生活饮用水卫生标准》（GB 5749—2022）、《化妆品安全技术规范》及化妆品生产企业产品的执行标准等。

本款中明确要求企业生产的产品应当与化妆品注册、备案资料载明的技术要求保持一致，即企业在生产过程中的投料配方、生产工艺等均应与产品注册或备案申报材料中的技术要求内容保持一致，使用的原料、包材等影响产品质量的关键物料均应满足相关法律法规、标准、技术规范的要求，确保产品的质量。

通过分段生产完成的产品，应该在内包材标签上标注最后一道接触化妆品内容物生产工序的生产企业。化妆品成品标签应符合《条例》《化妆品标签管理办法》等的要求。

销售包装上标注的使用期限不得擅自更改。鉴于生产日期及批号是具体使用期限的计算依据，因此本条款也包含有生产日期及生产批号不得擅自更改的要求。

◆ 检查要点

（一）第一款【57*】

企业生产的产品是否符合相关法律法规、强制性国家标准、技术规范和化妆品注册、备案资料载明的技术要求。

（二）第二款【58*】

1. 企业是否建立并执行标签管理制度；标签管理制度是否明确产品标签审核程序及职责划分，确保产品的标签符合相关法律法规、强制性国家标准、技术规范的要求。

2. 内包材上标注标签的生产工序是否在完成最后一道接触化妆品内容物生产工序的生产企业内完成。

（三）第三款【59*】

企业是否存在擅自更改产品使用期限的行为。

◆ **检查方法**

对本条款的检查主要通过查阅相关文件和记录以及与企业管理人员、检验、生产及仓储人员进行交流。可查阅的文件包括物料管理制度、原料质量规格、生产工艺规程，原料检验、原料使用、内包材验收、批生产等相关记录。在查阅文件过程中，可以询问企业负责人、质量安全负责人、相关岗位人员。

1. 抽查产品的生产工艺规程、操作规程和相应的生产记录是否与产品注册或备案资料载明的技术要求相一致，重点是产品配方、工艺参数是否擅自改变。

2. 抽查产品生产的物料清单，查看是否包含禁用原料，如有禁用原料，查看禁用原料出入库记录以及使用记录，评估是否存在使用禁用原料的情形。

3. 抽查成品标签标识，查看是否符合《条例》《化妆品标签管理办法》及相关规范要求；抽查产品的批生产相关记录，检查企业产品的标签标识是否与已备案或注册的信息相符。

4. 抽查产品的留样稳定性观察记录，查看企业产品销售包装上的使用期限是否与实际记录一致。

三、注意事项

在本章节的检查过程中，应关注物料及产品管理的相关法律法规、强制性国家标准和技术规范的要求，包括：《条例》《化妆品注册备案管理办法》《化妆品生产经营监督管理办法》《化妆品安全技术规范》《已使用化妆品原料目录》《化妆品生产质量管理规范》《化妆品注册备案资料管理规定》《化妆品新原料注册备案资料管理规定》《生活饮用水卫生标准》（GB 5749—2022）等。

四、常见问题和案例分析

（一）常见问题

1. 在物料供应商遴选方面

未按规定建立合格供应商的遴选制度和标准；首次使用关键原料未对生产商进行现场审核；对供应商的审核评价仅限于经销商，未对生产商进行审核评价；不能提供包括全部物料供应商的名录；供应商名录中未列出物料的质量要求；未及时更新供应商有效证明文件（如有关材料过期）；不能提供全部合格物料供应商的遴选、审核评价记录；未按要求留存供应商资质及出厂检验报告等。

2. 在物料验收方面

未按物料验收流程和标准执行，如未检查物料的包装完整性及运输工具的卫生情况，未核对物料品种、数量、批号等与订单或合同的一致性；仅按照供应商提供的COA进行验收，并未确认供应商的检验能力和COA的可靠性；原料索证索票不全，尤其是进口原料；验收记录不全等。

3．在物料贮存、标识方面

未按照物料的特性和要求贮存物料，例如贮存条件为"低温保存"的原料，企业存放于室温区；物料的货位卡信息不全，与实物不一致；物料未分类存放，例如，将外包装材料与原料放置同一区域，将待检状态的原料与合格状态的原料置于同一货架；物料标签信息不全；企业对物料重新贴标后覆盖了出厂标签，造成现场无法查询物料的出厂信息等。

4．原料检验、放行方面

未按照规定进行原料抽样和检验，如取样人员未进行岗前培训、取样工具未进行清洗；未按照企业制定的原料检验标准进行检验；原料检验结果未出就已经放行至生产；原料抽样检验记录不完整。

5．原料使用方面

未按规定使用物料并进行记录，如批生产记录中产品配方、工艺与注册备案资料中配方、工艺不一致；生产区域中的过期物料未进行区分和处理；过期半成品仍在灌装；生产投料记录中的物料全部为代码，企业无法提供物料代码与物料名称对照表等。

6．生产用水管理方面

未按照工艺用水管理规程对纯化水进行定期检测和记录，如未按规定的取样频率和取样方法进行取样；工艺用水水量达不到生产需求量等。

（二）典型案例分析

案例1　A企业原料仓库内有大量进口小包装原料堆放在一起，Z原料有两袋已开封且均有余料，其中一袋包装未密封。抽查物料清单中的Z原料存储情况，该原料所在货位已存放很多个不同名称、不同批号的原料，仓库管理人员无法及时找出该原料。

讨论分析 企业在原料库管理方面存在管理不到位的问题。企业未能根据生产实际合理设置货位大小，导致很多小包装原料堆放在同一货位，无法保证合理有效地使用原料，易产生混淆和差错，造成已开封原料尚未使用完毕，又开封了后一批原料。已开封原料未及时使用及密封保存，加大了原料污染和超出使用期限的风险。企业未加强仓库管理人员的培训，原料使用不规范，容易给产品质量安全埋下隐患。

案例2 A公司实验室中用于水质监测的pH计，已处于停用状态达两个月之久，但检查该企业的水质监测记录中仍显示有这两个月的pH值检测数据。

讨论分析 该企业水质监测记录涉嫌不真实。很多企业不重视对生产用水的监测，记录也是随意编造，水处理系统的维护也不能严格按照要求执行，这就导致生产用水的质量很难得到控制，存在工艺用水质量不符合要求，甚至微生物超标的风险。A公司在pH计出现故障时没有及时维修，就随意编造检验结果，反映出该企业对水的质量控制意识淡薄。检查员应当进一步核实该企业在水质监测方面是否仍存在其他真实性问题。

五、思考题

1. 物料生产商的现场审核一般应当包括哪些内容？

2. 企业与供应商签订采购合同为什么要包括质量协议的内容？

3. 为什么要对关键原料进行重点审核，必要时进行现场审核？

4. 物料的验收一般应当包括哪些内容？

5. 物料放行流程应当包括哪些关键步骤？

（刘恕编写）

第六章

生产过程管理

一、概述

生产过程管理（production process management）是计划、组织、协调、控制生产活动的综合管理活动，内容包括生产计划、生产组织以及生产控制。生产过程管理是产品达到质量标准要求的重要管理环节，通过合理组织生产过程，有效利用生产资源，经济合理地进行生产活动，以达到预期的生产目标。

生产过程是从原料到产品的必经途径。化妆品质量安全既取决于产品配方、工艺的科学合理性，也取决于生产原料的质量和生产的设施设备可靠性，更取决于产品生产过程的严格性和规范性管理。产品生产过程之中要受到原料、生产设备、生产环境、生产操作人员行为和活动等多种因素的影响，存在复杂而多变的不确定性，因此，为了保证生产出合乎质量要求的产品，必须对生产过程进行严格控制，以减少污染、交叉污染及混淆、差错等不利影响。

生产过程管理的主要内容包括：构建有效的生产管理体系，明确生产中各岗位相关人员的职责，提高各岗位员工的质量安全意识和对《规范》、技术规范以及岗位操作规程的理解，动态提升岗位员工的技术操作水平，从而有利于其贯彻实施，分工协作，团结一致，完成生产质量安全目标。生产管理的主要宗旨是规范生产过程的操作，保证生产过程的持续稳定性，降低混潲和交叉污染的风险，确保产品质量安全可靠。最为关键的是，在产品生产过程之中生产操作人员严格遵守岗位操作规程、产品生产工艺规程以及产品注册备案的技术要求。

《规范》第六章共11条，主要内容包括对生产管理制度、岗位操作规程及生产工艺规程、生产指令及领取物料、生产前生产条件确认、生产期间使用物料标识、生产控制及生产记录、物料平衡、生产后清场及退料、不合格品控制、产品放行等方面的要求。

二、条款解读与检查指南

> **第三十五条** 企业应当建立并执行与生产的化妆品品种、数量和生产许可项目等相适应的生产管理制度。

◆ 条款解读

本条款是对企业建立生产管理制度的要求，规定企业根据其生产品种、数量和生产许可项目制定相应的生产管理制度，制度应包含生产管理全过程。

根据《化妆品生产经营监督管理办法》（以下简称《办法》）第十六条，化妆品生产许可项目按照化妆品生产工艺、成品状态和用途等，划分为一般液态单元、膏霜乳液单元、粉单元、气雾剂及有机溶剂单元、蜡基单元、牙膏单元、皂基单元、其他单元。

企业生产规模（品种、数量）各不相同，并有间歇与连续、分段与管输等不同生产形式，企业应根据自身实际，建立并执行与化妆品生产规模和生产许可项目相适应的生产管理制度。

生产管理制度内容至少包括：生产计划和指令的制定、领料及复核、生产前生产条件的确认、各生产工序的操作管理、物料流转标识、生产记录、清场、清洁消毒、物料平衡、退仓物料管理、不合格品管理、半成品贮存及转运、物料与产品放行、安全生产管理等内容。

企业制定的生产管理制度一定要与企业自身的实际情况相适应，并随着制度的运行实践、企业生产条件及生产许可范围的变化应进行不断的修改完善，以保持适用性和有效性。

◆ **检查要点【60】**

1. 企业是否建立并执行与化妆品生产品种、数量和生产许可项目相适应的生产管理制度，至少包括工艺和操作管理、生产指令管理、物料领用和查验管理、生产环境管理、生产设备管理、生产过程管理、生产记录管理、物料平衡管理、生产清场管理、退仓物料管理、不合格品管理、产品放行管理以及有关追溯管理等方面的制度。
2. 企业是否根据化妆品品种、数量和生产许可项目的变化动态完善相应制度，保证其在使用处为有效版本。

◆ **检查方法**

本条款的检查主要采用检查制度文件及记录的方式进行。

1. 检查企业是否建立并执行与所生产化妆品品种、数量和生产许可项目等相适应的生产管理制度，是否包括本条款要求的内容。

2. 重点关注企业生产现场所放置的生产管理制度是否为现行版本。

3. 检查生产管理制度是否在实际生产中得到有效执行。

第三十六条 企业应当按照化妆品注册、备案资料载明的技术要求建立并执行产品生产工艺规程和岗位操作规程，确保按照化妆品注册、备案资料载明的技术要求生产产品。企业应当明确生产工艺参数及工艺过程的关键控制点，主要生产工艺应当经过验证，确保能够持续稳定地生产出合格的产品。

◆ 条款解读

本条款是对产品生产工艺规程的要求，前半部分强调生产工艺规程应符合化妆品注册、备案资料载明的技术要求；后半部分强调应明确工艺参数和关键控制点，主要生产工艺应当经过验证，以保证能够持续稳定地生产出合格的产品。

1．化妆品产品技术要求

化妆品产品技术要求是产品质量安全的技术保障，内容应当包括产品名称、配方成分、生产工艺、感官指标、理化指标、微生物指标、检验方法、使用说明、贮存条件、保质期等。企业必须严格按照化妆品注册或备案资料载明的技术要求组织生产，不得擅自改变产品名称、配方和工艺，保证产品质量安全。

2．产品生产工艺规程

产品生产工艺规程是指生产一定数量成品所需起始原料和包装材料的数量，以及工艺流程、工艺参数、工艺相关说明及注意事项，包括生产过程控制的一份或一套文件。产品生产工艺规程应当源于产品配方设计、生产工艺的研发及验证过程，固化于产品的注册、备案资料。因此，应当与化妆品注册、备案资料的技术要求保持一致。

产品生产工艺规程与具体生产的产品有关，内容一般包括产品名称、配方、工艺流程图、完整的工艺描述、各生产工序的操作要求以及生产工艺参数和关键控制点、物料平衡的计算方法及设定的限度范围、物料和中间产品及成品的质量标准、贮存注意事项，以及成品包装材料的要求等。

产品生产工艺规程一般应由注册人、备案人的从事工艺研究的技术人员起草，经质量部门负责人审核，质量安全负责人批准后，分发至有关部门参照执行。生产工艺规程不得任意更改，如需更改，应当按照相关的操作规程修订、审核和批准。鉴于生产工艺规程属于企业的技术秘密，应当做好保密管理工作，避免泄露。产品的生产工艺规程是制定生产指令，形成批生产记录的重要依据。

3．岗位操作规程

岗位操作规程是生产企业制订的与具体操作岗位有关的文件，是生产过程的每个岗位的通用要求。岗位操作规程的制订范围应当涵盖环境控制、设备操作、维护与清洁、称量、配制、灌装与填充、取样和检验等所有生产相关岗位，以确保每个岗位人员都能够及时、准确地执行质量相关的活动和要求。

4．岗位操作规程产品与产品生产工艺规程的关系

二者是普通与具体的关系。一般来说，产品生产工艺规程应当由化妆品注册人或备案人制订，生产岗位操作规程一般由生产企业制订。在生产过程中，各岗位的操作人员既应当遵循生产产品的工艺规程，也应当遵循所在岗位的操作规程。

5．工艺验证

工艺验证是指证明在预定工艺参数范围内运行的工艺能持续有效地生产出符合预定的质量标准和质量属性的产品的证明文件。验证过程是各项工艺参数得到优化和固化的过程，保证根据验证结果制订的生产工艺规程的可靠性和有效性。工艺验证应当在工艺的研发过程中开展，这样才能保证其注册备案时提交的配方和工艺流程与其实际使用的工艺操作规程的一致性。

企业应建立工艺验证管理规程，规定验证的范围、方法和判定标准。在

实施验证时，应预先制订验证工作方案，保证验证工作规范和有效开展，并形成验证记录和报告。生产工艺参数、关键控制点及物料平衡限度是化妆品工艺验证的重点内容。化妆品生产工艺验证一般应由小试、中试，再到工业化生产规模，应对工艺参数的变化进行反复验证。工艺参数的最后确定应当基于工业化规模时的验证数据，这样才能确保按照验证过的生产工艺规程操作能够持续稳定地生产出合格的产品。

当影响产品质量的生产条件（例如生产场地、主要实施设备等）以及主要工艺参数等发生改变时，企业应当进行再验证。

◆ 检查要点

（一）第三十六条【61**】

1. 企业是否建立并执行产品生产工艺规程和岗位操作规程。

2. 产品生产工艺规程是否符合对产品质量安全有实质性影响的技术性要求。

3. 企业生产工艺规程中是否明确生产工艺参数及工艺过程的关键控制点。

（二）第三十六条【62*】

1. 企业是否制定工艺验证管理规程；主要生产工艺是否经过验证；企业是否保存验证方案、记录及报告。

2. 当影响产品质量的主要工艺参数等发生改变时，企业是否进行再验证。

◆ 检查方法

对本条款的检查主要采用检查现场和查阅相关文件和记录相结合的方式进行。

1. 检查企业获得生产许可项目产品的工艺规程文件编制情况。

2. 抽查企业制定的产品生产工艺规程、岗位操作规程是否与产品注册或备案资料载明的技术要求相一致。

3. 检查企业工艺规程中生产工艺参数及关键控制点等是否有明确的数据规定且与注册或备案资料技术要求相一致。检查主要生产工艺是否开展验证，并保存有计划、方案、记录及验证报告，验证结果超出预期是否具有调整措施；当影响产品质量的主要因素，如生产工艺、主要物料、重点生产设备、清洁方法、质量控制方法等发生改变时，是否进行再验证。

4. 检查工艺规程及验证报告是否由质量安全负责人批准实施。

> **第三十七条** 企业应当根据生产计划下达生产指令。生产指令应当包括产品名称、生产批号（或者与生产批号可关联的唯一标识符号）、产品配方、生产总量、生产时间等内容。
>
> 生产部门应当根据生产指令进行生产。领料人应当核对所领用物料的包装、标签信息等，填写领料单据。

◆ 条款解读

本条款是对生产指令及执行的要求。第一款主要是生产指令的下达依据和包含的内容；第二款强调生产指令的执行，对领料人核对所领物料信的包装、标签信息，填写领料单作出了要求。

生产计划的编制应当综合平衡，既满足销售供货需求同时也应考虑生产能力，使生产计划科学、准确、切实可行。

企业应指定有关部门根据生产产品的工艺规程和生产计划编制生产指令。生产指令的内容包括：产品名称、规格、批号、产品配方、生产总量、内外包材和标签说明书的使用量、生产日期等，且要注明制订人、审核人、批准人、接收人和日期等信息。

生产部门人员应当根据生产指令进行生产。整个生产过程中应保持生产批号（或者与生产批号可关联的唯一标识符号）在各生产环节记录中的一致性，以保证产品生产全过程的追溯性管理。

企业应制定生产领料管理制度，并指定专人领取物料并填写领料单。领料单内容包括：领料部门、领料日期、物料名称（物料编码）、物料批号、规格、请领数量、实发数量、领料人签名、仓管员签名等信息。领料人持领料单从库房领料，并对所领用物料包装的完整性、标签标识、品名、规格、批号、有效期等信息进行逐一核对，经质量管理人员确认合格后才可放行用于生产。

◆ 检查要点

（一）第一款【63】

1. 企业是否制定规范化的生产计划，是否依据生产计划下达生产指令。

2. 生产指令是否包括产品名称、生产批号（或者与生产批号可关联的唯一标识符号）、产品配方、生产总量、生产时间等内容。

（二）第二款【64】

1. 生产指令在实际生产过程中是否得到有效执行。

2. 企业是否制定生产领料操作规程。

3. 领料人是否按照生产指令中产品配方的要求逐一核对领取物料，是否完整填写领料单并保存相关记录，是否对所领用物料的包装、标签上的信息以及质量管理人员确认合格放行情况等进行核对。

◆ 检查方法

对本条款的检查主要采用检查制度文件和记录、检查现场以及询问相关人员相结合的方式进行。

1. 抽查企业生产计划是否规范化，生产指令是否依据生产计划下达；生产指令包含的内容是否完整。

2. 抽查生产部门是否严格执行生产指令运作生产。

3. 抽查领料人是否按规定对所领取物料包装、标签上的信息等进行逐一核对，完整填写领料单并归入生产记录。

> **第三十八条** 企业应当在生产开始前对生产车间、设备、器具和物料进行确认，确保其符合生产要求。
>
> 企业在使用内包材前，应当按照清洁消毒操作规程进行清洁消毒，或者对其卫生符合性进行确认。

◆ **条款解读**

本条款是对企业在生产前对生产条件进行确认的规定。第一款要求企业在开始生产前对生产车间、设备、器具和物料的符合性与清洁状态进行确认。第二款要求对生产部门领取的内包材，在使用前必须经过有效的清洁消毒或卫生符合性确认，才能投入使用。

在正式生产前，应当对生产环境、生产设备、生产条件、物料进行确认，包括：①对生产环境进行确认。生产车间应符合《规范》附2化妆品生产车间环境要求对悬浮粒子、细菌限度及静压差的要求，温度、湿度、照度也应符合企业规定的参数要求，并保持整洁。车间内生产过其他产品或批次的应当已经过严格的清场，与即将生产品种无关的物料、容器及其他物品应清理完毕。②对生产设备和器具进行确认。所有生产设备均应处于正常使用和清洁有效状态；设备上的计量器具仍在校验有效期内；生产需使用的周转容器均应保持有效的清洁状态。③对物料进行确认。应对已领取的原料和内包材的品名、数量及质量状态、标识进行逐项核对，确保准确无误。

企业应建立《内包材清洁消毒管理制度》，制定内包材脱包和清洁消毒操作规程，消毒的方法需经过验证，需提供验证方法和报告并保留记录。内包材经脱包装并清洁消毒后，方可进入生产区域。对无需清洁消毒的包材，应在采购时索取其卫生质量报告单，提供数据证实产品的质量安全性，并在脱包装前，检查包装有无破损污染，并对其卫生符合性进行确认。

◆ **检查要点**

（一）第一款【65】

1. 生产开始前，企业是否对生产车间环境、生产设备、周转容器状态和清洁（消毒）状态标识等进行确认，确保符合生产要求。

2. 生产待使用物料领用和确认记录是否符合生产指令的要求。

（二）第二款【66】

1. 内包材清洁消毒及其记录是否符合相应操作规程要求。

2. 对无需清洁消毒的清洁包装材料，抽查是否具有卫生符合性确认记录。

◆ **检查方法**

对本条款的检查主要采用检查制度文件和记录、检查现场以及询问相关人员相结合的方式进行。

1. 检查生产车间、设备和容器清洁状态标识内容是否完整。检查前一批次产品或其他产品生产后是否完成清场和清洁消毒。

2. 抽查待生产使用物料的符合性查验记录。

3. 抽查内包材清洁消毒操作规程与记录完整性。

4. 检查内包材卫生符合性以及验证确认记录。

> **第三十九条** 企业应当对生产过程使用的物料以及半成品全程清晰标识，标明名称或者代码、生产日期或者批号、数量，并可追溯。

◆ **条款解读**

本条款是对企业在生产过程中对使用物料及半成品进行明确标识的要求，包括主要内容及追溯性要求。

生产期间所有物料、半成品都应当标识清晰，以便准确识别物料和批次，防止出现混淆和差错。使用的物料、中间产品、半成品以及其容器应加贴标签，标识内容至少包括品名或者代码、生产日期或者批号、数量等信息。物料名称使用代码标识的，企业必须建立代码对照表，规定对应的标准化中文名称及明确成分。物料、半成品标识的内容应与产品批生产记录有关信息相一致，重要的是生产批号在生产全过程中必须保持一致。物料、中间产品和半成品在各流转环节间应做好交接和记录。

◆ **检查要点【67】**

1. 生产现场使用物料及半成品的标识是否包括名称或者代码、生产日期或者批号、使用期限、数量等信息。
2. 生产过程中各工序之间物料交接是否有记录，是否可追溯。

◆ **检查方法**

对本条款的检查主要采用检查现场、查阅相关文件和记录相结合的方式进行。

1. 现场抽查生产过程中物料与半成品标示内容是否完整。在生产流转过程中是否保持一致。

2. 现场抽查生产期间物料交接记录是否具备关联性和追溯性。

> **第四十条**　企业应当对生产过程按照生产工艺规程和岗位操作规程进行控制，应当真实、完整、准确地填写生产记录。
>
> 生产记录应当至少包括生产指令、领料、称量、配制、填充或者灌装、包装、产品检验以及放行等内容。

◆ 条款解读

本条款是对企业生产过程控制和批生产检验记录的要求。第一款要求企业在生产过程中要严格执行生产工艺规程和岗位操作规程，生产人员应该按照生产工艺和岗位操作规程进行作业，并及时真实、完整、准确地填写相应的操作记录。第二款明确提出了生产记录应当包含的主要内容。

企业生产部门负责人应对各岗位的员工进行生产工艺规程及岗位操作规程的技术培训，明确各岗位的具体操作要求。生产过程中生产操作人员必须严格按照产品生产工艺规程、岗位操作规程进行操作，做好相关生产工序的生产记录。质量管理人员应对生产过程进行不定期的、随机的抽查，抽查生产人员的操作是否与产品生产工艺规程和岗位操作规程所规定的技术要求及参数相一致，并在其相应记录中签字确认。如发现问题应及时做出整改，以确保生产工艺规程及岗位操作规程得到严格执行。

企业应建立批生产记录管理制度，对各生产环节生产操作进行详实记录。批生产记录内容应及时、真实、准确、完整，确保化妆品生产全过程可追溯。

批生产检验记录至少包括生产指令，领料、称量、配制、填充或者灌装、包装过程及产品检验、放行记录等内容。批生产记录应与现行批准的工艺规程相关内容相匹配，记录生产工艺参数、中间产品和产品检验报告、清场记录、物料平衡记录等内容，记录内容应字迹清晰、易读、不易擦除；记录内容如有修改，应保证可以清楚辨认原文内容，并由修改人在修改文字附近签注姓名和日期。

对批生产记录各项内容的具体要求如下：

1. 领料记录 根据生产指令编制领料单，向仓库限额领取物料。其内容至少应包括：领料部门、领料日期、物料名称（物料编码）、物料批号、规格、请领数量、实发数量、领料人签名、仓管员签名、复核人等。

2. 称量记录 包括产品名称、批号、批量、规格、配料称料、物料平衡、清场情况、操作人、复核人签名等。

3. 配制记录 包括产品名称、批号、批量、规格、配置前检查、配置记录（标准操作程序、生产工艺参数记录）、物料平衡、检测项目、清场情况、操作人、复核人签名等。

4. 填充或者灌装记录 包括产品名称、批号、批量、规格、灌装前检查、首件检查、计量准确性检查、物料平衡、偏差处理、清场情况、操作人、复核人签名等。

5. 包装记录 包括产品名称、批号、批量、规格、包装前检查、首件检查、包装数量检查、物料平衡、偏差处理、清场情况、操作人、复核人签名等。

6. 检验记录 包括产品名称、批号、批量、规格、取样日期、检验日期、报告日期、检验依据、检验项目、标准规定、检验结果、检验结论、检验人、复核人签名等；检验报告应具备溯源性。

7. 放行记录 包括产品名称、批号、批量、规格、批生产记录审核、批检验记录审核、物料包装和仓储管理审核、审核人、质量安全负责人签名等。

◆ 检查要点【68*】

1. 企业是否对生产操作人员进行生产工艺培训；操作人员是否按照生产工艺规程和岗位操作规程规定的技术参数和关键控制要求进行操作。

2. 生产记录是否可以如实反映出整个生产过程的技术参数和关键点控制状况，是否包括生产指令、领料、称量、配制、填充或者灌装、包装过程和产品检验、放行记录等内容。

◆ 检查方法

对本条款的检查主要采用检查制度文件和记录、检查现场以及询问相关人员相结合的方式进行。

1. 抽查生产操作人员生产前技术培训与考核情况，了解其对生产工艺规程和操作规程的掌握程度。

2. 抽查生产记录内容是否包括生产指令，以及领料、称量、配制、填充或灌装、包装过程和产品检验、放行记录等。记录是否能够真正反映出整个生产过程的技术参数和关键点控制状况。

3. 现场动态检查生产记录填写的真实性、及时性、准确性和完整性。

第四十一条 企业应当在生产后检查物料平衡，确认物料平衡符合生产工艺规程设定的限度范围。超出限度范围时，应当查明原因，确认无潜在质量风险后，方可进入下一工序。

◆ 条款解读

本条款是对生产过程中进行物料平衡的整体要求。前半部分主要强调物料平衡应该符合生产工艺规程设定的限度范围，后半部分说明物料平衡超出限度范围时需要采取的措施。

"物料平衡"是指产品或物料的实际产量（实际用量）及收集到的损耗之和与理论产量（理论用量）之间的比较，并适当考虑可允许的正常偏差。

物料平衡与生产管理制度落实及生产成本控制息息相关，企业应建立物料平衡管理制度，每个关键工序都须计算物料平衡限度，即配料、分装、包装等都须在批生产记录内计算并记录本工序的物料平衡限度，以避免或及时发现差错与混料。批生产记录上必须明确规定物料平衡限度的计算方法，以及根据以往验证结果确定的物料平衡限度的合理范围。

物料平衡率的计算公式如下：

$$物料平衡率（\%）= \frac{（实际产量+检验抽样量+合理损耗）}{理论产量} \times 100\%$$

式中，实际产量是指产品实际产量。

理论产量是指在生产中无任何损失或差错的情况下得出的最大数量。

在生产过程中，如计算出的物料平衡率超出生产工艺规程设定的限度范围，应详细核对并记录物料异常过程及数量，及时查明原因，并报告生产负责人和现场质量管理人员。只有在查明原因，确认无潜在质量风险后，方可进入下一工序。

◆ 检查要点【69】

1. 企业是否建立并有效执行生产后物料平衡管理制度。

2. 配制、填充、灌装、包装等工序的物料平衡结果是否符合生产工艺规程设定的限度范围。

3. 生产后物料平衡出现偏差，超出限度范围时，企业是否分析原因，是否由质量管理部门确认无潜在质量风险后进入下一工序，是否记录处理过程。

◆ 检查方法

对本条款的检查主要采用检查制度文件和批生产记录并与生产操作人员

交流的方式进行。

1. 抽查产品批生产记录，核实其中物料平衡限度是否符合工艺规程设定的限度范围。

2. 查看偏差记录及处置记录是否有质量管理人员把控，且得到无潜在风险确认后予以放行；抽查生产产品放行记录的规范性。

> **第四十二条**　企业应当在生产后及时清场，对生产车间和生产设备、管道、容器、器具等按照操作规程进行清洁消毒并记录。清洁消毒完成后，应当清晰标识，并按照规定注明有效期限。

◆ **条款解读**

本条款是对企业应当在生产后及时清场的要求。包括对生产车间和生产设备、管道、容器、器具等按照操作规程进行清洁消毒并记录。清洁消毒完成后，应当清晰标示，并按照规定注明有效期限，做好相应记录。

生产后清场工作包括将与下次生产无关的物料、包装材料、废弃物等清除出场，以及对各生产区域及内置设备、管道、容器、器具予以清洁消毒。无论生产不同的产品还是同一产品不同批次后，在下一产品或下一批次产品生产前，均应当进行清场。

清场完成后，应当明确标示清场状态，即悬挂清场合格证，内容包括清场日期、清洁消毒内容、清场有效期限、清场人及复核人签名等。

清场结束后，应将清场合格证纳入下一批次产品的生产记录中。

◆ **检查要点【70】**

1. 企业是否建立并执行生产后清洁消毒制度。

2. 企业在生产后或者更换生产品种前是否及时清场，是否按照规定的方法和要求对生产区域和生产设备、管道、容器、器具等清洁消毒，是否保留记录。

3. 清洁消毒完成后，企业是否按规定清晰标示清洁消毒有效期限。

◆ 检查方法

对本条款的检查主要采用检查现场、查阅相关文件和记录相结合的方式进行。

1. 检查企业生产清洁消毒制度及验证制度。

2. 抽查生产区域、生产设备管道、容器、器具等定期清洁消毒记录。

3. 检查生产区域和设备、容器等清洁标识，查看标识内容规范性。

第四十三条　企业应当将生产结存物料及时退回仓库。退仓物料应当密封并做好标识，必要时重新包装。仓库管理人员应当按照退料单据核对退仓物料的名称或者代码、生产日期或者批号、数量等。

◆ 条款解读

本条款规定生产结存物料的退库管理要求。结存物料应当及时退库，退库物料应密封并做好标识。仓库管理人员在接受退库物料时应当对相关信息进行核对。

在生产结束时，生产人员应对照生产指令，核对生产过程剩余物料的信息，包括品名、数量，并填写物料退库记录单，内容包括品名、批号、领料量、退料量及退料原因。

质量管理人员应对结余物料进行核对，重点关注以下事项。

1. 对尚未开封的物料，检查包装是否完整，封口是否严密，数量与生产指令上的领、用、余量是否相符，确认所余物料无污染。

2. 对已经开封的零散包装的物料，其开封、取料等是否均在与生产洁净级别要求相适应的洁净区操作，数量与生产指令上的领、用、余量是否相符，确认所余物料无污染。

经核对，对剩余生产物料的质量产生怀疑的，应进行取样检验，确认所余物料未被污染；对确定为不合格的物料，将有关内容填入退料单中。质量管理人员对退库的结存物料进行核实并签字确认。

结存物料在退库前，应复原包装并密封，贴上标签和封条，标签上应注明品名、批号、规格、退料量。仓库管理人员在接收退仓物料时，应核对退料单据与退仓物料的名称、批号、规格、数量是否一致，并做好退料标记。合格的退料送入库房内，放置在单独的货位，注明品名、批号、规格、退料量等信息，保证物料下次出库时优先使用。不合格物料退回仓库时，放置在不合格区内，按不合格物料予以处理。

◆ 检查要点【71】

1. 企业是否建立并执行结存物料退仓管理制度。

2. 生产结存物料是否经质量管理人员确认符合质量要求后放行退仓；退仓物料是否做到密封并清晰标识；退仓物料标识的物料标准中文名称或者代码、供应商名称或者代码、生产日期或者批号、使用期限、贮存条件等信息是否与相应领用物料标识信息保持一致。

3. 仓库管理人员是否核对退料单信息以及退仓物料包装情况。

◆ 检查方法

对本条款的检查主要采用检查现场、查阅相关文件和记录相结合的方式进行。

1. 检查结存物料退仓管理制度和操作记录。

2. 检查退仓物料包装、标识及存放情况。

3. 检查退库单据内容详实情况，有无质量管理人员的确认签字。

> **第四十四条** 企业应当建立并执行不合格品管理制度，及时分析不合格原因。企业应当编制返工控制文件，不合格品经评估确认能够返工的，方可返工。不合格品的销毁、返工等处理措施应当经质量管理部门批准并记录。
>
> 企业应当对半成品的使用期限做出规定，超过使用期限未填充或者灌装的，应当及时按照不合格品处理。

◆ 条款解读

本条款是对企业建立不合格产品管理制度和半成品使用期限的管理要求。第一款要求企业应当对不合格品进行原因分析，并根据原因，经质量管理部门批准采取后续的措施。第二款则要求企业对半成品的使用期限做出规定，且超过期限未灌装的半成品应该按照不合格品处理。

企业应建立不合格产品管理制度。不合格产品包括入库检验中检验不合格的产品、销售后退回出现验收不合格的产品、在库养护中出现不合格的产品、监管部门公布质量不合格的化妆品或明令禁止销售的化妆品，以及监管部门抽检不合格的化妆品。

企业应当对不合格产品实施严格管理。被判定为不合格的产品，质量管理部门应及时对其进行标识，存放在不合格品区，不合格品区设专人、专账管理。应分析不合格产品产生的原因，确认产品能消除不合格因素，如批量色泽差异、性状不良、规格、包装材料错误等，且不存在质量安全问题的不合格品，可进行返工。产品出现重金属或微生物指标超标、加错原料等情形，或存在其他质量安全问题，直接做销毁处理。

不合格品的销毁、返工等处理措施应当经质量管理部门批准并监督执行。需销毁的不合格品应填写销毁记录，注明品名、规格、批号、销毁原因、销毁数量、销毁方法、销毁日期等，并由销毁人及监督销毁人签名，企业负责人签名。

企业应当确定每种半成品的使用期限，使用期限的确定应当有明确的依据或者经过验证。超过规定期限没有灌装的半成品应当按照不合格品处理。

◆ 检查要点

（一）第一款【72】

1. 企业是否建立并执行不合格产品管理制度和返工控制文件。

2. 企业是否保存不合格品分析记录和分析报告；不合格产品的返工是否由质量管理部门按照返工控制文件予以评估确认；不合格品销毁、返工等处理措施是否由质量管理部门批准并记录。

（二）第二款【73】

1. 企业是否建立半成品使用期限管理制度；设定的半成品使用期限是否有依据。

2. 企业是否按照不合格品管理制度及时处理超过使用期限未填充或者灌装的半成品，是否留存相关记录。

◆ 检查方法

对本条款的检查主要采用检查制度文件及记录的方式进行。

1. 检查不合格产品管理制度是否完善与执行情况。

2. 抽查不合格品记录及分析报告、不合格品处置记录及报告的规范性。

3. 检查不合格品返工、销毁等处理措施是否经由质量管理部门核准。

4．检查超过期限未灌装半成品按不合格品处理记录的规范性。

5．抽查半成品使用及管理处置的规范性。

> **第四十五条** 企业应当建立并执行产品放行管理制度，确保产品经检验合格且相关生产和质量活动记录经审核批准后，方可放行。
>
> 上市销售的化妆品应当附有出厂检验报告或者合格标记等形式的产品质量检验合格证明。

◆ **条款解读**

本条款是对产品放行和出厂合格证明的要求。第一款规定企业应当建立并执行产品放行管理制度，确保产品经检验合格且相关生产和质量活动记录经审核批准后，方可放行。第二款要求上市销售的化妆品应当附有产品质量检验合格证明。

产品放行管理制度，应当明确规定产品放行的条件、程序、执行和负责人员。放行的条件包括两个方面：①产品已按照出厂检验标准进行了检验，且所有检验项目均为合格；②与产品相关的所有生产和质量活动的记录，包括批生产记录的完整性、准确性均经审核，物料平衡经核算也满足限度要求方可放行。

放行的具体审核一般由质量管理部门进行，放行文件应当由质量安全负责人或其授权人员签署。虽然《规范》第七条规定，质量安全负责人负责产品的放行，但由于产品的放行需要对产品的出厂检验记录和报告，以及生产全过程相关各种记录进行评价，因此，仅仅靠质量安全负责人一个人作出判断是远远不够的，这就要求质量管理部门，在生产部门的大力协助下，对该批次产品完整的生产检验记录和各项检验结果进行认真、全面的审核，形成完整的放行报告，提出是否放行的建议和依据，经质量部门负责人复核签字后，再上报质量安全负责人审批、签发。在企业的产品放行管理制度中应明确放行的程序、放行标准和相关部门、相关人员的分工和责任，以保证产品放行决策的客观性和可靠性。

◆ **检查要点**

（一）第一款【74**】

1. 企业是否建立并执行产品放行管理制度。

2. 产品放行前，企业是否确保产品经检验合格且检验项目至少包括出厂检验项目；是否确保相关生产和质量活动记录经质量安全负责人审核批准。

（二）第二款【75】

上市销售的产品是否附有出厂检验报告或者合格标记等形式的产品质量检验合格证明。

◆ **检查方法**

对本条款的检查主要采用检查现场、查阅相关文件和记录相结合的方式进行。

1. 检查产品放行管理制度落实情况。

2. 抽查产品放行记录，检查质量管理部门审核和质量安全负责人审批签字放行实施情况。

3. 抽查放行产品的合格证明或标记。采用合格标记形式的，是否载明与产品销售包装上标注的生产日期或者生产批号等一致的信息。

三、注意事项

（一）在本章检查过程中，应当重点关注下列问题：

1. 企业生产管理制度的实际执行情况。有些企业的生产管理制度与实际现状脱节，存在可操作性差等问题，管理制度在执行环节得不到落实。

2. 企业是否按照注册、备案资料载明的技术要求组织生产。企业是否存在任意改变配方、工艺参数及质量控制标准的行为。

3. 了解生产员工是否既遵守产品生产工艺规程又遵守岗位操作规程。在检查实践中，常发现企业操作人员见不到产品生产工艺规程的情况。

4. 批生产记录的及时性、真实性、完整性和物料平衡的开展情况。

5. 企业是否严格执行产品放行制度。有些企业的放行程序流于形式，存在未经出厂检验或出厂检验结果尚未出来就放行的情况。只凭检验结果而未对产品的生产和质量管理记录审核评价就放行产品的情况也较常见，这种问题往往通过企业质量安全负责人已签署了产品的放行文件，但该批次产品的生产、检验等各种记录尚未汇总到质量保证部门来发现。

（二）本章内容的现场检查与物料管理及质量控制的内容进行关联检查有助于发现问题。

四、常见问题和案例分析

（一）常见问题

1. 在生产管理制度方面

制度不健全，缺乏必要的内容；与企业实际相脱节，可操作性差；执行落实不到位。

2. 在生产工艺规程和岗位操作规程方面

有的企业将二者混淆，生产现场只有岗位操作规程，无生产工艺规程；操作人员看不到工艺操作规程，对其内容不熟悉。

3. 在执行产品技术要求方面

产品实际配方和工艺参数与注册备案的技术要求不一致；生产工艺参数及关键控制点在实际生产时随意发生变更；生产工艺未经过验证。

4. 在生产指令及执行方面

生产指令与生产计划脱节；生产指令内容不完整，缺少规定的内容。

5. 在生产前确认方面

上一批生产后未能及时清场，清洁消毒制度未能落实到位；对生产用物料的相关信息核对不严格；包材未经脱包装、清洁就进入生产区域。

6. 在物料标示方面

标识内容不齐全，流转过程中易产生混淆；不合格物料或产品未及时更换标识。

7. 批生产记录方面

批生产记录不能做到及时、真实、准确记录；记录内容不完整、可追溯性差；生产过程未实施物料平衡控制管理。

8. 在不合格品控制方面

在文件中未对不合格品的识别、控制、处置以及人员职责权限进行明确规定；现场发现的不合格品未能按照文件规定的方式进行区分、识别，标示不清；不合格品处置的记录内容信息不全，不能有效追溯；半成品已超过使用期限仍进行灌装，未按照不合格品处理。

9. 在产品检验放行方面

未严格执行出厂检验规定；检验结果未出来前就放行出厂；放行过程未对产品的生产和质量管理记录进行审核；放行未经质量安全负责人批准。

（二）典型案例分析

▌案例1 监督检查人员对A化妆品生产企业开展现场检查，发现存在的主要问题：①原料甘油质量标准未包含二甘醇项目限值，三乙醇胺质量标准未包含亚硝胺项目限值，未制定半成品和成品质量标准；②"亮肤精华乳（批号50632001）"的批生产记录中生产指令计划数与实际投料量不符；③"汉方保湿面膜（批号50502002）"的批生产记录中含乳化、陈化记录，企业声称该产品为一般液态单元产品；④"亮肤精华乳（批号50632001）"的批生产记录中缺灌装工序首件检验记录。

▌讨论分析 对照本《规范》的有关要求，企业存在以下缺陷：①企业未按要求建立原料、半成品和成品检验标准，未按照相应质量标准对原料、半成品和成品开展检验。②企业生产"亮肤精华乳（批号50632001）"未严格按照既定的生产工艺规程和岗位操作规程实施与控制，违反备案产品的技术要求，任意改变产品配方量。③"汉方保湿面膜（批号50502002）"，批生产记录中含乳化均质工艺记录，产品属性为膏霜乳液单元。而该公司生产许可项目仅为一般液态单元，属超许可范围非法生产。④"亮肤精华乳（批号50632001）"，批生产记录中缺灌装工序首件检验记录，违反灌装作业前应进行调机确认、首件检查，并保留检查记录的制度要求。

▌案例2 监督检查人员对B化妆品生产企业开展监督检查，发现企业存在的主要问题：生产记录不齐全，未记录配方量、领料量，未记录内包材批指令。幻彩泡泡染发剂（棕色）（2007P1314）批生产指令中原料名称含有水解蛋白，但幻彩泡泡染发剂（棕色）注册资料中未含原料水解蛋白。

讨论分析 企业生产幻彩泡泡染发剂（棕色）（2007P1314）未按照注册资料的配方和工艺组织生产。未及时、完整填写生产记录。

案例3 在某化妆品企业生产现场检查时发现：一个蓝色筐内有一些无包装、无标识的产品，企业人员解释为生产过程中的不合格品，待销毁。企业不能提供这些不合格品的相关记录。

讨论分析 物料和产品的质量状态可通过放置区域、容器或标签颜色等进行区分或识别。通常用蓝色或绿色表示合格，黄色表示待检，红色表示不合格。对发现的不合格品通常会使用醒目的红色标识，内容至少包括品名、批号、来源、操作人员签名等。对于不合格品的处置，应根据不合格品控制文件的要求，在分析评价后处置和及时销毁。所有环节应建立记录，内容包括品名、批号、数量、评审记录、报废记录等内容。该企业在蓝色筐内放置不合格品且无其他标识，对不合格品不能有效识别，易造成混淆风险。企业虽然声称为"不合格品"，但不能提供相关记录，就不能保证这些不合格品的追溯性，也不能确定其后续处置是否合理。

五、思考题

1. 化妆品产品技术要求主要包括哪些内容？

2. 化妆品生产工艺规程主要包括哪些内容？

3. 化妆品批生产记录主要包括哪些内容？

4. 企业的生产工艺规程与岗位操作规程有何相关性？

5. 为什么要开展物料平衡？物料平衡率如何计算？

（唐子安编写）

第七章

委托生产管理

一、概述

《化妆品监督管理条例》（以下简称《条例》）规定，化妆品注册人、备案人基本的资质条件是依法设立的企业或者其他组织。化妆品注册人、备案人可以自行生产化妆品，也可以委托其他企业生产化妆品。化妆品注册人、备案人自行生产化妆品的，要具备相应产品的生产条件，并获得生产许可证（国内）或相应生产资质（境外）。委托生产的，注册人、备案人应当委托具备相应生产条件且获得生产许可证（国内）或相应生产资质（境外）的企业。注册人、备案人可以既自行生产也委托生产。《化妆品生产质量管理规范》（以下简称《规范》）总则指出，化妆品注册人、备案人以及受托生产企业均应当遵守本规范，意指上述3种情形的化妆品注册人、备案人均应当遵守本规范。不论是全部自行组织生产，还是全部委托或部分委托生产企业生产，化妆品注册人、备案人都应当是对其注册或备案化妆品的质量安全和功效宣称负责的主体，都应当按照《规范》第三条的规定，诚信自律，按照本规范的要求建立生产质量管理体系，实现对化妆品物料采购、生产、检验、贮存、销售和召回等全过程的控制和追溯，确保持续稳定地生产出符合质量安全要求的化妆品。

《规范》第二章至第六章规定了对从事化妆品生产活动的化妆品注册人、备案人以及受托生产企业建立化妆品生产质量管理体系的基本要求，第七章则规定了对开展委托生产的化妆品注册人和备案人（以下简称委托方）建立质量管理体系的基本要求。第八章则适用于以上两种情形。

《规范》"第七章委托生产管理"共12条，主要是对委托方的要求，部分条款也涉及受托方。包括：总体要求、组织机构与人员、托受双方资质、质量安全责任制、质量安全负责人、对受托方的遴选、委托生产合同、对受托方的管理、文件管理、放行和留样，以及记录管理的要求。

需要说明的是，为了避免重复，《规范》中本章某些条款的具体要求会参照到其他章节的相关要求，例如，对委托方质量安全负责人资质条件的规定参照本《规范》第七条第一款的相关规定；委托方应当建立并执行的从业人员健康管理和培训管理、质量管理体系自查、产品销售记录、产品召回管理等制度的具体要求分别参见第二章、第三章、第八章的相关要求等。因此，监督检查人员在对委托方开展检查时，应注意参见《规范》其他章节的相关要求。同样的原因，本书对《规范》第七章的相关条款的解读和检查要点、方法和技巧的介绍中，如涉及在其他章节已有详细介绍的内容，一般不再赘述，仅提示重点内容。

二、条款解读与检查指南

第四十六条　委托生产的化妆品注册人、备案人（以下简称"委托方"）应当按照本规范的规定建立相应的质量管理体系，并对受托生产企业的生产活动进行监督。

◆ 条款解读

本条款是对委托方从事委托生产行为的两项总体要求：一是应当按照规定建立相应的质量管理体系；二是应当对受托生产企业的生产活动进行监督。

本条款是对《条例》中化妆品注册人、备案人法定主体责任要求的落实。《条例》第六条明确规定"化妆品的注册人、备案人对化妆品的质量安全和功效宣称负责"，第十八条明确规定化妆品注册人、备案人应当具备"有与申请注册、进行备案的产品相适应的质量管理体系"，第二十九条明确要求化妆品注册人、备案人应当按照《规范》的要求，建立化妆品生产质量管理体系。而且，从《条例》对化妆品注册人、备案人的义务规定（包括自行或委托专业机构开展产品安全评估、公布功效宣称依据或评价摘要、申请特殊化妆品注册或进行普通化妆品备案、按照化妆品生产质量管理规范的要求组织生产化妆品、对受托生产企业的生产活动进行监督、监测上市销售化妆品的不良反应并开展评价和报告、召回存在质量缺陷或其他问题，可能危害人体健康的化妆品等）来看，化妆品注册人、备案人的质量管理体系涵盖了从产品研发、生产、经营、上市后管理等化妆品全生命周期的管理。《规范》第七章重点是对委托生产的注册人、备案人的生产质量管理规范要求，关于化妆品注册人、备案人对产品的注册备案管理，检查时，应当同时关注《化妆品注册备案管理办法》等相关文件的要求。

质量管理体系的建立通常包括以下方面：一是企业首先要建立质量方针和质量目标；二是企业应当为实现质量方针和目标提供必要的资源，包括人力资源、设施设备等硬件资源；三是企业应当建立健全质量体系文件，用文件化的方式阐述或规定各种与质量相关的所有过程和活动；四是企业应当建立健全相关质量过程和活动的记录系统，保持各项过程或活动能够追溯。在质量体系文件的建立过程中，应当重点关注对质量方针和质量目标、质量管理制度、质量标准、配方和工艺规程等内容的文件化管理。

完全委托生产的化妆品注册人或备案人，由于自己不从事化妆品生产活动，因此如何行使好其质量安全的主体责任，确保受托生产企业按照本《规范》和其他法律法规的要求进行生产，尤为关键。《条例》第二十八条明确规定委托方应当对受托生产企业的生产活动进行监督，《化妆品生产经营监督管理办法》(以下简称《办法》)进一步指明应对其生产活动全过程进行监督,保证其按照法定要求进行生产。本条款再次明确相应义务,以督促委托方采取积极措施对受托生产企业开展监督,确保受托生产企业按照法律、法规、强制性国家标准、技术规范以及合同约定进行生产。

◆ **检查方法**

质量管理体系是一个总体的概念,因此本条款在《化妆品生产质量管理规范检查要点及判定原则》中并未单独设置检查项目,检查员应当注意根据本章其他条款的检查情况,综合判断委托方是否按照《规范》规定建立质量管理体系并确保有效运行。同样,对于受托生产企业的生产活动监督情况,可结合第五十一条、五十二条、五十三条等相关条款的检查情况进行全面和客观的评价。根据具体的缺陷情况,将问题归入对应条款。

> **第四十七条** 委托方应当建立与所注册或者备案的化妆品和委托生产需要相适应的组织机构,明确注册备案管理、生产质量管理、产品销售管理等关键环节的负责部门和职责,配备相应的管理人员。

◆ **条款解读**

本条款是委托方质量管理体系中建立组织机构、配备相应人员的要求。一是要求委托方根据其注册或者备案的化妆品和委托生产需要建立相适应的质量管理的组织机构。二是强调明确相关环节的负责部门和职责。三是要求配备相应的管理人员。

不同的委托方,其委托生产的化妆品类别特点、品种数量、生产产量、生产频次、市场需求、市场规模等各不相同,因此,本条款仅提出原则性要求,委托方应充分考虑这些因素,结合本企业实际,建立"与所注册或者备案的化妆品和委托生产需要相适应"的组织机构。

明确各关键环节的负责部门和职责是确保质量管理体系有效运行的重要保障。《规范》的第二章对生产企业应当设置生产部门和质量管理部门有明确的要求，但本章对仅委托生产的注册人、备案人设置的部门并无统一要求。由于委托方的质量管理体系应涵盖从产品研发、生产、经营、上市后管理等全过程，因此，本条款提出了委托方应明确注册备案管理、生产质量管理、产品销售管理等关键环节的具体负责部门和职责。虽然，具体设置哪些管理部门、叫什么名字，可由委托方自行确定，但企业应当明确履行产品注册备案管理、生产质量管理、产品销售管理等职责的具体部门。这里的生产质量管理，对于委托方而言，重点职责是受托生产企业的选择和对其生产活动是否满足《规范》等法规要求的监督管理，当然，也不仅限于此，还应当包括质量体系文件和记录的管理，产品的放行和留样管理等内容。如果委托方自行采购并向受托生产企业提供物料的，委托方也应按照《规范》的要求履行物料供应商遴选、物料审查、物料进货查验记录和验收，以及物料放行管理等相关生产质量管理的义务。

人员是确保质量管理体系有效运行的另一个关键因素，企业所有制度的执行都由人来完成，各关键环节的负责部门和职责确立后，需要配备合适的管理人员来具体负责实施。对于质量安全负责人等，《办法》和《规范》明确了基本的资质要求，在具体的实践中，企业首先应关注人员资质条件的符合性，但更为重要的是人员的能力问题，其实际具备的专业知识、生产或质量管理经验可以作为综合考量的因素。另外，在聘用人员前应关注其是否属于《条例》规定的不得从事化妆品生产经营活动的人员，即违法单位的法定代表人或者主要负责人、直接负责的主管人员和其他直接责任人员，有禁业期限的应查看是否尚在禁业期限内。

企业一般可通过组织机构图、质量手册等，明确本企业的组织架构、各部门的职责和权限，以及相互间的关系。同时，还要通过任命文件对各管理部门负责人进行任命，并明确其职责权限和义务。

◆ **检查要点【1】**①

1. 委托方是否建立组织机构，组织机构是否与所注册或者备案的化妆品和委托生产需要相适应。
2. 委托方是否明确规定注册备案管理、生产质量管理、产品销售管理等关键环节的负责部门和职责。
3. 上述部门是否配备相应的管理人员。

◆ **检查方法**

对本条款的检查主要通过查阅相关文件和记录，以及与法定代表人（主要负责人）、质量安全负责人、相关管理部门负责人以及员工等进行交流、问询等方式开展。可查阅的文件包括组织机构图、质量手册、部门职责与权限规定相关的文件，人员名册、任命书、人员/岗位职责与权限相关文件，部门/人员履行质量管理职能相关记录等。与相关人员的交流和问询可重点针对其对应具备的法规、质量安全知识及岗位职责的熟悉程度、执行能力，以及实际执行情况与文件记录一致性等内容开展。

第四十八条 化妆品委托生产的，委托方应当是所生产化妆品的注册人或者备案人。受托生产企业应当是持有有效化妆品生产许可证的企业，并在其生产许可范围内接受委托。

◆ **条款解读**

本条款是对托受双方资质的规定。条款的前半部分规定了委托方应当是

---

① 本章【】中的数字为《化妆品生产质量管理规范检查要点（委托生产版）》的序号。

化妆品注册人或者备案人。后半部分规定了受托生产企业应当是持有有效化妆品生产许可证的企业，并且应当在许可范围内接受委托。

委托生产是化妆品行业的主要生产业态。由于委托生产的类型多样、委托双方质量安全责任定位不清等原因，甚至存在受托企业转委托的情况，因此委托环节成为化妆品质量安全风险较高的环节。本条款的提出，明确了在化妆品法律法规中的委托生产行为仅指由化妆品注册人、备案人委托持有有效化妆品生产许可证企业的生产行为。化妆品注册人、备案人可同时委托多家受托生产企业生产同一品种化妆品，但受托生产企业不得再次转委托生产企业进行生产。

在委托双方的资质方面，委托方应当持有所委托特殊化妆品的注册证或者普通化妆品备案凭证。需要注意的是，委托方应当在特殊化妆品生产前完成注册，在普通化妆品上市销售前进行备案。受托生产企业在接受化妆品委托生产前，应当关注受托生产产品是否是已注册的特殊化妆品或已备案的普通化妆品。

《办法》第五十八条规定"化妆品生产企业生产的化妆品不属于化妆品生产许可证上载明的许可项目划分单元，未经许可擅自迁址，或者化妆品生产许可有效期届满且未获得延续许可的，视为未经许可从事化妆品生产活动。"因此，委托方在选择受托生产企业时，既要关注对方是否持有化妆品许可证，还要关注化妆品生产许可证是否尚在有效期内，更要关注生产许可范围是否包含拟委托的生产单元。如委托生产儿童护肤类、眼部护肤类化妆品的，还要关注其生产许可证上是否标注具有相应的生产条件。

◆ **检查要点【2*】**

1. 委托方是否是所生产化妆品的注册人或者备案人。
2. 委托方是否委托持有有效化妆品生产许可证的受托生产企业生产

化妆品，所委托产品是否属于化妆品生产许可证上载明的许可项目划分单元。

3. 所委托产品为眼部护肤类化妆品、儿童护肤类化妆品的，受托生产企业化妆品生产许可证上的许可项目是否标注具备相应生产条件。

◆ 检查方法

对本条款的检查主要通过查阅相关文件和记录方式开展。可查阅的文件和记录包括委托双方资质文件、委托合同、生产记录等。应特别注意，委托方应当在特殊化妆品生产前完成注册，在普通化妆品上市销售前进行备案。受托生产企业应当具备相应的许可项目划分单元，生产儿童护肤类、眼部护肤类化妆品的，应同时具备《规范》所规定的生产条件。

> **第四十九条** 委托方应当建立化妆品质量安全责任制，明确委托方法定代表人、质量安全负责人以及其他化妆品质量安全相关岗位的职责，各岗位人员应当按照岗位职责要求，逐级履行相应的化妆品质量安全责任。

◆ 条款解读

本条款是对委托方建立化妆品质量安全责任制的规定。该条款包含两层意思：一是质量安全责任制要明确法定代表人、质量安全负责人以及其他化妆品质量安全相关岗位的职责。二是以上人员应按照岗位职责要求，履行质量安全责任。此外，参照第二章的规定，这些人员还应当满足相应的任职条件。

设立质量安全责任制目的是使委托方的化妆品质量安全主体责任能够逐

级落实到人。《办法》明确提出了化妆品注册人、备案人应当建立化妆品质量安全责任制，落实化妆品质量安全主体责任。同时明确，其法定代表人、主要负责人应当对化妆品质量安全工作全面负责。与生产企业类似，委托方的法定代表人（主要负责人，下同）的主要职责应当是负责提供必要的资源，合理制定并组织实施质量方针，确保实现质量目标。质量安全负责人应按照化妆品质量安全责任制的要求协助法定代表人承担产品质量安全管理和产品放行职责。质量保证部门负责人及人员要切实履行质量保证和质量控制的具体责任。

◆ **检查要点【3】**

1. 委托方是否建立化妆品质量安全责任制；是否书面规定法定代表人（或者主要负责人，下同）、质量安全负责人以及其他化妆品质量安全相关岗位的职责。
2. 委托方各岗位人员是否按照岗位职责的要求逐级履行质量安全责任。

◆ **检查方法**

本条款的检查方法主要通过查阅相关文件和记录，以及与法定代表人、质量安全负责人以及其他化妆品质量安全相关岗位人员等进行交流、现场问询等方式开展。可查阅的文件包括质量手册、部门职责与权限规定相关的文件，人员履行质量管理职能相关记录等。

对本条款的检查，一是要关注岗位职责规定是否清晰，能够做到使岗位人员"执行有依据"。二是要关注各岗位人员是否依据职责规定履行了应尽的责任，做到"执行要落地"，确保质量安全责任制有效实施。对相关负责人员以及各岗位人员是否履职尽责应进行综合判断。

第五十条　委托方应当按照本规范第七条第一款规定设质量安全负责人。

质量安全负责人应当协助委托方法定代表人承担下列相应的产品质量安全管理和产品放行职责：

（一）建立并组织实施本企业质量管理体系，落实质量安全管理责任，定期向法定代表人报告质量管理体系运行情况；

（二）产品质量安全问题的决策及有关文件的签发；

（三）审核化妆品注册、备案资料；

（四）委托方采购、提供物料的，物料供应商、物料放行的审核管理；

（五）产品的上市放行；

（六）受托生产企业遴选和生产活动的监督管理；

（七）化妆品不良反应监测管理。

质量安全负责人应当遵守第七条第三款的有关规定。

◆ 条款解读

本条款是对委托方设置质量安全负责人及其资质条件、承担职责的规定。第一款明确了质量安全负责人的资质条件（按照本规范第七条第一款规定）。第二款规定了质量安全负责人具体承担的职责。第三款明确了质量安全负责人应当不受干扰地独立履行质量安全职责，如指定其他人员协助履行职责应当满足的条件、要求和监督义务。

委托方质量安全负责人的资质条件与从事化妆品生产活动的化妆品注册人、备案人、受托生产企业的质量安全负责人资质条件是完全相同的，因此本条款采用了"按照本规范第七条第一款规定"的简述方式。对质量安全负责人资质条件的解释，读者可参考本书第二章第七条款的解读。简而言之，委托方应结合教育背景、培训经历、工作履历，重点是其履行相应职责的能力，来聘任合格的质量安全负责人。

《办法》第二十八条明确了质量安全负责人的5项职责。《规范》第七条和第五十条分别对化妆品生产企业的质量安全负责人和注册人、备案人质量安全负责人的职责做了规定，其在具体要求上基本相同，同时也略有差别。主要体现在以下3点。

1. 将第七条"（三）产品安全评估报告、配方、生产工艺、物料供应商、产品标签等的审核管理，以及化妆品注册、备案资料的审核（受托生产企业除外）"调整为本条款"（三）审核化妆品注册、备案资料"。应当注意的是，虽然文字作了简化，但化妆品注册、备案资料的内容应当涵盖产品的配方、生产工艺、质量标准、检验报告、安全评估报告、产品标签等内容，以确保注册或备案的产品既符合国家法规、强制性标准、技术规范的要求也符合本企业相关质量体系文件的要求，关键是确保产品的质量安全。

2. 将第七条"（四）物料放行管理和产品放行"变化为本条款的（四）"委托方采购、提供物料的，物料供应商、物料放行的审核管理"和"（五）产品的上市放行"。

3. 增加了"（六）受托生产企业遴选和生产活动的监督管理"。

质量安全负责人需由委托方以签发任命书的形式任命，任命书应明确其职责、权限和任职期限。委托方对质量安全负责人职责的规定在文字上可不必与本条款完全一致，可根据企业实际增加或调整，但职责的内容应至少涵盖《规范》中的七项内容，不可或缺。

委托方应建立制度，确保质量安全负责人独立履行相应职责。当确需指定其他人员协助履行职责时，应注意：一是需经法定代表人书面同意；二是仅可指定除本条款职责中（一）（二）项以外的其他职责；三是被指定人员需具备相应资质和能力；四是如实记录协助履职的时间和具体事项等；五是质量安全负责人的法律责任并不因职责的委托而转移，且需对协助履职人员进行监督。

◆ 检查要点

（一）第一款、第二款【4*】

1. 委托方是否设有质量安全负责人。

2. 质量安全负责人是否具备化妆品、化学、化工、生物、医学、药学、食品、公共卫生或者法学等专业教育或培训背景，是否具备化妆品质量安全相关专业知识，是否熟悉相关法律法规、强制性国家标准、技术规范，是否具有5年以上化妆品生产或者质量管理经验。

3. 质量安全负责人是否建立并组织实施本企业质量管理体系，落实质量安全管理责任，并定期以书面报告形式向法定代表人报告质量管理体系运行情况。

4. 质量安全负责人是否负责产品质量安全问题的决策及有关文件的签发。

5. 质量安全负责人是否履行化妆品注册、备案资料审核的职责。

6. 委托方采购、提供物料的，质量安全负责人是否履行物料供应商、物料放行的审核管理职责。

7. 质量安全负责人是否履行产品上市放行职责。

8. 质量安全负责人是否履行受托生产企业遴选和生产活动监督管理职责。

9. 质量安全负责人是否履行化妆品不良反应监测管理职责。

（二）第三款【5】

1. 质量安全负责人是否按照质量安全责任制独立履行职责，在产品质量安全管理和产品放行中不受企业其他人员的干扰。

2. 质量安全负责人指定本企业的其他人员协助履行其职责的，指定协助履行的职责是否为化妆品生产质量管理规范第七条第二款（一）

（二）项以外的职责；是否制定相应的指定协助履行职责管理程序并经法定代表人书面同意。

3. 被指定人员是否具备相应的资质和履职能力。

4. 被指定人员在协助履职过程中是否执行相应的管理程序，并如实记录，保证履职的内容、时间、具体事项可追溯。

5. 质量安全负责人是否对协助履职情况进行监督。

◆ 检查方法

对本条款的检查方法主要包括查阅相关文件和记录、与质量安全负责人及被指定协助履行职责的其他相关人员交流、问询等方式。

1. 通过查阅企业名册和任命文件，确认质量安全负责人是否由企业正式任命。

2. 通过查阅企业质量手册中有关质量安全负责人职责、相关制度等相关文件，确认质量安全负责人被赋予的权限能够保证其独立、有效履职，其职责是否覆盖本条款规定的全部内容。

3. 通过查看质量安全负责人教育背景资质证书、培训证书、工作履历等相关材料，结合现场问询、履职记录等，综合判断质量安全负责人是否具备相关专业知识，是否能够依法履职。

4. 针对质量安全负责人指定本企业的其他人员协助其履行部分职责的，可通过检查法定代表人书面同意相关文件、被指定人员的资质文件、履职记录等，结合对质量安全负责人、被指定人员的问询，判断指定履职行为是否符合要求，质量安全负责人和被指定人员是否各尽其责。

第五十一条　委托方应当建立受托生产企业遴选标准，在委托生产前，对受托生产企业资质进行审核，考察评估其生产质量管理体系

运行状况和生产能力，确保受托生产企业取得相应的化妆品生产许可且具备相应的产品生产能力。

委托方应当建立受托生产企业名录和管理档案。

◆ 条款解读

本条款是委托方对受托生产企业遴选审核管理的要求。第一款是对委托方建立受托生产企业遴选标准，开展资质审核、考察评估相关要求的规定。第二款是对委托方建立受托生产企业名录和管理档案的规定。

按照《条例》，化妆品注册人、备案人对化妆品的质量安全和功效宣称负责。因此，即使其自身不直接从事化妆品生产活动，委托取得相应化妆品生产许可的企业生产，当其放行上市销售的产品被发现不符合强制性国家标准、技术规范或者不符合化妆品注册、备案资料载明的技术要求时，仍然要承担主要的法律责任。因此，对委托方而言，对受托生产企业的遴选和审核至关重要。

委托方应当根据委托产品的类型、单元、生产规模、生产频次、质量要求等，确定受托生产企业的遴选标准。在首次委托生产前，应当对生产企业开展资质审核和考察评估。资质审核的重点是受托生产企业是否具备受托生产的基本条件，主要审核企业是否具备有效的生产许可证；是否具有与拟委托产品相符合的生产许可项目；对于儿童护肤类、眼部护肤类化妆品，还要看是否具备相应的生产条件。

考察评估应以对生产企业现场实地考核评价的方式进行。考察评估重点是受托生产企业的生产能力和生产质量管理体系的建立与运行情况。考核内容主要包括生产企业的生产环境、生产和检验设施和设备、管理和技术人员配备、物料和产品管理、质量管理和质量控制、质量管理制度和记录系统等环节。在考察时可参考该企业既往接受监管部门检查或第三方质量体系认证情况的记录。

委托方应当根据资质审核和现场考察考核的情况，按照受托生产企业的遴选标准，对其是否适合作为受托生产企业作出评估。评估过程和结果应当保存相关记录。

遴选确定后委托方应当建立受托生产企业名录。受托生产企业名录应列明受托生产企业名称、生产许可证编号（国内企业）、地址、联系方式，委托生产产品名称、注册证编号或者备案编号，委托生产范围（全程委托还是仅委托生产半成品或灌装），委托方是否全部或部分提供物料，委托生产起止时间等信息。

受托企业管理档案应包括受托生产企业资质文件、委托合同书、对受托生产企业的审核、考察评估等情况，应当在第一次委托生产时建立，以后随时更新。

◆ 检查要点

（一）第一款【6】

1. 委托方是否制定受托生产企业遴选审核制度；受托生产企业遴选审核制度是否至少包括遴选标准、审核和考察频次、程序等相关内容。

2. 委托生产前，委托方是否按照制度对受托生产企业资质进行审核，是否对其生产质量管理体系建立和运行状况。以及实际生产能力进行评估；评估过程和结果是否有记录。

（二）第二款【7】

1. 委托方是否建立受托生产企业名录；受托生产企业名录是否至少包括委托生产产品名称、委托生产产品注册证编号或者备案编号、受托生产企业名称、地址、受托生产企业生产许可证编号、委托生产起止时间、联系方式等相关信息；分段委托的，还应当包括受托生产工序名称。

2. 委托方是否建立受托生产企业管理档案；受托生产企业管理档案是
   否至少包括受托生产企业资质文件、委托合同书、对受托生产企业
   的评估等情况。

◆ 检查方法

对本条款的检查方法主要包括查阅相关文件和记录等。可查阅的文件包含受托生产企业遴选审核制度、受托生产企业名录和管理档案、资质审核记录、考察与评估记录等。

现场检查时，可通过抽选产品，查看其对应的受托生产企业，或者对照受托生产企业名录随机抽取等方式，查看委托方是否依照制度对该受托生产企业进行审核、考察、评估，并留存相关记录，纳入管理档案。

第五十二条　委托方应当与受托生产企业签订委托生产合同，明确委托事项、委托期限、委托双方的质量安全责任，确保受托生产企业依照法律法规、强制性国家标准、技术规范以及化妆品注册、备案资料载明的技术要求组织生产。

◆ 条款解读

本条款是对委托双方签订委托生产合同的要求。要求委托生产合同应当明确委托事项、委托期限、委托双方的质量安全责任，确保受托生产企业依照法律法规、强制性国家标准、技术规范以及化妆品注册、备案资料载明的技术要求组织生产。

《条例》规定，生产企业应当依照法律、法规、强制性国家标准、技术规范以及合同约定进行生产。委托生产合同是委托双方就委托事项和期限、

委托相关要求等约定的协议。本条款强调委托生产合同应明确委托双方的质量安全责任，以及委托双方在物料采购、进货查验、产品检验、贮存与运输、记录保存等产品质量安全相关环节的权利义务。委托方对受托生产企业应尽可能细化各项质量安全要求，以确保受托生产企业依照法律法规、强制性国家标准、技术规范以及化妆品注册、备案资料载明的技术要求组织生产化妆品。可从以下两方面理解：一是生产出的产品应当符合法律法规、强制性国家标准、技术规范的相关要求，也包括《规范》对企业生产质量管理体系的全部要求；二是受托生产企业应当按照经批准或备案的配方、生产工艺、标签等技术要求进行生产，不得擅自改变。

需要注意的是，委托生产合同属于民事合同，合同中相关内容的约定不会免除双方依照法律法规应当履行的各项义务。

◆ **检查要点【8】**

1. 委托双方是否签订委托生产合同；委托生产合同或者相关文件是否约定委托事项、委托期限、双方的质量安全责任，以及受托生产企业依照法律法规、强制性国家标准、技术规范以及化妆品注册、备案资料载明的技术要求组织生产等内容。
2. 委托生产合同是否明确双方在物料采购、进货查验、产品检验、贮存与运输、记录保存等产品质量安全相关环节的权利和义务。
3. 委托方是否履行合同约定的质量安全责任和义务。

◆ **检查方法**

对本条款的检查方法主要包括查阅相关文件和记录等方式。可查阅的文件包含委托生产合同、生产记录等。

现场检查时，可在受托生产企业名录随机抽取几家企业，检查委托方是否与其签订委托生产合同，是否规定有委托事项、委托期限、双方的质量安全责任以及相关要求，实际生产情况是否与合同规定一致等内容；也可在生产线、仓库、留样等场所抽查几款委托生产产品，检查委托方是否与相对应的受托生产企业签订委托生产合同，委托的产品资质是否符合要求，实际生产日期是否在委托期限内，质量安全责任是否明确等。

> **第五十三条** 委托方应当建立并执行受托生产企业生产活动监督制度，对各环节受托生产企业的生产活动进行监督，确保受托生产企业按照法定要求进行生产。
>
> 委托方应当建立并执行受托生产企业更换制度，发现受托生产企业的生产条件、生产能力发生变化，不再满足委托生产需要的，应当及时停止委托，根据生产需要更换受托生产企业。

◆ 条款解读

本条款第一款是对委托方建立对受托生产企业生产活动监督制度、相关要求的规定。第二款是对委托方建立受托生产企业更换制度、相关要求的规定。

总体而言，委托方要对整个生产活动全过程进行相应监督，确保物料和产品符合相应的质量标准，生产过程符合法规和标准、技术规范要求，实现对受托生产过程的有效管理和追溯。《条例》和《办法》均明确了委托方应对受托生产企业的生产活动进行监督。《条例》第六十一条规定了"化妆品注册人、备案人未对受托生产企业的生产活动进行监督"，的法律责任，包括没收违法所得、违法经营的化妆品和生产资料，罚款，停产停业，取消备案，吊销许可证，对企业法定代表人或主要负责人、主管负责人和直接责任人罚款及禁业等。在《规范》中，本章第四十六条也提出了委托方进行监督的总体要求。关于如何监督，本条款规定了应当建立相关管理制度，但对于具体应当采取哪些监督措施并未予以明确。在实际的操作中，有的企业会采取在受托生产企业派驻质量管理相关人员、不定期现场抽查，或是定期进行样品抽检等各种措施。委托方可根据企业自身情况，采取有效监督措施，能够达到确保受托生产企业按照法定要求进行生产的目的即可。

对于分段委托生产的产品，例如委托方委托两家受托生产企业分别从事半成品的配制与灌装，委托方对各环节受托生产企业的生产活动均应当进行监督。对仅从事半成品配制的企业，其也应当按照《规范》的要求组织生产，出厂的产品标注的标签应当至少包括产品名称、企业名称、规格、贮存条件、使用期限等信息，留样应密封且能够保证产品质量稳定，并有符合要求的标签信息，保证可追溯。对仅从事填充或者灌装的企业，其外购（使用）的半成品应当参照物料管理，同样应建立并执行物料审查、进货查验记录、物料放行管理等相关制度。

委托方对受托生产企业的遴选和管理是一项常态化工作。在对受托生产企业生产活动的监督过程中，如果发现受托生产的生产条件发生变化不再符合受托条件，或者生产能力无法保障质量要求或委托需求时，委托方应当及时停止委托，淘汰现有的受托生产企业，根据生产需要重新遴选并更换合适的受托生产企业。对受托生产企业生产条件、生产能力的评估应当按照制度规定开展，评估应有相应的记录。

◆ **检查要点**

（一）第一款【9*】

1. 委托方是否建立对受托生产企业生产活动的监督制度，规定监督的内容、方式、频次、发现问题的处理方法等。

2. 委托方是否按照制度执行对受托生产企业生产活动的监督，确保受托生产企业按照法定要求进行生产，并形成监督记录。

（二）第二款【10】

1. 委托方是否建立受托生产企业更换制度，明确对受托生产企业生产条件、生产能力进行评估和启动更换程序的情形。
2. 委托方是否按照制度对受托生产企业生产条件、生产能力进行评估。
3. 委托方发现受托生产企业的生产条件、生产能力发生变化，不再满足委托生产需要的，是否及时停止委托，根据生产需要更换受托生产企业。

◆ **检查方法**

对本条款的检查方法主要包括查阅相关文件和记录等方式。可查阅的文件包含对受托生产企业生产活动的监督制度和相关记录、对受托生产企业的评估记录、受托生产企业更换制度和相关记录等。

检查时，应重点关注委托方是否按照制度规定执行，例如对受托生产企业生产活动的各项监督措施是否真实、及时履行，特别是涉及分段委托生产的，委托方是否对各环节受托生产企业均采取了监督措施，并确保各环节生产做到有效衔接，保证产品质量安全。涉及受托生产企业更换时，应注意关联检查委托原受托生产企业生产产品所剩余的旧标签和包装的管理和处置等情况。

第五十四条 委托方应当建立并执行化妆品注册备案管理、从业人员健康管理、从业人员培训、质量管理体系自查、产品放行管理、产品留样管理、产品销售记录、产品贮存和运输管理、产品退货记录、产品质量投诉管理、产品召回管理等质量管理制度，建立并实施化妆品不良反应监测和评价体系。

委托方向受托生产企业提供物料的，委托方应当按照本规范要求建立并执行物料供应商遴选、物料审查、物料进货查验记录和验收以及物料放行管理等相关制度。

委托方应当根据委托生产实际，按照本规范建立并执行其他相关质量管理制度。

◆ 条款解读

本条款是对委托方建立并执行相关质量管理制度的规定。第一款明确了委托方应建立的主要制度以及不良反应监测体系要求；第二款是对向受托生产企业提供物料的委托方建立相关物料管理制度的特殊要求；第三款是对委托方根据实际情况建立其他质量管理制度的要求。

第一款列举了委托方应当建立并执行的11条管理制度和1个体系：化妆品注册备案管理、从业人员健康管理、从业人员培训、质量管理体系自查、产品放行管理、产品留样管理、产品销售记录、产品贮存和运输管理、产品退货记录、产品质量投诉管理、产品召回管理制度，以及化妆品不良反应监测和评价体系。无疑，这些制度和体系连同前述条款已规定的受托生产企业遴选、生产活动监督等制度是所有化妆品注册人、备案人必须建立并执行的基本制度。除此之外，委托方还应当根据委托生产实际，建立并执行其他相关制度，这是第三款所强调的。例如，按照第二款要求，委托方向受托生产企业提供物料的，委托方应当按照本规范要求建立并执行物料供应商遴选、物料审查、物料进货查验记录和验收以及物料放行管理等相关制度。再如，委托方自己建有实验室，明确规定某些物料或产品需自行开展使用或上市前放行检验的，或者委托方有自己的检验管理要求，上市前委托第三方检验的，则相应需要建立并执行实验室管理制度、检验管理制度等。

需要说明的是，企业按照本条款要求，结合自身实际建立各项管理制度时，制度的名称无需与本规范所列举制度名称完全一致，可将若干相关联制度合并建立，只要涵盖相关内容即可。

化妆品注册备案管理制度是化妆品注册人、备案人首先需要建立的管理制度。《条例》规定，特殊化妆品经国务院药品监督管理部门注册后方可生产、进口，国产普通化妆品应当在上市销售前向备案人所在地省、自治区、直辖市人民政府药品监督管理部门备案，进口普通化妆品应当在进口前向国务院药品监督管理部门备案。因此，在委托生产前，委托方应首先依法完成特殊化妆品注册或进行普通化妆品备案。化妆品注册备案应当符合《化妆品注册备案管理办法》的相关要求。注册备案相关资料涉及技术要求（配方、执行的标准等）、安全保证（检验报告、安全评估报告等）、功效宣称（产品分类、标签、功效评价等），委托方应开展产品档案管理，在委托企业生产化妆品前，应由质量安全负责人审核化妆品注册、备案资料，确认申报资料的合规性、真实性和完整性。还要审核是否与本企业质量体系文件有冲突等。并向受托生产企业明确受托生产的相关质量要求，交付受托生产企业的产品配方、生产工艺、产品标签等应与产品注册或者备案资料载明的技术要求一致。

委托方向受托生产企业提供物料，委托方自行开展物料供应商遴选、物料审查、进货查验、贮存、放行等活动时，应当按照本规范要求建立并执行物料供应商遴选、物料审查、物料进货查验记录和验收以及物料放行管理等相关制度，具体的要求参见《规范》第二十八条至第三十二条相关规定。

如果委托方委托受托生产企业采购物料的，受托方就应当满足《规范》第二十八条至第三十二条相关规定。委托方也应当对其物料采购、验收、贮存、使用情况进行监督。

还有一种情况，对某些关键的物料委托方可能会要求受托生产企业从委托方指定的合格供应商处采购物料，则由委托方建立物料供应商遴选、物料审查等相关管理制度，受托生产企业建立并执行物料进货查验记录和验收以及物料放行管理等制度。

除产品注册备案管理制度外，其余制度在《规范》的其他章节或本章节的其他条款里作了详细解读，故不再赘述。

总而言之，委托方应当根据委托生产实际，建立并执行企业相关质量管理制度。制度建立和执行的基本要求是实现产品追溯管理，保证产品质量安全。

◆ **检查要点**

（一）第一款、第三款【11*】

1. 委托方是否建立并执行相应的质量管理制度；质量管理制度是否至少包括：（1）化妆品注册备案管理；（2）从业人员健康管理；（3）从业人员培训；（4）质量管理体系自查；（5）产品放行管理；（6）产品留样管理；（7）产品销售记录；（8）产品贮存和运输管理；（9）产品退货记录；（10）产品质量投诉管理；（11）产品召回管理等；

2. 委托方是否建立并实施化妆品不良反应监测和评价体系；

3. 委托方是否建立注册备案产品档案，包括产品配方、执行的标准、标签、检验报告、安全评估报告等相关资料；

4. 委托方建立并执行从业人员健康管理、从业人员培训、质量安全体系自查等质量管理制度的情况是否符合化妆品生产质量管理规范第十一条、第十条、第十五条等的要求；

5. 委托方是否根据委托生产实际，按照化妆品生产质量管理规范建立并执行其他相关质量管理制度；

6. 委托方建立的质量管理制度，是否能够满足实现产品追溯管理、保证产品质量安全的需求。

（二）第二款【12】

1. 委托方向受托生产企业提供物料的，是否按照化妆品生产质量管理规范第二十八条至第三十二条的要求建立并执行物料供应商遴选、物料审查、物料进货查验记录和验收以及物料放行管理等相关制度；

2. 委托方是否向受托生产企业提供物料验收标准和验收结果，明确所提供原料或半成品的成分。

◆ 检查方法

对本条款的检查方法主要包括查阅相关文件和记录等方式。可查阅的文件包含各项质量管理制度、执行管理制度的相关记录等。

在现场检查时，一方面关注质量管理制度是否"全"，即是否涵盖条款规定的制度，是否满足实现产品追溯管理、保证产品质量安全的需求；另一方面关注委托方制度执行是否"实"，即各项制度是否结合企业实际，具有可操作性和实际指导性，而且企业是否按照各项制度规定执行，是否符合《规范》相关要求。

此条款仅列举了制度的名称，具体的内容与《规范》其他条款存在相关性，因此，检查员应当注意与其他相关条款的检查情况相结合。

> **第五十五条** 委托方应当建立并执行产品放行管理制度，在受托生产企业完成产品出厂放行的基础上，确保产品经检验合格且相关生产和质量活动记录经审核批准后，方可上市放行。
>
> 上市销售的化妆品应当附有出厂检验报告或者合格标记等形式的产品质量检验合格证明。

◆ 条款解读

本条款第一款是对委托方建立产品放行管理制度、相关要求的规定。第二款是对上市销售化妆品的产品质量检验合格证明具体形式的规定。

本条款明确了化妆品委托生产"双放行"制度，即受托生产企业的出厂放行和委托方的上市放行。首先，受托生产企业完成产品出厂放行。出厂放行的基本要求在《规范》第四十五条已明确：企业应当建立并执行产品放行管理制度，确保产品经检验合格且相关生产和质量活动记录经审核批准后，方可放行。其次，委托方确保产品经检验合格，并且审核批准相关生产和质量活动记录后,实施上市放行,此后,产品方可正式上市销售。关于委托方确保产品检验合格,一般有两种情形。一种是委托方在受托生产企业出厂检验的基础上再次实施上市前检验,可能是委托方自己实验室检验,也可能是其委托第三方检验机构检验。另一种是委托方以受托生产企业检验报告为放行依据,不再进行二次检验。无论哪一种方式,委托方都要确保产品经检验合格(检验项目至少包括出厂检验项目)且相关生产和质量活动记录经审核批准后,方可放行。

《条例》和《办法》均规定化妆品经出厂检验合格后方可上市销售,《办法》提出了"产品质量检验合格证明",本条款对产品质量检验合格证明的形式进行了明确,即出厂检验报告或合格标记。

◆ 检查要点

(一)第一款【13**】

1. 委托方是否建立并执行产品放行管理制度。

2. 产品上市前,委托方是否确保产品经检验合格且检验项目至少包括出厂检验项目。是否确保委托双方相关生产和质量活动记录经各自质量安全负责人审核批准。

(二)第二款【14】

1. 上市销售的产品是否具有出厂检验报告或者合格标记等形式的产品质量检验合格证明。

2. 上市销售的产品标签是否符合相关规定。

◆ 检查方法

对本条款的检查方法主要包括查阅相关文件和记录、与质量安全负责人交流、问询等方式。可查阅的文件包含产品放行管理制度、放行记录、产品质量检验合格证明等。

产品的上市放行是质量安全负责人应当承担的重要职责之一，检查时应重点关注委托方是否对受托生产企业已完成产品出厂放行、产品是否检验合格、相关生产和质量活动记录是否真实、符合要求等内容进行审核后准予产品上市放行。现场可抽查几批产品的销售记录，确认是否在批准上市放行日期之后销售。

> **第五十六条** 委托方应当建立并执行留样管理制度，在其住所或者主要经营场所留样；也可以在其住所或者主要经营场所所在地的其他经营场所留样。留样应当符合本规范第十八条的规定。
>
> 留样地点不是委托方的住所或者主要经营场所的，委托方应当将留样地点的地址等信息在首次留样之日起20个工作日内，按规定向所在地负责药品监督管理的部门报告。

◆ **条款解读**

本条款是对委托方留样管理的要求。第一款是对委托方建立并执行留样管理制度、留样场所、基本要求的规定，留样应当符合本规范第十八条的规定。第二款是对委托方留样地址不是委托方的住所或者主要经营场所的，对留样地址的信息报告要求。

留样可用于确认产品在使用期限内质量是否稳定和进行产品质量追溯。《办法》规定，化妆品注册人、备案人应当对出厂的化妆品留样并记录。委托生产化妆品的，受托生产企业也应当留样并记录。可以看出，化妆品委托生产实行"双留样"制度。对于委托双方而言，由于质量管理的范围和程度有所不同，留样的用途也有所差异，分别用于委托双方各自质量管理涉及环节内产品的质量追溯。

留样管理制度一般包括：留样数量、留样形式、留样期限、留样记录、留样地点和条件等5个方面的内容。前4项内容，《规范》对委托双方的要求是相同的，都应当遵照《规范》第十八条相关规定执行，在此不再赘述。而在留样地点方面，委托方和受托生产企业的要求有所区别，本条款对此进行了明确，指出：委托方应在其住所或者主要经营场所留样，也可以在其住所或者主要经营场所所在地的其他经营场所留样。

委托方应在其住所或者主要经营场所留样，该表述方式参照了《中华人民共和国市场主体登记管理条例》市场主体的一般登记事项中的规范描述。在检查中，只需查看企业的市场主体登记证明即营业执照上核发的场所即可（针对不同的企业类型会有住所或者主要经营场所等场所名称描述）。为了在确保达到留样目的的前提下，尽可能降低企业成本，本条款同时规定了委托方也可以在其住所或者主要经营场所所在地的其他经营场所留样，此处的住所或者主要经营场所"所在地"的范围，根据国家药监局《化妆品监督管理常见问题解答（三）》，一般可认作同一地级市或者同一直辖市的行政区域范围。

综上，委托方应当执行留样管理制度，明确产品留样程序、留样地点、留样数量、留样记录、保存期限和处理方法等。留样应当满足数量、包装、场所及贮存条件等要求，留样地点及时报告，留样期限应符合要求，如实记录留样在使用期限内的质量情况。

对于留样地点不是委托方的住所或者主要经营场所的，即委托方在其住所或者主要经营场所所在地的其他经营场所留样的，委托方应当将留样地点的地址等信息在首次留样之日起20个工作日内向所在地负责药品监督管理的部门报告。目前，化妆品注册备案信息服务平台已更新产品留样地点模块，委托方可通过平台在规定时限内及时报告每个品种的留样地点的地址信息。

◆ 检查要点

（一）第一款、第二款【15】

1. 委托方是否建立并执行留样管理制度；留样管理制度是否明确产品

留样程序、留样地点、留样数量、留样记录、保存期限和处理方法等内容。

2. 委托方留样地点是否符合要求。

3. 留样地点不是委托方的住所或者主要经营场所的，委托方是否将留样地点的地址等信息在首次留样之日起20个工作日内，按规定向所在地负责药品监督管理的部门报告。

（二）第一款【16*】

1. 委托方是否在留样地点设置了专门的留样区域；留样的贮存条件是否符合相关法律法规的规定和标签标示的要求。

2. 委托方是否按照规定对上市销售的成品逐批留样，留样数量、包装是否符合规定；留样的保存期限是否不少于产品使用期限届满后6个月。

3. 委托方是否按规定保存留样记录，是否记录留样在使用期限内的质量情况。

4. 委托方是否依据留样管理制度对留样进行定期观察；发现留样的产品在使用期限内变质时，委托方是否及时分析原因，并依法召回已上市销售的该批次化妆品，主动消除安全风险。

◆ **检查方法**

对本条款的检查方法主要包括查阅相关文件和记录、与留样管理人员交流、问询等方式。可查阅的文件包含留样管理制度、留样记录等。

结合行业目前的实际状况，对委托方留样制度执行的检查首要关注留样地点是否符合规定。留样地点报告义务的履行情况也应进行检查。其次关注贮存条件、留样数量、留样期限是否符合规定。最后关注留样形式是否符合要求，相关记录是否按照规定保存。具体检查时，可从留样场所抽取部分留样产品，检查委托方留样制度的执行情况。

> **第五十七条** 委托方应当建立并执行记录管理制度，保存与本规范有关活动的记录。记录应当符合本规范第十三条的相关要求。
>
> 执行生产质量管理规范的相关记录由受托生产企业保存的，委托方应当监督其保存相关记录。

◆ 条款解读

本条款第一款是对委托方建立记录管理制度、基本要求的规定。第二款是对委托方监督受托生产企业保存相关记录的规定。

凡是与《规范》有关的活动均应当形成记录。因此，委托方与本规范有关的活动也应当形成记录。《规范》第十三条规定了记录的基本要求（应当真实、完整、准确，清晰易辨，相互关联可追溯，不得随意更改，更正应当留痕并签注更正人姓名及日期）、电子记录的基本要求（符合《规范》附1的要求）、记录存放与保存期限要求（应当标示清晰，存放有序，便于查阅。与产品追溯相关的记录，其保存期限不得少于产品使用期限届满后1年；产品使用期限不足1年的，记录保存期限不得少于2年。与产品追溯不相关的记录，其保存期限不得少于2年。记录保存期限另有规定的从其规定）。本条款第一款规定委托方与本规范相关活动的记录同样应符合第十三条的相关要求。

记录的保存一般遵循"谁形成，谁保存"的原则，这就意味着记录应当由活动的实施者留存。这里的记录指活动过程中形成的原始记录。对于委托生产而言，委托方需要对受托生产企业的生产活动进行监督，由于多数情况下委托方不能时刻参与到受托生产企业的生产活动中，因此对其实施的监督通常要依赖对相关活动记录的审核。对记录的审核可以是对记录原件的审核，也可以是对记录复印件的审核。

《办法》第三十二条第二款指出，委托生产化妆品的，原料以及直接接触化妆品的包装材料进货查验等记录可以由受托生产企业保存。此条款的规定是根据委托生产的特性而作出的合理规定。按照上述记录保存的一般原则，委托生产化妆品中，如委托方采购并向受托生产企业提供物料的，则进货查验记录等一般由委托方留存，但考虑到物料进货查验等活动属于生产质量管理活动的组成部分，加之受托生产企业自委托方处收到物料后，仍需按照《规范》要求开展进货查验记录，因此相关的活动记录统一存放于受托生产企业也具有合理性。

《办法》第三十二条的规定是进货查验等记录可以由受托生产企业保存，并非强制性要求。因此，在具体操作中，委托双方在合同中对相关记录的保存进行约定，确定由谁保存即可。如由受托生产企业保存，则委托方应当监督其保存相关记录。

◆ 检查要点

（一）第一款【17】

1. 委托方是否建立记录管理制度；记录管理制度是否明确记录的填写、保存、处置等程序和格式。

2. 委托方是否执行记录管理制度，是否及时填写记录；记录是否真实、完整、准确，清晰易辨，相互关联可追溯；记录是否存在随意更改的情况；记录的更正是否符合要求。

3. 所有记录是否标识清晰，存放有序，便于查阅；与产品追溯相关的记录，其保存期限是否满足不少于产品使用期限届满后1年的要求；产品使用期限不足1年的，记录保存期限是否满足不少于2年的要求；与产品追溯不相关的记录，其保存期限是否满足不少于2年的要求；记录保存期限另有规定的，是否符合相关规定。

4. 采用计算机（电子化）系统生成、保存记录或者数据的，是否符合化妆品生产质量管理规范附1的要求。

（二）第二款【18】

1. 委托方是否对受托生产企业执行生产质量管理规范的相关记录保存情况进行监督。

2. 委托方向受托生产企业提供物料的，委托方执行物料进货查验等相关记录是否按照合同约定自行保存或由受托生产企业保存。

◆ 检查方法

对本条款的检查方法主要包括查阅相关文件和记录、现场查看、与相关人员交流和问询等方式。可查阅的文件包含记录管理制度、与本规范相关活动的记录等。

对记录的检查一般采取抽查的方式进行，重点检查企业是否按照制度规定及时形成相应记录，记录是否真实、完整、准确、是否符合《规范》要求。由于各项制度和活动都应形成记录，因此，对记录管理的检查也应同时结合其他相关条款的检查综合判断。

三、注意事项

《规范》第七章的重点内容是对委托方质量管理体系建立和在选择与监督受托方方面的相关义务和责任的规定。需注意的是，由于委托生产行为是由托受双方共同实现的，因此，在强调化妆品注册人、备案人对化妆品的质量安全和功效宣称负责的同时，也不能忽视受托生产企业在生产活动中所承担的义务和责任。所以，在检查委托生产时，监督检查人员最好将二者执行《规范》及其他法律法规情况同时进行检查评价。检查的内容除第二章至

第六章及第八章的相关规定外，亦需关注以下几点：①受托生产企业在接受委托前是否对委托方及受托产品的资质进行确认；②是否接受并配合委托方对其生产活动的监督；③是否按照委托合同中的规定履行与质量安全相关的责任与义务；④是否按照《规范》的要求执行物料进货查验并保存相关记录等。

此外，当发现产品存在质量问题或安全风险隐患时，应当对委托方和受托生产企业实施关联检查，以发现导致相关质量问题或安全风险的所有问题和风险因素，依法追究双方的责任。在既往的监管实践中，有时会发生托受双方对产品质量问题推诿责任的情形，例如受托生产企业否认接受委托方委托生产过问题产品；委托方不承认受托方实际生产的配方是其注册、备案过的配方等；有时还会出现双方对问题产品在原料质量、工艺规程、放行标准等方面的责任互相推诿的情况。因此，在这些情况下，对托受双方同时进行检查就显得很有必要。

四、常见问题

1. 委托方组织机构方面

设置不合理，各部门职责、权限不明确。例如，委托方注册备案管理、生产质量管理、产品销售管理等关键环节的负责部门不明确，职责存在重叠或者交叉。

2. 质量安全负责人方面

质量安全负责人不具备相应的资质条件或者实际履职能力不足，无法正常履职；质量安全负责人指定人员无法协助其履行相关职责等。

3. 委托方质量管理制度方面

制度不健全，某些管理制度未制订或内容不完整，无法满足实现产品追溯管理、保证产品质量安全的需求；文件规定和具体执行写与做相分离。

4. 委托方对受托生产企业的遴选和监督方面

选择受托生产企业时未经现场考察评估；在对受托生产企业资质审核和首次考察通过后，不执行定期的评估与管理，更换制度形同虚设；对受托生产企业缺乏有效的监督管理手段；对受托生产企业的监督措施仅停留在纸面规定，无实际行动。

5. 产品放行管理方面

委托方未履行产品上市放行义务；未严格执行上市放行制度，有的企业为追求上市速度，甚至未待产品检验结果出来，即已上市销售。

6. 留样管理方面

留样制度落实不到位，主要表现是留样数量不足，留样条件不符合化妆品的保存条件，留样记录不完整；未在规定的场所留样，未在规定的时限内向药品监督管理部门报告留样地点的地址等信息。

7. 记录管理方面

制度执行不到位；记录真实性、完整性、准确性存在问题；进货查验等记录由受托生产企业保存的，委托方缺乏有效的监督手段。

五、思考题

1. 委托方的质量管理体系与受托生产企业的质量管理体系有何相同点和不同点？

2. 委托方质量安全负责人的职责与受托生产企业质量安全负责人的职责有何不同？

3. 委托方应当如何有效实施对受托生产企业生产活动的监督？

4. 委托方应当建立并执行的质量管理制度应当至少包括哪些内容？

5. 委托方应当如何建立并执行产品留样管理制度？

（金鑫编写）

第八章

产品销售管理

一、概述

化妆品的销售，具有突出的服务性特点。化妆品售后问题的预防与正确处理是影响产品销售、质量提升的重要方面，必须给予充分的重视。本章对化妆品的销售和售后提出了具体要求，旨在对产品的销售、投诉、不良反应与召回提出了建立和执行相应管理制度或体系的要求，有效保障消费者的用妆安全。

本章所涉及的销售、投诉、不良反应与召回属于生产质量管理体系的重要环节。产品的销售是产品质量特性在贮存、运输、销售中得到保证和实现产品追溯闭环管理的重要环节。投诉是每一个将产品推向市场的企业都可能遇到的问题，通过对消费者投诉进行及时处理和分析，不仅是满足消费者对产品质量或服务等意愿表达的必要环节，也是企业发现质量安全问题并分析、改进的重要途径。不良反应监测工作是质量管理体系的关键环节，是产品质量安全问题和风险发现并改进的重要信息来源。召回是对存在质量缺陷或者其他问题的产品采取的补救、无害化处理、销毁等风险控制措施。

《化妆品生产质量管理规范》（以下简称《规范》）第八章共设立了6个条款，分别是对销售记录、贮存运输、退货记录、质量投诉、不良反应监测和产品召回的要求。

在整个《规范》中，第二至六章是针对"从事化妆品生产活动"的注册人、备案人、受托生产企业的规定；第七章主要是对未"从事化妆品生产活动"的注册人、备案人即委托方的规定；而本章可以理解为是针对注册人、备案人以及自行或受托生产企业的要求。根据《条例》，化妆品销售行为的责任主体是注册人和备案人，因此，本章也可看作主要是针对注册人、备案人的要求，无论其是否委托生产，同时也包含着受托生产企业的配合要求。

二、条款解读与检查指南

> 第五十八条　化妆品注册人、备案人、受托生产企业应当建立并执行产品销售记录制度，并确保所销售产品的出货单据、销售记录与货品实物一致。
>
> 产品销售记录应当至少包括产品名称、特殊化妆品注册证编号或者普通化妆品备案编号、使用期限、净含量、数量、销售日期、价格，以及购买者名称、地址和联系方式等内容。

◆ 条款解读

本条款规定了企业建立并执行产品销售记录制度的要求。第一款明确销售的化妆品应当确保出货单据、销售记录、货品实物一致。第二款明确了销售记录的具体内容。

化妆品通常通过销售过程，经化妆品经营者提供给消费者，或直接由化妆品企业提供给消费者。本条款中明确要求化妆品注册人、备案人、受托生产企业建立产品销售记录制度，以对销售过程予以控制。

按照《规范》第三条要求，企业应当建立生产质量管理体系，实现对化妆品物料采购、生产、检验、贮存、销售和召回全过程的控制和追溯。销售是产品从企业流向消费者的重要环节，企业应当根据销售制度及追溯的需求，建立并保持销售记录，根据销售记录应当能够追查到每批产品的售出情况。

本条第二款明确规定了销售记录应当记录的项目。这些项目的设置主要基于产品追溯性需要。注册人、备案人、受托生产企业建立的销售记录的项目应至少满足该条款的要求，但不限于此。这些项目可以体现在一份总销售记录中，也可以体现在若干份记录中，如销售台账和发货单。记录的繁简程度取决于追溯要求，如果企业规定的追溯范围较大，程度较深，则意味着企业在日常的生产和销售等过程中需要保存更多的记录，要付出更大的管理成本；但是一旦产品出现问题，则能迅速地锁定较为明确的追溯范围，召回的成本则相对较低。

追溯包括通过记录的标识方式对化妆品物料采购、生产、检验、贮存、销售和召回全过程的追根溯源能力。当需要追溯质量缺陷或者其他问题化妆品的根源，并确定受到影响的批次剩余化妆品流向时，销售的追溯性就显得非常重要。

产品追溯的范围和程度主要取决于化妆品的风险程度。为了实现化妆品可追溯，企业在相关程序文件中应明确化妆品追溯的范围、程度和方法，并结合化妆品的风险程度、追溯管理及出现问题召回时的成本，制订本企业的追溯要求。

通过批号、电子记录等方式对产品的标识可以在两个方向进行追溯：向前可追溯到购买者；向后追溯到生产过程中使用的原料、配方和过程等。如果有必要追踪到购买者则向前追溯很重要；向后追溯能够进行质量问题的调查和反馈以防止再次出现类似的质量缺陷或者其他问题化妆品。

>> 知识延伸：合同评审

注册人、备案人、受托生产企业在实际销售过程中，有必要理解和评审所有购买者的订单、合同和期望，以确保这些要求能够得到满足，这些活动即"合同评审"。购买者提供订单的方式在形式上可能有所不同，如可能是书面订单或口头协议、电话订单或通过网上发电子邮件的方式。在签署销售合同前，应对购买者的需求（包括产品的规格、包装形式、运输方式、采购数量等具体要求）进行评审，评价自身满足购买者需求的能力，并保存评审记录。如购买者的需求发生的变更，应对变更的内容予以再次评审，并保证变更的内容已告知相关人员。

◆ 检查要点【76*】

1. 企业是否建立并执行产品销售记录制度。
2. 产品销售记录是否包括产品名称、特殊化妆品注册证编号或者普通化妆品备案编号、使用期限、净含量、数量、销售日期、价格，以及购买者名称、地址和联系方式等内容。
3. 所销售产品的出货单据、销售记录与产品实物是否一致。

◆ 检查方法

对本条款的检查主要采用检查现场、查阅相关文件和记录相结合的方式进行。

1. 核查销售制度及销售记录，应关注条款要求的所有销售记录项目，这些项目可体现在一份记录表单里，如销售台账或购买合同；也可体现在不同的记录表单里，如购买者名称、产品名称、特殊化妆品注册证编号或者普通化妆品备案编号、使用期限、销售数量、销售日期等项目体现在销售台账中，购买者名称、地址以及联系方式等内容体现在发货单中。

2. 可结合销售相关制度，与企业交流沟通，了解产品在销售环节的追溯范围、程度及追溯方法。抽查销售记录，核实是否可按照企业规定实现销售环节的可追溯性。

第五十九条 化妆品注册人、备案人、受托生产企业应当建立并执行产品贮存和运输管理制度。依照有关法律法规的规定和产品标签标示的要求贮存、运输产品，定期检查并且及时处理变质或者超过使用期限等质量异常的产品。

◆ **条款解读**

本条款对化妆品的贮存、运输进行了规定。企业应建立贮存和运输管理制度。贮存、运输化妆品应能满足法规和化妆品标签的要求。

产品应当按照标签上的温湿度及光照条件贮存，以保持质量稳定。如果没有明确标示的，可参照以下执行：标注常温条件贮存的，温度一般为10℃~30℃，相对湿度一般为35%~75%；标注阴凉条件贮存的，温度一般为不高于20℃，相对湿度一般为35%~75%，并避免直射光照；标注低温条件贮存的，温度范围一般为2℃~10℃。

企业要对产品定期检查，谨防变质或者超过使用期限的化妆品流向市场。化妆品变质通常表现为：气味异常、颜色改变、膏体变形、触感改变等，与产品配方、生产过程和存放方式等有关。变质化妆品需存放在成品库不合格区内，并及时采取相应措施。

超过使用期限的化妆品多数是已放行的合格化妆品由于存放时间过长，以致超过了化妆品标签上的使用期限，需及时存放在不合格区内。

◆ **检查要点【77】**

1. 企业是否建立并执行产品贮存和运输管理制度。

2. 产品的贮存、运输条件是否符合有关法律法规的规定和产品标签标示的要求。

3. 企业是否定期检查并且及时处理变质或者超过使用期限等质量异常的产品。

◆ 检查方法

对本条款的检查主要采取检查现场和相关制度、记录的方式进行。重点核查文件与实际执行的符合性。

1. 现场查看是否有变质或者超过使用期限的化妆品，是否标识清晰，并进行隔离，记录不合格品的信息，追查相关记录。

2. 如在贮存区域未发现变质或者超过使用期限的化妆品，可随机抽查不合格物料、中间产品、成品等处置记录，并核实是否按照文件规定进行了记录、评估和处置。整个处置过程记录应清晰齐全，信息完整，并有相关责任人员和部门负责人签字。

> **第六十条** 化妆品注册人、备案人、受托生产企业应当建立并执行退货记录制度。
>
> 退货记录内容应当包括退货单位、产品名称、净含量、使用期限、数量、退货原因以及处理结果等内容。

◆ 条款解读

本条款是对企业建立和执行化妆品退货管理制度的规定。第二款具体明确了退货记录的内容。

本条款虽然没提出对相关记录保存时间的要求，但鉴于退货记录属于与产品追溯相关的记录，因此应当符合《规范》第十三条的要求：其保存期限不得少于产品使用期限届满后1年；产品使用期限不足1年的，记录保存期限不得少于2年。

另外，本条款为了与《条例》的表述保持一致，仅明确了产品的使用期限，而未明确生产日期和批号。企业在实践中，为了保证退货记录的可追溯性，建议最好加上生产日期和生产批号以区分同一使用期限对应的同一生产日期但不同生产批号的情形。此外，为便于及时分析退货原因，实现可追溯，企业对于同一生产日期的同一产品，如果生产批号或退货渠道不同，应该分别存放。

◆ **检查要点【78】**

1. 企业是否建立并执行退货记录制度。
2. 企业退货记录是否包括退货单位、产品名称、净含量、使用期限、数量、退货原因以及处理结果等内容。

◆ **检查方法**

对本条款的检查主要采用检查制度文件及记录的方式进行。

1. 查看文件和记录，是否有退货产品控制文件、不合格品处置制度以及相关记录。

2. 查看退货产品的生产、贮存、运输记录，查看企业是否按文件要求和流程进行，是否对退货原因进行了分析评估。

> **第六十一条** 化妆品注册人、备案人、受托生产企业应当建立并执行产品质量投诉管理制度，指定人员负责处理产品质量投诉并记录。质量管理部门应当对投诉内容进行分析评估，并提升产品质量。

◆ **条款解读**

本条款是对企业建立并执行产品质量投诉管理制度的要求。强调企业需要指定人员负责处理产品质量投诉并保持记录，同时质量管理部门应当对投诉内容进行分析评估，并提升产品质量。

按照本条款要求，企业不仅要建立并执行产品质量投诉管理制度，规定企业处理消费者投诉的部门、渠道和方法，指定人员负责处理产品质量投诉并保持过程可追溯的记录，以满足消费者对产品质量或服务等的意愿表达，使其最终获得公平、合理的解决。

质量投诉也是消费者反馈质量信息的重要途径，因此，企业应当高度重视，明确质量管理部门对投诉内容进行收集分析评估，可有助于产品质量的提高。

◆ **检查要点【79】**

1. 企业是否建立并执行产品质量投诉管理制度；产品质量投诉管理制度是否规定投诉登记、调查、评价和处理等要求。
2. 企业是否指定人员负责产品质量投诉处理并记录；指定的人员是否具备质量投诉处理的基本知识。
3. 企业质量管理部门是否对质量相关投诉内容进行分析评估，并采取措施提升产品质量。

◆ **检查方法**

对本条款的检查主要采用检查制度文件及记录的方式进行，必要时可问询相关人员。

1. 查看文件和记录，是否有质量投诉管理文件以及相关记录。

2. 查看投诉记录，查看企业是否按文件要求和流程处理投诉，查看企业是否对投诉内容进行分析评估并采取了质量改进措施。

3. 查看对投诉内容进行分析评估和质量改进措施是否由质量管理部门主导。

第六十二条　化妆品注册人、备案人应当建立并实施化妆品不良反应监测和评价体系。受托生产企业应当建立并执行化妆品不良反应监测制度。

化妆品注册人、备案人、受托生产企业应当配备与其生产化妆品品种、数量相适应的机构和人员，按规定开展不良反应监测工作，并形成监测记录。

◆ 条款解读

本条款第一款是对注册人、备案人受托生产企业建立实施不良反应监测评价体系或制度的要求。第二款则强调双方应当配备与其生产化妆品品种、数量相适应的机构和人员，并切实开展不良反应监测工作和形成记录的要求。

化妆品不良反应监测和评价是控制化妆品安全风险，减少消费者伤害的重要制度。为此，国家药品监督管理局发布了《化妆品不良反应监测管理办法》。因此，本条款仅对企业的不良反应监测工作提出了基本的要求。化妆品注册人、备案人、受托生产企业应当按照《化妆品不良反应监测管理办法》的具体要求，配备与其生产化妆品品种、数量相适应的机构和人员，按规定开展不良反应监测工作，客观、真实地记录与不良反应监测有关的活动并形成监测记录，记录保存期限不得少于报告之日起3年。

化妆品不良反应，是指正常使用化妆品所引起的皮肤及其附属器官的病变，以及人体局部或者全身性的损害。其中，严重化妆品不良反应，是指正常使用化妆品引起以下损害情形之一的反应。

1. 导致暂时性或者永久性功能丧失，影响正常人体和社会功能的，如皮损持久不愈合、瘢痕形成、永久性脱发、明显损容性改变等。

2. 导致人体全身性损害的，如肝肾功能异常、过敏性休克等。

3. 导致住院治疗或者医疗机构认为有必要住院治疗的。

4. 导致人体其他严重损害、危及生命或者造成死亡的。

可能引发较大社会影响的化妆品不良反应，是指因正常使用同一化妆品在一定区域的，引发较大社会影响或者造成多人严重损害的化妆品不良反应。

化妆品不良反应监测，是指化妆品不良反应收集、报告、分析评价、调查处理的全过程。化妆品不良反应监测旨在通过对化妆品上市后使用过程中出现的可疑不良事件进行收集、报告、分析和评价，发现和识别上市后化妆品存在的风险，对存在安全隐患的化妆品采取有效的控制措施，防止不良事件的重复发生和蔓延，推进企业对化妆品的研制和推广，提高产品的安全性，从而保障公众用妆安全。

化妆品注册人、备案人应当建立化妆品不良反应监测和评价体系，通过产品标签、官方网站等方便消费者获知的方式向社会公布电话、电子邮箱等有效联系方式，主动收集其上市销售化妆品的不良反应，及时开展分析评价，并向化妆品不良反应监测机构报告，落实化妆品质量安全主体责任；受托生产企业发现可能与使用化妆品有关的不良反应，应当按规定向化妆品不良反应监测机构报告，鼓励其告知注册人、备案人。

化妆品不良反应报告遵循可疑即报的原则，怀疑与使用化妆品有关的人体损害，均应当报告。报告化妆品不良反应的内容应当真实、完整、准确。化妆品注册人、备案人、受托生产企业在发现或者获知化妆品不良反应后，应当通过国家化妆品不良反应监测信息系统报告。一般化妆品不良反应、严重化妆品不良反应、可能引发较大社会影响的不良反应的报告程序、时限等均应符合《化妆品不良反应监测管理办法》的要求。

化妆品注册人、备案人应当对发现或者获知的化妆品不良反应进行分析评价，必要时自查产品原料、配方、生产工艺、生产质量管理、贮存运输等方面可能引发不良反应的因素。属于严重化妆品不良反应、可能引发较大社会影响的化妆品不良反应，或者负责药品监督管理的部门根据调查结果认为需要化妆品注册人、备案人进一步开展分析评价的，化妆品注册人、备案人应当按《化妆品不良反应监测管理办法》第二十六条的要求进行分析评价并形成自查报告，报送所在地省级监测机构，同时报送所在地省级药监部门。

化妆品注册人、备案人通过分析评价化妆品不良反应，发现产品存在安全风险的，应当立即采取措施控制风险。发现产品存在质量缺陷或者其他问题，可能危害人体健康的，应当依照《条例》第四十四条的规定，立即停止生产，召回已经上市销售的化妆品，通知相关化妆品经营者和消费者停止经营、使用。受托生产企业发现或者获知其生产的化妆品存在安全风险、可能危害人体健康的，应当立即停止生产，并同时告知化妆品注册人、备案人，配合其采取措施控制风险。

化妆品不良反应监测记录应当至少包括：

（1）报告者信息。

（2）发生不良反应者信息。

（3）症状或者体征。

（4）不良反应严重程度。

（5）不良反应发生日期。

（6）不良反应发现或者获知日期。

（7）不良反应报告日期。

（8）所使用化妆品名称等。

属于严重和可能引发较大社会影响的化妆品不良反应，化妆品注册人、备案人还应当记录可能引发不良反应的原因以及分析评价情况、后续风险控制措施。医疗机构还应当记录与化妆品不良反应有关的诊疗情况；尽量收集并记录：不良反应所使用化妆品的特殊化妆品注册证书编号或者普通化妆品备案编号、生产批号、开始使用日期和停用日期，医疗机构诊疗情况等。

◆ 检查要点【80*】

1. 化妆品注册人、备案人是否建立并实施化妆品不良反应监测和评价体系，受托生产企业是否建立并执行化妆品不良反应监测制度。
2. 企业是否配备与其生产化妆品品种、数量相适应的不良反应监测机构和人员；企业是否按照规定开展不良反应监测工作，并形成监测记录；监测记录是否符合规定。

◆ 检查方法

对本条款的检查主要采用检查制度文件、监测记录、监测系统的方式进行。

1. 查看文件和记录，是否有不良反应监测文件以及相关记录。

2. 查看不良反应监测记录，查看企业是否按文件要求和流程收集、报告、分析、评价、调查、处理化妆品不良反应，是否依情况采取相应的风险控制措施。

3. 查看国家化妆品不良反应监测信息系统中该企业是否为已注册用户，是否主动维护其用户信息，是否通过国家化妆品不良反应监测信息系统报告化妆品不良反应。

4. 查看不良反应监测记录的内容是否真实、完整、准确，记录是否妥善保存至报告之日起3年。

第六十三条　化妆品注册人、备案人应当建立并执行产品召回管理制度，依法实施召回工作。发现产品存在质量缺陷或者其他问题，可能危害人体健康的，应当立即停止生产，召回已经上市销售的产品，通知相关化妆品经营者和消费者停止经营、使用，记录召回和通知情况。对召回的产品，应当清晰标识、单独存放，并视情况采取补

救、无害化处理、销毁等措施。因产品质量问题实施的化妆品召回和
处理情况，化妆品注册人、备案人应当及时向所在地省、自治区、直
辖市药品监督管理部门报告。

受托生产企业应当建立并执行产品配合召回制度。发现其生产的
产品有第一款规定情形的，应当立即停止生产，并通知相关化妆品注
册人、备案人。化妆品注册人、备案人实施召回的，受托生产企业应
当予以配合。

召回记录内容应当至少包括产品名称、净含量、使用期限、召回
数量、实际召回数量、召回原因、召回时间、处理结果、向监管部门
报告情况等。

◆ 条款解读

本条款是对产品召回的规定。第一款要求化妆品注册人、备案人应当建
立产品召回制度实施召回，规定了对已召回产品应当采取的措施；第二款要
求受托生产企业应当建立并执行产品配合召回制度以配合召回；第三款明确
了产品召回记录的主要内容。

化妆品注册人、备案人、受托生产企业发现产品存在质量缺陷或者其他
问题，可能危害人体健康的，应当立即停止生产并实施或配合召回已经上市
销售的产品。

作为注册人、备案人，应当召回已经上市销售的化妆品，通知相关化妆
品经营者和消费者停止经营、使用，并记录召回和通知情况，对召回的产
品，应当清晰标识、单独存放，并视情况采取补救、无害化处理、销毁等措
施。因产品质量问题实施的化妆品召回和处理情况应向所在地省、自治区、
直辖市药品监督管理部门报告。

作为受托生产企业，应通知相关化妆品注册人、备案人，并配合化妆品
注册人、备案人实施召回。

◆ 检查要点【81*】

1. 化妆品注册人、备案人是否建立并执行产品召回管理制度；产品召回管理制度是否包括产品质量安全信息的监测收集、调查评估、召回计划的制定和实施、召回产品的处理、召回结果的报告等要求；受托生产企业是否建立并执行配合召回制度。

2. 发现产品存在质量缺陷或者其他问题，可能危害人体健康时，化妆品注册人、备案人是否立即停止生产，召回已经上市销售的产品，是否立即通知相关化妆品经营者和消费者停止经营、使用该产品，是否记录召回和通知情况；受托生产企业是否立即停止生产，并通知相关化妆品注册人、备案人；化妆品注册人、备案人实施召回时，受托生产企业是否予以配合，是否记录配合内容。

3. 化妆品注册人、备案人是否对召回的产品清晰标识、单独存放，是否视情况采取补救、无害化处理、销毁等措施。

4. 化妆品注册人、备案人是否及时将因产品质量问题实施的化妆品召回和处理情况向所在地省、自治区、直辖市药品监督管理部门报告。

5. 产品召回记录是否符合要求，是否至少包括产品名称、净含量、使用期限、召回数量、实际召回数量、召回原因、召回时间、处理结果、向监管部门报告情况等内容。

◆ 检查方法

对本条款的检查主要采用检查现场、查阅相关文件和记录相结合的方式进行。

1. 查看文件和记录，是否有产品召回制度文件以及相关记录。化妆品注册人、备案人是否建立并执行产品召回管理制度；产品召回管理制度是否包括产品质量安全信息的监测收集、调查评估、召回计划的制定和实施、召回产品的处理、召回结果的报告等要求；受托生产企业是否建立并执行配合召回制度。查看产品召回记录是否包括产品名称、净含量、使用期限、召回数量、实际召回数量、召回原因、召回时间、处理结果、向监管部门报告情况等内容。

2. 查看产品召回记录、物流单据等，是否按文件要求和流程召回。联系化妆品注册人、备案人，看其是否接到了受托生产企业关于产品召回的通知。

3. 配合物流单据、召回记录、处置记录等查看企业召回、处置情况，必要时现场查看企业对召回化妆品采取的措施是否符合要求。联系所在地省、自治区、直辖市药品监督管理部门，看其是否掌握该企业的化妆品召回和处理情况。

4. 查看发现产品存在质量缺陷或者其他问题，可能危害人体健康时，化妆品注册人、备案人是否立即停止生产，召回已经上市销售的产品，是否立即通知相关化妆品经营者和消费者停止经营、使用该产品，是否记录召回和通知情况；受托生产企业是否立即停止生产，并通知相关化妆品注册人、备案人。

5. 查看化妆品注册人、备案人实施召回时，受托生产企业是否予以配合，是否记录配合内容。

6. 查看化妆品注册人、备案人是否及时将因产品质量问题实施的化妆品召回和处理情况向所在地省、自治区、直辖市药品监督管理部门报告。

三、注意事项

（一）在检查不良反应监测相关内容时要注意与其他部分的检查内容相衔接，提高现场检查的效率。如投诉的处置、不良反应的评价、纠正预防措施是否有效等都需要相关部门和人员共同参与。在检查时，既要检查本部分程序文件规定内容的执行情况，也要同时检查"机构和人员"部分是否明确了相关职责。

（二）在检查召回情况时，可对照物流单据、召回记录、处置记录和批生产记录等，查看企业召回是否到位，可联系所在地省、自治区、直辖市药品监督管理部门核实召回和处理情况。

四、常见问题和案例分析

（一）常见问题

1. 化妆品销售记录中的项目记录不全，如缺失产品的注册证号和备案号、销售商的地址及联系方式等信息，不能满足追溯性的要求。

2. 受托生产企业与注册人、备案人在销售环节权责不清，受托生产企业在产品出厂放行后，未经注册人、备案人上市放行，直接将产品投放市场销售。经销商不了解化妆品的贮存条件，随意将待销售产品放置在公司的走廊里。

3. 企业不能提供消费者的投诉记录；没有对消费者投诉进行分析、处理。

4. 产品上市后在市场上发现不合格品，未及时对已上市的其他不合格品采取相应的召回、销毁等措施。

5. 不良反应监测制度不完善，未明确不良反应监测负责的部门和人员，未明确不良反应的报告时限。

6. 召回管理制度不完善，未规定召回的启动条件和程序。

（二）典型案例分析

案例　化妆品备案人A不具备生产能力，委托化妆品生产企业B生产X面霜，仅供旗下的美容院C、D、E使用。近两个月，美容院C、E内先后出现了7例与使用该面霜相关的面部严重皮损等不良反应。美容院C将其院内4例不良反应相关情况电话告知了备案人A，并向监测部门提供了纸质报告；美容院E将其院内的3例不良反应告知了化妆品生产企业B，并向当地监测部门报告。检查A时，A已注册成为国家化妆品不良反应监测信息系统用户，但只记录了来自C的4例报告，未记录来自E的3例报告。检查B时，B尚未注册成为国家化妆品不良反应监测信息系统用户，纸质记录了来自E的3例报告，未记录来自C的4例报告。

讨论分析　作为化妆品备案人，A应当注册成为国家化妆品不良反应监测信息系统用户，且通过产品标签、官方网站等方便消费者获知的方式向社会公布电话、电子邮箱等有效联系方式，主动收集其上市销售化妆品的不良反应，在收到美容院C的不良反应报告时，应主动了解、排查化妆品生产企业B和美容院D、E是否也发现或获知了X面霜相关的不良反应。本案例涉及严重化妆品不良反应，化妆品备案人A还应当按《化妆品不良反应监测管理办法》第二十六条的要求进行分析评价并形成自查报告，报送所在地省级监测机构，同时报送所在地省级药监部门。

受托生产企业B也应当注册成为国家化妆品不良反应监测信息系统用户，不能只通过纸质报表向所在地市县级监测机构报告。化妆品备案人A、受托生产企业B均应当客观、真实地记录与不良反应监测有关的活动并形成监测记录，记录保存期限不得少于报告之日起3年。

五、思考题

1. 产品销售记录的重要性是什么？

2. 如何理解产品质量、消费者投诉与不良反应的关系？

3. 化妆品注册人、备案人与受托生产企业在产品召回中分别应当承担什么职责和义务？

（万佳编写）

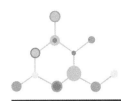

第九章

附则

一、概述

《化妆品生产质量管理规范》(以下简称《规范》)第九章"附则"共4条，包括本《规范》涉及的主要专业术语、对仅生产半成品的化妆品生产企业的要求、对牙膏生产按照本《规范》管理的规定，以及《规范》的实施日期。

二、条款解读

第六十四条　本规范有关用语含义如下：

批：在同一生产周期、同一工艺过程内生产的，质量具有均一性的一定数量的化妆品。

批号：用于识别一批产品的唯一标识符号，可以是一组数字或者数字和字母的任意组合，用以追溯和审查该批化妆品的生产历史。

半成品：是指除填充或者灌装工序外，已完成其他全部生产加工工序的产品。

物料：生产中使用的原料和包装材料。外购的半成品应当参照物料管理。

成品：完成全部生产工序、附有标签的产品。

产品：生产的化妆品半成品和成品。

工艺用水：生产中用来制造、加工产品以及与制造、加工工艺过程有关的用水。

内包材：直接接触化妆品内容物的包装材料。

生产车间：从事化妆品生产、贮存的区域，按照产品工艺环境要求，可以划分为洁净区、准洁净区和一般生产区。

洁净区：需要对环境中尘粒及微生物数量进行控制的区域（房间），其建筑结构、装备及使用应当能够减少该区域内污染物的引入、产生和滞留。

准洁净区：需要对环境中微生物数量进行控制的区域（房间），其建筑结构、装备及使用应当能够减少该区域内污染物的引入、产生和滞留。

一般生产区：生产工序中不接触化妆品内容物、清洁内包材，不对微生物数量进行控制的生产区域。

物料平衡：产品、物料实际产量或者实际用量及收集到的损耗之和与理论产量或者理论用量之间的比较，并考虑可以允许的偏差范围。

验证：证明任何操作规程或者方法、生产工艺或者设备系统能够达到预期结果的一系列活动。

◆ 条款解读

本条款是对《规范》涉及专业术语的定义。下面仅对这些术语易产生异议之处进行说明。

1. 批和批号

批的定义为"在同一生产周期、同一工艺过程内生产的，质量具有均一性的一定数量的化妆品。"设立批的概念是为了建立产品的追溯性管理。因此，对批定义的解读必须是完整的，同一生产周期、同一工艺过程内、质量均一，三个要素缺一不可。尤其是同一生产周期，不能解读为同一生产时间，如同一天、同一周或同一年等。即使在同一天内，企业也可能同时生产出数批不同批次的产品。

批号的定义为"用于识别一批产品的唯一标识符号，可以是一组数字或者数字和字母的任意组合，用以追溯和审查该批化妆品的生产历史。"批号是批的直观表现形式，为了方便产品生产批次的追溯，批号的表达方式必须浅显易懂，批号数字和字母组合最好能够与产品的类别和生产日期有直观的关联。企业必须提前规定好批号的编写规则，一旦确立，就不要随意改变，避免出现张冠李戴的情形。半成品的批号可以与成品的编号相同，也可以不同，但二者必须建立关联，也就是说，应当可以根据产品的批号追溯到半成品的批号。

2．产品、半成品与成品

产品是指企业生产的化妆品半成品和成品。

半成品是指除填充或者灌装工序外，已完成其他全部生产加工工序的产品。对于仅配制半成品的化妆品生产企业来讲，其出厂的半成品也可视为产品，而对采购半成品的化妆品生产企业来讲，"半成品"即为其原料。

成品是指完成全部生产工序、附有标签的产品。按照国际GMP的通用概念，成品应当是完成出厂检验并合格放行的产品。

3．物料和包材、内包材

物料是指生产中使用的原料和包装材料。外购的半成品应当参照物料管理。包装材料根据是否直接接触化妆品内容物，分为内包材和外包材。鉴于内包材直接接触化妆品内容物，因此对内包材的控制要求，包括材料相容性、有害物质含量、清洁消毒状态等，要高于外包材。

4．工艺用水与生产用水

工艺用水是指生产中用来制造、加工产品以及与制造、加工工艺过程有关的用水。简单地讲，工艺用水是指用作产品原料或在生产工艺中加入，然后又可能全部或部分除去的水，例如生产粉状化妆品时，为了原料能混合均匀，可能将部分原料先混合于水中，然后再于后续工艺中去除的水。

生产用水相对于工艺用水来讲是一个更广泛的概念，既包括生产工艺用水，也包括生产过程的辅助用水，如作为生产设备、管道、容器具等清洗用的水，或对设备加热、冷却用的水。

一般来讲，对工艺用水的质量要求比辅助用水要高。生产用水至少应当满足国家饮用水（市政自来水）标准的要求，工艺用水则需要根据产品特性要求采用适当的方法对原水（饮用水或其他水源的水）进行纯化后才能使用。

5．生产车间、生产区域、贮存区域

生产区域可以是个大的概念，可指一个生产企业中与产品生产直接有关的区域，以区别于生活区域和行政区域，可包括一个或多个生产车间和贮存物料、产品的库房；也可以是个小概念，特指生产车间。生产车间是指从事化妆品生产的区域或房间，可包括称量区、配料区、半成品贮存区、填充或灌装区域等。

按照产品工艺环境要求，生产区域可以划分为洁净区、准洁净区和一般生产区。

6．洁净区、准洁净区、一般生产区

企业应当根据产品类别和生产工序的不同，规定并实施不同的生产洁净区域。一般根据洁净度的不同分为三种区域，即洁净区、准洁净区和一般生产区。企业应当按照产品特性和生产工序要求科学设置洁净区、准洁净区和一般区，至少符合《规范》附2的要求。

洁净区是指需要对环境中尘粒及微生物数量进行控制的区域（房间），其建筑结构、装备及使用应当能够减少该区域内污染物的引入、产生和滞留。

准洁净区是指需要对环境中微生物数量进行控制的区域（房间），其建筑结构、装备及使用应当能够减少该区域内污染物的引入、产生和滞留。

一般生产区是指对微生物数量进行控制的生产区域，化妆品生产工序中不接触化妆品内容物、清洁内包材的可在一般生产区进行。

7．物料平衡

物料平衡是指产品实际产量或者物料实际用量及收集到的损耗之和与理论产量或者理论用量之间的比较，并考虑可以允许的偏差范围。对每批化妆品进行物料平衡是产品生产过程控制的重要手段。考虑了合理的自然消耗及生产过程检验抽样量后，化妆品的实际生产产量与理论产量存在较大的偏差（无论正负）时，企业必须分析查找出现不合理偏差的原因，例如是否存在产品配方中的各种原料少加、漏加或多加的失误，或者误加了其他成分。在发现原因前，该批产品（半成品或产品）不得放行。当然，如果查明了原因，且属于影响产品质量的原因时，该批产品应当按照不合格品处理。

8．验证

验证是指证明任何操作规程或者方法、生产工艺或者系统能够达到预期结果的一系列活动。验证是生产质量管理的重要手段，验证的范围既包括生产规程、生产方法、生产工艺，又包括生产设备系统（含生产辅助系统，例如制水系统和空调系统）和检验仪器设备。对采用信息化、自动化管理或记录的电子系统也应当验证。

在GMP中，还会出现"确认"的概念。许多人常会对"验证"和"确认"的含义产生困惑。实际上二者既有联系又有区别，均是GMP的重要内容和质量管理的重要机制。

从定义上讲，验证（validation）是证明任何操作规程（方法）、生产工艺或系统（既包括厂房设施、设备系统、计算机系统等硬件系统，也包括文件系统、追溯性系统等软件系统）能够达到预期结果的一系列活动；确认（qualification）是指为厂房、设施、设备能正确运行并可达到预期结果提供客观证据的过程。因此，验证和确认本质上是相近、甚至有时候是相同的概念。在适用范围上，确认通常用于厂房、设施、设备、检验仪器等具体客体，而验证则用于生产工艺、操作规程、检验方法或软硬件系统等系统性客体。在适用方法上，验证一般采用试验的方法或其他实证性方法，而确认既可以采用试验的方法，也可以采用对已有客观证据，例如供应商提供的仪器设备的技术资料、图纸、质量检验或检测报告、检定或校验报告等审核认定的方式进行。可以说，确认更注重证据，验证既注重证据，也注重证据获得的过程。

设施、设备的确认包括设计确认（design qualification，DQ）、安装确认（installation qualification，IQ）、运行确认（operation qualification，OQ）、性能确认（performance qualification，PQ）。在此意义上，确认也是设施、设备系统验证的组成部分。

企业应当建立验证和确认的管理制度，规定验证或确认的范围、职责、方法和要求，以保证验证和确认工作规范有效开展。还要重视建立和保存相关记录。

在《规范》中主要规定，企业要对生产工艺、主要生产工艺参数的改变、电子记录系统的有效性和安全性进行验证，对生产环境、主要生产设备和检验设备等进行确认。企业在建立质量管理体系过程中，应当根据企业的质量方针和质量目标，结合本企业生产实际，开展质量安全影响相关系统有效性的验证或确认工作。

第六十五条 仅从事半成品配制的化妆品注册人、备案人以及受托生产企业应当按照本规范要求组织生产。其出厂的产品标注的标签应当至少包括产品名称、企业名称、规格、贮存条件、使用期限等信息。

◆ 条款解读

本条款明确规定仅从事半成品配制的化妆品注册人、备案人以及受托生产企业应当按照本规范要求组织生产。

半成品是指除填充或者灌装工序外，已完成包括配制在内的其他全部生产加工工序的产品。《化妆品生产经营监督管理办法》第六十三条已明确规定"配制、填充、灌装化妆品内容物，应当取得化妆品生产许可证。"按照此规定，配制化妆品半成品已经属于化妆品的生产行为，因此其生产应当遵循本《规范》。从技术层面看，化妆品的生产工艺中，配制是其主要生产环节，可以说配制的半成品的质量直接决定了化妆品产品的质量，因此将其列入适用《规范》的范围既合理也科学。

本条款还对半成品的出厂标签给予了规定，这主要是在现行标签管理规定中未涉及半成品的标签，因此相当于在此做了一个补充说明。出厂的半成品标注的标签应当至少包括产品名称、企业名称、规格、贮存条件、使用期限等信息。

第六十六条　牙膏生产质量管理按照本规范执行。

◆ 条款解读

本条款明确规定牙膏的生产质量管理按照本规范执行。

根据《条例》第七十七条规定，"牙膏参照本条例有关普通化妆品的规定进行管理"。因此化妆品生产质量管理规范也就顺理成章地成为牙膏生产需要执行的质量管理标准。

第六十七条　本规范自2022年7月1日起施行。

◆ **条款解读**

本条款明确本规范正式实施的时间节点是2022年7月1日。

《国家药监局关于发布化妆品生产质量管理规范的公告》（2022年第1号）明确要求：自2022年7月1日起，化妆品注册人、备案人、受托生产企业应当按照《规范》要求组织生产化妆品。2022年7月1日前已取得化妆品生产许可的企业，其厂房设施与设备等硬件条件须升级改造的，应当自2023年7月1日前完成升级改造，使其厂房设施与设备等符合《规范》要求。也就是说，2022年7月后开办的化妆品生产企业，在申请生产许可证时必须符合《规范》的要求。2022年7月1日后延续生产许可证的生产企业，也需要符合本《规范》的要求，但其厂房设施与设备等硬件条件须升级改造的，可放宽到2023年7月1日前完成升级改造，以符合《规范》的要求。

三、思考题

1. 物料平衡的作用是什么？

2. 什么是验证，验证的目的是什么？

3. 《化妆品生产质量管理规范》是否适用于牙膏生产企业？

4. 为什么生产化妆品半成品的企业也必须按照《化妆品生产质量管理规范》组织生产？

（田少雷、陈晰编写）

附录

附录一　化妆品生产质量管理规范

化妆品生产质量管理规范

第一章　总　　则

第一条　为规范化妆品生产质量管理，根据《化妆品监督管理条例》《化妆品生产经营监督管理办法》等法规、规章，制定本规范。

第二条　本规范是化妆品生产质量管理的基本要求，化妆品注册人、备案人、受托生产企业应当遵守本规范。

第三条　化妆品注册人、备案人、受托生产企业应当诚信自律，按照本规范的要求建立生产质量管理体系，实现对化妆品物料采购、生产、检验、贮存、销售和召回等全过程的控制和追溯，确保持续稳定地生产出符合质量安全要求的化妆品。

第二章　机构与人员

第四条　从事化妆品生产活动的化妆品注册人、备案人、受托生产企业（以下统称"企业"）应当建立与生产的化妆品品种、数量和生产许可项目等相适应的组织机构，明确质量管理、生产等部门的职责和权限，配备与生产的化妆品品种、数量和生产许可项目等相适应的技术人员和检验人员。

企业的质量管理部门应当独立设置，履行质量保证和控制职责，参与所有与质量管理有关的活动。

第五条　企业应当建立化妆品质量安全责任制，明确企业法定代表人（或者主要负责人，下同）、质量安全负责人、质量管理部门负责人、生产部门负责人以及其他化妆品质量安全相关岗位的职责，各岗位人员应当按照岗位职责要求，逐级履行相应的化妆品质量安全责任。

第六条　法定代表人对化妆品质量安全工作全面负责，应当负责提供必要的资源，合理制定并组织实施质量方针，确保实现质量目标。

第七条 企业应当设质量安全负责人，质量安全负责人应当具备化妆品、化学、化工、生物、医学、药学、食品、公共卫生或者法学等化妆品质量安全相关专业知识，熟悉相关法律法规、强制性国家标准、技术规范，并具有5年以上化妆品生产或者质量管理经验。

质量安全负责人应当协助法定代表人承担下列相应的产品质量安全管理和产品放行职责：

（一）建立并组织实施本企业质量管理体系，落实质量安全管理责任，定期向法定代表人报告质量管理体系运行情况；

（二）产品质量安全问题的决策及有关文件的签发；

（三）产品安全评估报告、配方、生产工艺、物料供应商、产品标签等的审核管理，以及化妆品注册、备案资料的审核（受托生产企业除外）；

（四）物料放行管理和产品放行；

（五）化妆品不良反应监测管理。

质量安全负责人应当独立履行职责，不受企业其他人员的干扰。根据企业质量管理体系运行需要，经法定代表人书面同意，质量安全负责人可以指定本企业的其他人员协助履行上述职责中除（一）（二）外的其他职责。被指定人员应当具备相应资质和履职能力，且其协助履行上述职责的时间、具体事项等应当如实记录，确保协助履行职责行为可追溯。质量安全负责人应当对协助履行职责情况进行监督，且其应当承担的法律责任并不转移给被指定人员。

第八条 质量管理部门负责人应当具备化妆品、化学、化工、生物、医学、药学、食品、公共卫生或者法学等化妆品质量安全相关专业知识，熟悉相关法律法规、强制性国家标准、技术规范，并具有化妆品生产或者质量管理经验。质量管理部门负责人应当承担下列职责：

（一）所有产品质量有关文件的审核；

（二）组织与产品质量相关的变更、自查、不合格品管理、不良反应监测、召回等活动；

（三）保证质量标准、检验方法和其他质量管理规程有效实施；

（四）保证完成必要的验证工作，审核和批准验证方案和报告；

（五）承担物料和产品的放行审核工作；

（六）评价物料供应商；

（七）制定并实施生产质量管理相关的培训计划，保证员工经过与其岗位要求相适应的培训，并达到岗位职责的要求；

（八）负责其他与产品质量有关的活动。

质量安全负责人、质量管理部门负责人不得兼任生产部门负责人。

第九条 生产部门负责人应当具备化妆品、化学、化工、生物、医学、药学、食品、公共卫生或者法学等化妆品质量安全相关专业知识，熟悉相关法律法规、强制性国家标准、技术规范，并具有化妆品生产或者质量管理经验。生产部门负责人应当承担下列职责：

（一）保证产品按照化妆品注册、备案资料载明的技术要求以及企业制定的生产工艺规程和岗位操作规程生产；

（二）保证生产记录真实、完整、准确、可追溯；

（三）保证生产环境、设施设备满足生产质量需要；

（四）保证直接从事生产活动的员工经过培训，具备与其岗位要求相适应的知识和技能；

（五）负责其他与产品生产有关的活动。

第十条 企业应当制定并实施从业人员入职培训和年度培训计划，确保员工熟悉岗位职责，具备履行岗位职责的法律知识、专业知识以及操作技能，考核合格后方可上岗。

企业应当建立员工培训档案，包括培训人员、时间、内容、方式及考核情况等。

第十一条 企业应当建立并执行从业人员健康管理制度。直接从事化妆品生产活动的人员应当在上岗前接受健康检查，上岗后每年接受健康检查。患有国务院卫生主管部门规定的有碍化妆品质量安全疾病的人员不得直接从事化妆品生产活动。企业应当建立从业人员健康档案，至少保存3年。

企业应当建立并执行进入生产车间卫生管理制度、外来人员管理制度，不得在生产车间、实验室内开展对产品质量安全有不利影响的活动。

第三章 质量保证与控制

第十二条 企业应当建立健全化妆品生产质量管理体系文件，包括质量方针、质量目标、质量管理制度、质量标准、产品配方、生产工艺规程、操作规程，以及法律法规要求的其他文件。

企业应当建立并执行文件管理制度，保证化妆品生产质量管理体系文件的制定、审核、批准、发放、销毁等得到有效控制。

第十三条 与本规范有关的活动均应当形成记录。

企业应当建立并执行记录管理制度。记录应当真实、完整、准确，清晰易辨，相互关联可追溯，不得随意更改，更正应当留痕并签注更正人姓名及日期。

采用计算机（电子化）系统生成、保存记录或者数据的，应当符合本规范附1的要求。

记录应当标示清晰，存放有序，便于查阅。与产品追溯相关的记录，其保存期限不得少于产品使用期限届满后1年；产品使用期限不足1年的，记录保存期限不得少于2年。与产品追溯不相关的记录，其保存期限不得少于2年。记录保存期限另有规定的从其规定。

第十四条 企业应当建立并执行追溯管理制度,对原料、内包材、半成品、成品制定明确的批号管理规则,与每批产品生产相关的所有记录应当相互关联,保证物料采购、产品生产、质量控制、贮存、销售和召回等全部活动可追溯。

第十五条 企业应当建立并执行质量管理体系自查制度,包括自查时间、自查依据、相关部门和人员职责、自查程序、结果评估等内容。

自查实施前应当制定自查方案,自查完成后应当形成自查报告。自查报告应当包括发现的问题、产品质量安全评价、整改措施等。自查报告应当经质量安全负责人批准,报告法定代表人,并反馈企业相关部门。企业应当对整改情况进行跟踪评价。

企业应当每年对化妆品生产质量管理规范的执行情况进行自查。出现连续停产1年以上,重新生产前应当进行自查,确认是否符合本规范要求;化妆品抽样检验结果不合格的,应当按规定及时开展自查并进行整改。

第十六条 企业应当建立并执行检验管理制度,制定原料、内包材、半成品以及成品的质量控制要求,采用检验方式作为质量控制措施的,检验项目、检验方法和检验频次应当与化妆品注册、备案资料载明的技术要求一致。

企业应当明确检验或者确认方法、取样要求、样品管理要求、检验操作规程、检验过程管理要求以及检验异常结果处理要求等,检验或者确认的结果应当真实、完整、准确。

第十七条 企业应当建立与生产的化妆品品种、数量和生产许可项目等相适应的实验室,至少具备菌落总数、霉菌和酵母菌总数等微生物检验项目的检验能力,并保证检测环境、检验人员以及检验设施、设备、仪器和试剂、培养基、标准品等满足检验需要。重金属、致病菌和产品执行的标准中规定的其他安全性风险物质,可以委托取得资质认定的检验检测机构进行检验。

企业应当建立并执行实验室管理制度,保证实验设备仪器正常运行,对实验室使用的试剂、培养基、标准品的配制、使用、报废和有效期实施管理,保证检验结果真实、完整、准确。

第十八条 企业应当建立并执行留样管理制度。每批出厂的产品均应当留样,留样数量至少达到出厂检验需求量的2倍,并应当满足产品质量检验的要求。

出厂的产品为成品的,留样应当保持原始销售包装。销售包装为套盒形式,该销售包装内含有多个化妆品且全部为最小销售单元的,如果已经对包装内的最小销售单元留样,可以不对该销售包装产品整体留样,但应当留存能够满足质量追溯需求的套盒外包装。

出厂的产品为半成品的,留样应当密封且能够保证产品质量稳定,并有符合要求的标签信息,保证可追溯。

企业应当依照相关法律法规的规定和标签标示的要求贮存留样的产品,并保存留样记录。留样保存期限不得少于产品使用期限届满后6个月。发现留样的产品在使用期限内变质的，企业应当及时分析原因，并依法召回已上市销售的该批次化妆品，主动消除安全风险。

第四章　厂房设施与设备管理

第十九条　企业应当具备与生产的化妆品品种、数量和生产许可项目等相适应的生产场地和设施设备。生产场地选址应当不受有毒、有害场所以及其他污染源的影响，建筑结构、生产车间和设施设备应当便于清洁、操作和维护。

第二十条　企业应当按照生产工艺流程及环境控制要求设置生产车间，不得擅自改变生产车间的功能区域划分。生产车间不得有污染源，物料、产品和人员流向应当合理，避免产生污染与交叉污染。

生产车间更衣室应当配备衣柜、鞋柜，洁净区、准洁净区应当配备非手接触式洗手及消毒设施。企业应当根据生产环境控制需要设置二次更衣室。

第二十一条　企业应当按照产品工艺环境要求，在生产车间内划分洁净区、准洁净区、一般生产区，生产车间环境指标应当符合本规范附2的要求。不同洁净级别的区域应当物理隔离，并根据工艺质量保证要求，保持相应的压差。

生产车间应当保持良好的通风和适宜的温度、湿度。根据生产工艺需要，洁净区应当采取净化和消毒措施，准洁净区应当采取消毒措施。企业应当制定洁净区和准洁净区环境监控计划，定期进行监控，每年按照化妆品生产车间环境要求对生产车间进行检测。

第二十二条　生产车间应当配备防止蚊蝇、昆虫、鼠和其他动物进入、孳生的设施，并有效监控。物料、产品等贮存区域应当配备合适的照明、通风、防鼠、防虫、防尘、防潮等设施，并依照物料和产品的特性配备温度、湿度调节及监控设施。

生产车间等场所不得贮存、生产对化妆品质量安全有不利影响的物料、产品或者其他物品。

第二十三条　易产生粉尘、不易清洁等的生产工序，应当在单独的生产操作区域完成，使用专用的生产设备，并采取相应的清洁措施，防止交叉污染。

易产生粉尘和使用挥发性物质生产工序的操作区域应当配备有效的除尘或者排风设施。

第二十四条　企业应当配备与生产的化妆品品种、数量、生产许可项目、生产工艺流程相适应的设备，与产品质量安全相关的设备应当设置唯一编号。管道的设计、安装应当避免死角、盲管或者受到污染，固定管道上应当清晰标示内容物的名称或者管道用途，并注明流向。

所有与原料、内包材、产品接触的设备、器具、管道等的材质应当满足使用要求，不得影响产品质量安全。

第二十五条 企业应当建立并执行生产设备管理制度，包括生产设备的采购、安装、确认、使用、维护保养、清洁等要求，对关键衡器、量具、仪表和仪器定期进行检定或者校准。

企业应当建立并执行主要生产设备使用规程。设备状态标识、清洁消毒标识应当清晰。

企业应当建立并执行生产设备、管道、容器、器具的清洁消毒操作规程。所选用的润滑剂、清洁剂、消毒剂不得对物料、产品或者设备、器具造成污染或者腐蚀。

第二十六条 企业制水、水贮存及输送系统的设计、安装、运行、维护应当确保工艺用水达到质量标准要求。

企业应当建立并执行水处理系统定期清洁、消毒、监测、维护制度。

第二十七条 企业空气净化系统的设计、安装、运行、维护应当确保生产车间达到环境要求。

企业应当建立并执行空气净化系统定期清洁、消毒、监测、维护制度。

第五章　物料与产品管理

第二十八条 企业应当建立并执行物料供应商遴选制度，对物料供应商进行审核和评价。企业应当与物料供应商签订采购合同，并在合同中明确物料验收标准和双方质量责任。

企业应当根据审核评价的结果建立合格物料供应商名录，明确关键原料供应商，并对关键原料供应商进行重点审核，必要时应当进行现场审核。

第二十九条 企业应当建立并执行物料审查制度，建立原料、外购的半成品以及内包材清单，明确原料、外购的半成品成分，留存必要的原料、外购的半成品、内包材质量安全相关信息。

企业应当在物料采购前对原料、外购的半成品、内包材实施审查，不得使用禁用原料、未经注册或者备案的新原料，不得超出使用范围、限制条件使用限用原料，确保原料、外购的半成品、内包材符合法律法规、强制性国家标准、技术规范的要求。

第三十条 企业应当建立并执行物料进货查验记录制度，建立并执行物料验收规程，明确物料验收标准和验收方法。企业应当按照物料验收规程对到货物料检验或者确认，确保实际交付的物料与采购合同、送货票证一致，并达到物料质量要求。

企业应当对关键原料留样，并保存留样记录。留样的原料应当有标签，至少包括原料中文名称或者原料代码、生产企业名称、原料规格、贮存条件、使用期限等信息，保证可追溯。留样数量应当满足原料质量检验的要求。

第三十一条 物料和产品应当按规定的条件贮存，确保质量稳定。物料应当分类按批摆放，并明确标示。

物料名称用代码标示的，应当制定代码对照表，原料代码应当明确对应的原料标准中文名称。

第三十二条 企业应当建立并执行物料放行管理制度，确保物料放行后方可用于生产。

企业应当建立并执行不合格物料处理规程。超过使用期限的物料应当按照不合格品管理。

第三十三条 企业生产用水的水质和水量应当满足生产要求，水质至少达到生活饮用水卫生标准要求。生产用水为小型集中式供水或者分散式供水的，应当由取得资质认定的检验检测机构对生产用水进行检测，每年至少一次。

企业应当建立并执行工艺用水质量标准、工艺用水管理规程，对工艺用水水质定期监测，确保符合生产质量要求。

第三十四条 产品应当符合相关法律法规、强制性国家标准、技术规范和化妆品注册、备案资料载明的技术要求。

企业应当建立并执行标签管理制度，对产品标签进行审核确认，确保产品的标签符合相关法律法规、强制性国家标准、技术规范的要求。内包材上标注标签的生产工序应当在完成最后一道接触化妆品内容物生产工序的生产企业内完成。

产品销售包装上标注的使用期限不得擅自更改。

第六章　生产过程管理

第三十五条 企业应当建立并执行与生产的化妆品品种、数量和生产许可项目等相适应的生产管理制度。

第三十六条 企业应当按照化妆品注册、备案资料载明的技术要求建立并执行产品生产工艺规程和岗位操作规程，确保按照化妆品注册、备案资料载明的技术要求生产产品。企业应当明确生产工艺参数及工艺过程的关键控制点，主要生产工艺应当经过验证，确保能够持续稳定地生产出合格的产品。

第三十七条 企业应当根据生产计划下达生产指令。生产指令应当包括产品名称、生产批号（或者与生产批号可关联的唯一标识符号）、产品配方、生产总量、生产时间等内容。

生产部门应当根据生产指令进行生产。领料人应当核对所领用物料的包装、标签信息等，填写领料单据。

第三十八条 企业应当在生产开始前对生产车间、设备、器具和物料进行确认，确保其符合生产要求。

企业在使用内包材前，应当按照清洁消毒操作规程进行清洁消毒，或者对其卫生符合性进行确认。

第三十九条　企业应当对生产过程使用的物料以及半成品全程清晰标识，标明名称或者代码、生产日期或者批号、数量，并可追溯。

第四十条　企业应当对生产过程按照生产工艺规程和岗位操作规程进行控制，应当真实、完整、准确地填写生产记录。

生产记录应当至少包括生产指令、领料、称量、配制、填充或者灌装、包装、产品检验以及放行等内容。

第四十一条　企业应当在生产后检查物料平衡，确认物料平衡符合生产工艺规程设定的限度范围。超出限度范围时，应当查明原因，确认无潜在质量风险后，方可进入下一工序。

第四十二条　企业应当在生产后及时清场，对生产车间和生产设备、管道、容器、器具等按照操作规程进行清洁消毒并记录。清洁消毒完成后，应当清晰标识，并按照规定注明有效期限。

第四十三条　企业应当将生产结存物料及时退回仓库。退仓物料应当密封并做好标识，必要时重新包装。仓库管理人员应当按照退料单据核对退仓物料的名称或者代码、生产日期或者批号、数量等。

第四十四条　企业应当建立并执行不合格品管理制度，及时分析不合格原因。企业应当编制返工控制文件，不合格品经评估确认能够返工的，方可返工。不合格品的销毁、返工等处理措施应当经质量管理部门批准并记录。

企业应当对半成品的使用期限做出规定，超过使用期限未填充或者灌装的，应当及时按照不合格品处理。

第四十五条　企业应当建立并执行产品放行管理制度，确保产品经检验合格且相关生产和质量活动记录经审核批准后，方可放行。

上市销售的化妆品应当附有出厂检验报告或者合格标记等形式的产品质量检验合格证明。

第七章　委托生产管理

第四十六条　委托生产的化妆品注册人、备案人（以下简称"委托方"）应当按照本规范的规定建立相应的质量管理体系，并对受托生产企业的生产活动进行监督。

第四十七条　委托方应当建立与所注册或者备案的化妆品和委托生产需要相适应的组织机构，明确注册备案管理、生产质量管理、产品销售管理等关键环节的负责部门和职责，配备相应的管理人员。

第四十八条　化妆品委托生产的，委托方应当是所生产化妆品的注册人或者备案人。受托生产企业应当是持有有效化妆品生产许可证的企业，并在其生产许可范围内接受委托。

第四十九条 委托方应当建立化妆品质量安全责任制，明确委托方法定代表人、质量安全负责人以及其他化妆品质量安全相关岗位的职责，各岗位人员应当按照岗位职责要求，逐级履行相应的化妆品质量安全责任。

第五十条 委托方应当按照本规范第七条第一款规定设质量安全负责人。

质量安全负责人应当协助委托方法定代表人承担下列相应的产品质量安全管理和产品放行职责：

（一）建立并组织实施本企业质量管理体系，落实质量安全管理责任，定期向法定代表人报告质量管理体系运行情况；

（二）产品质量安全问题的决策及有关文件的签发；

（三）审核化妆品注册、备案资料；

（四）委托方采购、提供物料的，物料供应商、物料放行的审核管理；

（五）产品的上市放行；

（六）受托生产企业遴选和生产活动的监督管理；

（七）化妆品不良反应监测管理。

质量安全负责人应当遵守第七条第三款的有关规定。

第五十一条 委托方应当建立受托生产企业遴选标准，在委托生产前，对受托生产企业资质进行审核，考察评估其生产质量管理体系运行状况和生产能力，确保受托生产企业取得相应的化妆品生产许可且具备相应的产品生产能力。

委托方应当建立受托生产企业名录和管理档案。

第五十二条 委托方应当与受托生产企业签订委托生产合同，明确委托事项、委托期限、委托双方的质量安全责任，确保受托生产企业依照法律法规、强制性国家标准、技术规范以及化妆品注册、备案资料载明的技术要求组织生产。

第五十三条 委托方应当建立并执行受托生产企业生产活动监督制度，对各环节受托生产企业的生产活动进行监督，确保受托生产企业按照法定要求进行生产。

委托方应当建立并执行受托生产企业更换制度，发现受托生产企业的生产条件、生产能力发生变化，不再满足委托生产需要的，应当及时停止委托，根据生产需要更换受托生产企业。

第五十四条 委托方应当建立并执行化妆品注册备案管理、从业人员健康管理、从业人员培训、质量管理体系自查、产品放行管理、产品留样管理、产品销售记录、产品贮存和运输管理、产品退货记录、产品质量投诉管理、产品召回管理等质量管理制度，建立并实施化妆品不良反应监测和评价体系。

委托方向受托生产企业提供物料的，委托方应当按照本规范要求建立并执行物料供应商遴选、物料审查、物料进货查验记录和验收以及物料放行管理等相关制度。

委托方应当根据委托生产实际，按照本规范建立并执行其他相关质量管理制度。

第五十五条　委托方应当建立并执行产品放行管理制度，在受托生产企业完成产品出厂放行的基础上，确保产品经检验合格且相关生产和质量活动记录经审核批准后，方可上市放行。

上市销售的化妆品应当附有出厂检验报告或者合格标记等形式的产品质量检验合格证明。

第五十六条　委托方应当建立并执行留样管理制度，在其住所或者主要经营场所留样；也可以在其住所或者主要经营场所所在地的其他经营场所留样。留样应当符合本规范第十八条的规定。

留样地点不是委托方的住所或者主要经营场所的，委托方应当将留样地点的地址等信息在首次留样之日起20个工作日内，按规定向所在地负责药品监督管理的部门报告。

第五十七条　委托方应当建立并执行记录管理制度，保存与本规范有关活动的记录。记录应当符合本规范第十三条的相关要求。

执行生产质量管理规范的相关记录由受托生产企业保存的，委托方应当监督其保存相关记录。

第八章　产品销售管理

第五十八条　化妆品注册人、备案人、受托生产企业应当建立并执行产品销售记录制度，并确保所销售产品的出货单据、销售记录与货品实物一致。

产品销售记录应当至少包括产品名称、特殊化妆品注册证编号或者普通化妆品备案编号、使用期限、净含量、数量、销售日期、价格，以及购买者名称、地址和联系方式等内容。

第五十九条　化妆品注册人、备案人、受托生产企业应当建立并执行产品贮存和运输管理制度。依照有关法律法规的规定和产品标签标示的要求贮存、运输产品，定期检查并且及时处理变质或者超过使用期限等质量异常的产品。

第六十条　化妆品注册人、备案人、受托生产企业应当建立并执行退货记录制度。

退货记录内容应当包括退货单位、产品名称、净含量、使用期限、数量、退货原因以及处理结果等内容。

第六十一条　化妆品注册人、备案人、受托生产企业应当建立并执行产品质量投诉管理制度，指定人员负责处理产品质量投诉并记录。质量管理部门应当对投诉内容进行分析评估，并提升产品质量。

第六十二条　化妆品注册人、备案人应当建立并实施化妆品不良反应监测和评价体系。受托生产企业应当建立并执行化妆品不良反应监测制度。

化妆品注册人、备案人、受托生产企业应当配备与其生产化妆品品种、数量相适应的机构和人员，按规定开展不良反应监测工作，并形成监测记录。

第六十三条 化妆品注册人、备案人应当建立并执行产品召回管理制度，依法实施召回工作。发现产品存在质量缺陷或者其他问题，可能危害人体健康的，应当立即停止生产，召回已经上市销售的产品，通知相关化妆品经营者和消费者停止经营、使用，记录召回和通知情况。对召回的产品，应当清晰标识、单独存放，并视情况采取补救、无害化处理、销毁等措施。因产品质量问题实施的化妆品召回和处理情况，化妆品注册人、备案人应当及时向所在地省、自治区、直辖市药品监督管理部门报告。

受托生产企业应当建立并执行产品配合召回制度。发现其生产的产品有第一款规定情形的，应当立即停止生产，并通知相关化妆品注册人、备案人。化妆品注册人、备案人实施召回的，受托生产企业应当予以配合。

召回记录内容应当至少包括产品名称、净含量、使用期限、召回数量、实际召回数量、召回原因、召回时间、处理结果、向监管部门报告情况等。

第九章 附 则

第六十四条 本规范有关用语含义如下：

批：在同一生产周期、同一工艺过程内生产的，质量具有均一性的一定数量的化妆品。

批号：用于识别一批产品的唯一标识符号，可以是一组数字或者数字和字母的任意组合，用以追溯和审查该批化妆品的生产历史。

半成品：是指除填充或者灌装工序外，已完成其他全部生产加工工序的产品。

物料：生产中使用的原料和包装材料。外购的半成品应当参照物料管理。

成品：完成全部生产工序、附有标签的产品。

产品：生产的化妆品半成品和成品。

工艺用水：生产中用来制造、加工产品以及与制造、加工工艺过程有关的用水。

内包材：直接接触化妆品内容物的包装材料。

生产车间：从事化妆品生产、贮存的区域，按照产品工艺环境要求，可以划分为洁净区、准洁净区和一般生产区。

洁净区：需要对环境中尘粒及微生物数量进行控制的区域（房间），其建筑结构、装备及使用应当能够减少该区域内污染物的引入、产生和滞留。

准洁净区：需要对环境中微生物数量进行控制的区域（房间），其建筑结构、装备及使用应当能够减少该区域内污染物的引入、产生和滞留。

一般生产区：生产工序中不接触化妆品内容物、清洁内包材，不对微生物数量进行控制的生产区域。

物料平衡：产品、物料实际产量或者实际用量及收集到的损耗之和与理论产量或者理论用量之间的比较，并考虑可以允许的偏差范围。

验证：证明任何操作规程或者方法、生产工艺或者设备系统能够达到预期结果的一系列活动。

第六十五条 仅从事半成品配制的化妆品注册人、备案人以及受托生产企业应当按照本规范要求组织生产。其出厂的产品标注的标签应当至少包括产品名称、企业名称、规格、贮存条件、使用期限等信息。

第六十六条 牙膏生产质量管理按照本规范执行。

第六十七条 本规范自2022年7月1日起施行。

附：1. 化妆品生产电子记录要求
　　2. 化妆品生产车间环境要求

附1

化妆品生产电子记录要求

采用计算机（电子化）系统（以下简称"系统"）生成、保存记录或者数据的，应当采取相应的管理措施与技术手段，制定操作规程，确保生成和保存的数据或者信息真实、完整、准确、可追溯。

电子记录至少应当实现原有纸质记录的同等功能，满足活动管理要求。对于电子记录和纸质记录并存的情况，应当在操作规程和管理制度中明确规定作为基准的形式。

采用电子记录的系统应当满足以下功能要求：

（一）系统应当经过验证，确保记录时间与系统时间的一致性以及数据、信息的真实性、准确性；

（二）能够显示电子记录的所有数据，生成的数据可以阅读并能够打印；

（三）具有保证数据安全性的有效措施。系统生成的数据应当定期备份，数据的备份与删除应当有相应记录，系统变更、升级或者退役，应当采取措施保证原系统数据在规定的保存期限内能够进行查阅与追溯；

（四）确保登录用户的唯一性与可追溯性。规定用户登录权限，确保只有具有登录、修改、编辑权限的人员方可登录并操作。当采用电子签名时，应当符合《中华人民共和国电子签名法》的相关法规规定；

（五）系统应当建立有效的轨迹自动跟踪系统，能够对登录、修改、复制、打印等行为进行跟踪与查询；

（六）应当记录对系统操作的相关信息，至少包括操作者、操作时间、操作过程、操作原因，数据的产生、修改、删除、再处理、重新命名、转移，对系统的设置、配置、参数及时间戳的变更或者修改等内容。

附2

化妆品生产车间环境要求

区域划分	产品类别	生产工序	控制指标	
			环境参数	其他参数
洁净区	眼部护肤类化妆品④、儿童护肤类化妆品④、牙膏	半成品贮存①、填充、灌装，清洁容器与器具贮存	悬浮粒子②：≥0.5μm的粒子数≤10500000个/m³ ≥5μm的粒子数≤60000个/m³ 浮游菌②：≤500cfu/m³ 沉降菌②：≤15cfu/30min	静压差：相对于一般生产区≥10Pa，相对于准洁净区≥5Pa
准洁净区	眼部护肤类化妆品④、儿童护肤类化妆品④、牙膏	称量、配制、缓冲、更衣	空气中细菌菌落总数③：≤1000cfu/m³	
	其他化妆品	半成品贮存①、填充、灌装，清洁容器与器具贮存、称量、配制、缓冲、更衣		
一般生产区	/	包装、贮存等	保持整洁	

注：①企业配制、半成品贮存、填充、灌装等生产工序采用全封闭管道的，可以不设置半成品贮存间。

②测试方法参照《GB/T 16292 医药工业洁净室（区）悬浮粒子的测试方法》《GB/T 16293 医药工业洁净室（区）浮游菌的测试方法》《GB/T 16294 医药工业洁净室（区）沉降菌的测试方法》的有关规定。

③测试方法参照《GB 15979 一次性使用卫生用品卫生标准》或者《GB/T 16293 医药工业洁净室（区）浮游菌的测试方法》的有关规定。

④生产施用于眼部皮肤表面以及儿童皮肤、口唇表面，以清洁、保护为目的的驻留类化妆品的（粉剂化妆品除外），其半成品贮存、填充、灌装、清洁容器与器具贮存应当符合生产车间洁净区的要求。

附录二 化妆品生产质量管理规范检查要点及判定原则

化妆品生产质量管理规范检查要点及判定原则

为规范化妆品生产许可和监督检查工作，指导化妆品注册人、备案人、受托生产企业贯彻执行《化妆品生产质量管理规范》，根据《化妆品监督管理条例》《化妆品生产经营监督管理办法》等法规、规章，国家药监局组织制定了《化妆品生产质量管理规范检查要点及判定原则》。

一、化妆品生产质量管理规范检查要点适用范围

（一）对从事化妆品生产活动的化妆品注册人、备案人、受托生产企业，依据化妆品生产质量管理规范检查要点（实际生产版，见附1）开展检查。附1共有检查项目81项，其中重点项目29项（重点项目包括关键项目3项，其他重点项目26项），一般项目52项。

（二）对委托生产的化妆品注册人、备案人，依据化妆品生产质量管理规范检查要点（委托生产版，见附2）开展检查。附2共有检查项目24项，其中重点项目9项（重点项目包括关键项目1项，其他重点项目8项），一般项目15项。

（三）对既从事化妆品生产活动又委托生产的化妆品注册人、备案人，依据附1和附2分别开展检查并单独判定。

二、化妆品生产质量管理规范检查分类及判定原则

（一）生产许可现场核查

省、自治区、直辖市药品监督管理部门应当依据附1组织对化妆品生产许可申请人开展生产许可现场核查。

1. 现场核查中未发现企业存在不符合规定项目的，应当判定为"现场核查通过"。

2. 现场核查中发现企业存在以下情形之一的，应当判定为"现场核查不通过"：

（1）关键项目不符合规定；

（2）关键项目瑕疵数与其他重点项目不符合规定数总和大于6项（含）；

（3）重点项目不符合规定数、重点项目瑕疵数、一般项目不符合规定数总和大于16项（含）。

3. 现场核查中发现企业存在不符合规定项目，但未存在上述应当判定为"现场核查不通过"情形的，应当判定为"整改后复查"。判定为"整改后复查"的企业，应当在规定时间内完成整改，并向省、自治区、直辖市药品监督管理部门提交整改报告。省、自治区、直辖市药品监督管理部门收到整改报告后，可以根据实际情况对该企业组织现场复查，确认整改符合要求后，判定为"现场核查通过"；对于规定时限内未提交整改报告或者复查发现整改项目仍不符合规定的，应当判定为"现场核查不通过"。

（二）生产许可延续后现场核查

省、自治区、直辖市药品监督管理部门应当在其向化妆品生产许可延续申请人换发新化妆品生产许可证之日起6个月内，对申请人延续许可的申报资料和承诺进行监督，依据附1组织对该企业开展现场核查，核查结果为上述"现场核查不通过"的，应当依法撤销化妆品生产许可；核查结果为上述"整改后复查"，且在规定时限内未提交整改报告或者复查发现整改项目仍不符合规定的，应当依法撤销化妆品生产许可。

（三）日常监督检查

1. 对从事化妆品生产活动的化妆品注册人、备案人、受托生产企业监督检查

负责药品监督管理的部门应当依据附1对已取得化妆品生产许可证的企业生产质量管理规范执行情况开展全部或者部分项目监督检查。

（1）现场检查中未发现企业存在不符合规定项目的，应当判定为"检查未发现生产质量管理体系存在缺陷"。

（2）现场检查中发现企业存在以下情形之一的，应当判定为"生产质量管理体系存在严重缺陷"：

1）关键项目不符合规定；

2）关键项目瑕疵数与其他重点项目不符合规定数总和大于6项（含）；

3）重点项目不符合规定数、重点项目瑕疵数、一般项目不符合规定数总和大于16项（含）。

（3）现场检查中发现企业存在不符合规定项目，但未存在上述应当判定为"生产质量管理体系存在严重缺陷"情形的，应当判定为"生产质量管理体系存在缺陷"。

2. 对委托生产的化妆品注册人、备案人监督检查

负责药品监督管理的部门应当依据附2对委托生产的化妆品注册人、备案人生产质量管理规范执行情况开展全部或者部分项目监督检查。

（1）现场检查中未发现企业存在不符合规定项目的，应当判定为"检查未发现生产质量管理体系存在缺陷"。

（2）现场检查中发现企业存在以下情形之一的，应当判定为"生产质量管理体系存在严重缺陷"：

1）关键项目不符合规定；

2）关键项目瑕疵数和其他重点项目不符合规定数总和大于4项（含）；

3）重点项目不符合规定数、重点项目瑕疵数、一般项目不符合规定数总和大于8项（含）。

（3）现场检查中发现企业存在不符合规定项目，但未存在上述应当判定为"生产质量管理体系存在严重缺陷"情形的，应当判定为"生产质量管理体系存在缺陷"。

三、其他事项

省、自治区、直辖市药品监督管理部门可以结合实际，细化、补充制定本行政区域化妆品生产质量管理规范检查要点。

附：1. 化妆品生产质量管理规范检查要点（实际生产版）
    2. 化妆品生产质量管理规范检查要点（委托生产版）

附1

化妆品生产质量管理规范检查要点（实际生产版）

序号	条款	化妆品生产质量管理规范条款内容	检查要点
		第一部分　机构与人员	
1	第四条第一款	从事化妆品生产活动的化妆品注册人、备案人、受托生产企业（以下统称"企业"）应当建立与生产的化妆品品种、数量和生产许可项目等相适应的组织机构，明确质量管理、生产等部门的职责和权限，配备与生产的化妆品品种、数量和生产许可项目等相适应的技术人员和检验人员。	1. 企业是否建立组织机构，组织机构是否与生产的化妆品品种、数量和生产许可项目相适应； 2. 企业是否对质量管理、生产等部门职责权限做出书面规定； 3. 企业是否配备与其生产的化妆品品种、数量和生产许可项目等相适应的管理人员、操作人员和检验人员；配备的人员是否满足相应的任职条件。
2	第四条第二款	企业的质量管理部门应当独立设置，履行质量保证和控制职责，参与所有与质量管理有关的活动。	1. 企业是否独立设置质量管理部门且配备相应办公场所及专职人员； 2. 企业是否明确质量管理部门岗位职责和权限，并规定参与质量管理活动的内容； 3. 质量管理部门是否按照其职责范围履行质量管理职责。
3	第五条	企业应当建立化妆品质量安全责任制，明确企业法定代表人（或者主要负责人，下同）、质量安全负责人、质量管理部门负责人、生产部门负责人以及其他化妆品质量安全相关岗位的职责，各岗位人员应当按照岗位职责要求，逐级履行相应的化妆品质量安全责任。	1. 企业是否建立化妆品质量安全责任制；是否书面规定企业法定代表人、质量安全负责人、质量管理部门负责人、生产部门负责人以及其他化妆品质量安全相关岗位的职责； 2. 企业各岗位人员是否按照其岗位职责的要求逐级履行质量安全责任。
4	第六条	法定代表人对化妆品质量安全工作全面负责，应当负责提供必要的资源，合理制定并组织实施质量方针，确保实现质量目标。	1. 企业是否书面明确规定法定代表人全面负责化妆品质量安全工作； 2. 法定代表人是否为化妆品生产和质量安全工作提供与生产化妆品品种、数量和生产许可项目相适应的资源，是否组织制定企业的质量方针和质量目标，是否组织对质量目标的实现进行定期考核和分析。

序号	条款	化妆品生产质量管理规范条款内容	检查要点
5*	第七条第一款	企业应当设质量安全负责人，质量安全负责人应当具备化妆品、化学、化工、生物、医学、药学、食品、公共卫生或者法学等化妆品质量安全相关专业知识，熟悉相关法律法规、强制性国家标准、技术规范，并具有5年以上化妆品生产或者质量管理经验。	1. 企业是否设有质量安全负责人； 2. 质量安全负责人是否具备化妆品、化学、化工、生物、医学、药学、食品、公共卫生或者法学等专业教育或培训背景，是否具备化妆品质量安全相关专业知识，是否熟悉相关法律法规、强制性国家标准、技术规范； 3. 质量安全负责人是否具有5年以上化妆品生产或者质量管理经验。
6*	第七条第二款	质量安全负责人应当协助法定代表人承担下列相应的产品质量安全管理和产品放行职责： （一）建立并组织实施本企业质量管理体系，落实质量安全管理责任，定期向法定代表人报告质量管理体系运行情况； （二）产品质量安全问题的决策及有关文件的签发； （三）产品安全评估报告、配方、生产工艺、物料供应商、产品标签等的审核管理，以及化妆品注册、备案资料的审核（受托生产企业除外）； （四）物料放行管理和产品放行； （五）化妆品不良反应监测管理。	1. 质量安全负责人是否建立并组织实施本企业质量管理体系，落实质量安全管理责任，并定期以书面报告形式向法定代表人报告质量管理体系运行情况； 2. 质量安全负责人是否负责产品质量安全问题的决策及有关文件的签发； 3. 质量安全负责人是否组织制定产品安全评估报告、配方、生产工艺、物料供应商、产品标签等的审核管理程序，并履行审核管理职责； 4. 质量安全负责人是否履行对化妆品注册、备案资料审核的职责（受托生产企业除外）； 5. 质量安全负责人是否根据质量管理体系要求，履行物料放行管理和产品放行职责； 6. 质量安全负责人是否履行化妆品不良反应监测管理职责。
7	第七条第三款	质量安全负责人应当独立履行职责，不受企业其他人员的干扰。根据企业质量管理体系运行需要，经法定代表人书面同意，质量安全负责人可以指定本企业的其他人员协助履行上述职责中除（一）（二）外的其他职责。被指定人员应当具备相应资质和履职能力，且其协助履行上述职责的时间、具体事项等应当如实记录，	1. 质量安全负责人是否按照质量安全责任制独立履行职责，在产品质量安全管理和产品放行中不受企业其他人员的干扰； 2. 质量安全负责人指定本企业的其他人员协助履行其职责的，指定协助履行的职责是否为化妆品生产质量管理规范第七条第二款（一）（二）项以外的职责；是否制定相应的指定协助履行职责管理程序并经法定代表人书面同意；

续表

序号	条款	化妆品生产质量管理规范条款内容	检查要点
7	第七条第三款	确保协助履行职责行为可追溯。质量安全负责人应当对协助履行职责情况进行监督，且其应当承担的法律责任并不转移给被指定人员。	3．被指定人员是否具备相应的资质和履职能力； 4．被指定人员在协助履职过程中是否执行相应的管理程序，并如实记录，保证履职的内容、时间、具体事项可追溯； 5．质量安全负责人是否对协助履职情况进行监督。
8*	第八条	质量管理部门负责人应当具备化妆品、化学、化工、生物、医学、药学、食品、公共卫生或者法学等化妆品质量安全相关专业知识，熟悉相关法律法规、强制性国家标准、技术规范，并具有化妆品生产或者质量管理经验。质量管理部门负责人应当承担下列职责： （一）所有产品质量有关文件的审核； （二）组织与产品质量相关的变更、自查、不合格品管理、不良反应监测、召回等活动； （三）保证质量标准、检验方法和其他质量管理规程有效实施； （四）保证完成必要的验证工作，审核和批准验证方案和报告； （五）承担物料和产品的放行审核工作； （六）评价物料供应商； （七）制定并实施生产质量管理相关的培训计划，保证员工经过与其岗位要求相适应的培训，并达到岗位职责的要求；	1．企业是否设有质量管理部门负责人； 2．质量管理部门负责人是否具备化妆品、化学、化工、生物、医学、药学、食品、公共卫生或者法学等专业教育或培训背景，是否具备化妆品质量安全相关专业知识，是否熟悉相关法律法规、强制性国家标准、技术规范； 3．质量管理部门负责人是否具有化妆品生产或质量管理经验； 4．质量管理部门负责人是否承担所有产品质量有关文件（包括制度、程序、标准、记录、报告等）的审核管理； 5．质量管理部门负责人是否根据质量管理体系要求，组织与产品质量相关的变更、自查、不合格品管理、不良反应监测、召回等活动； 6．质量管理部门负责人是否监督保证质量标准、检验方法和其他质量管理规程有效实施； 7．质量管理部门负责人是否组织实施主要生产工艺（包括生产工艺参数、工艺过程的关键控制点）等必要的验证工作，并审核和批准验证方案和报告； 8．质量管理部门负责人是否承担物料和产品的放行审核工作，并保证审核工作可追溯； 9．质量管理部门负责人是否根据物料供应商相关管理制度定期评价物料供应商；

续表

序号	条款	化妆品生产质量管理规范条款内容	检查要点
8*	第八条	（八）负责其他与产品质量有关的活动。 质量安全负责人、质量管理部门负责人不得兼任生产部门负责人。	10. 质量管理部门负责人是否根据企业实际情况制定生产质量管理相关的入职培训和年度培训计划，并根据培训计划实施培训及考核，以保证员工达到岗位职责的要求； 11. 质量管理部门负责人是否负责其他与产品质量有关的活动； 12. 质量安全负责人、质量管理部门负责人是否兼任生产部门负责人。
9*	第九条	生产部门负责人应当具备化妆品、化学、化工、生物、医学、药学、食品、公共卫生或者法学等化妆品质量安全相关专业知识，熟悉相关法律法规、强制性国家标准、技术规范，并具有化妆品生产或者质量管理经验。生产部门负责人应当承担下列职责： （一）保证产品按照化妆品注册、备案资料载明的技术要求以及企业制定的生产工艺规程和岗位操作规程生产； （二）保证生产记录真实、完整、准确、可追溯； （三）保证生产环境、设施设备满足生产质量需要； （四）保证直接从事生产活动的员工经过培训，具备与其岗位要求相适应的知识和技能； （五）负责其他与产品生产有关的活动。	1. 企业是否设有生产部门负责人； 2. 生产部门负责人是否具备化妆品、化学、化工、生物、医学、药学、食品、公共卫生或者法学等专业教育或培训背景，是否具备化妆品质量安全相关专业知识，是否熟悉相关法律法规、强制性国家标准、技术规范； 3. 生产部门负责人是否具有化妆品生产或者质量管理经验； 4. 生产部门负责人的职责是否包含本条款规定的职责内容； 5. 生产部门负责人是否根据相应的生产管理规程，保证产品按照化妆品注册、备案资料载明的技术要求以及企业制定的生产工艺规程和岗位操作规程生产； 6. 生产部门负责人是否根据相应的生产管理规程，保证生产记录真实、完整、准确、可追溯； 7. 生产部门负责人是否根据相应的生产管理规程，保证生产环境、设施设备满足生产质量需要； 8. 生产部门负责人是否确认直接从事生产活动的员工培训内容，明确培训效果，保证其具备与岗位要求相适应的知识和技能； 9. 生产部门负责人是否负责其他与产品生产有关的活动。

续表

序号	条款	化妆品生产质量管理规范条款内容	检查要点
10	第十条	企业应当制定并实施从业人员入职培训和年度培训计划，确保员工熟悉岗位职责，具备履行岗位职责的法律知识、专业知识以及操作技能，考核合格后方可上岗。 企业应当建立员工培训档案，包括培训人员、时间、内容、方式及考核情况等。	1．企业是否制定从业人员入职培训和年度培训计划；培训计划是否根据生产的化妆品品种、数量和生产许可项目合理设置法律知识、专业知识以及操作技能等内容； 2．企业是否按照入职培训和年度培训计划对员工进行培训；培训效果是否经过考核； 3．新入职员工或调岗员工是否经岗位知识、岗位职责和操作技能考核合格后上岗；员工是否具备相应履职能力； 4．企业是否建立员工培训档案；培训档案是否包括培训人员、时间、内容、方式及考核情况等。
11	第十一条第一款	企业应当建立并执行从业人员健康管理制度。直接从事化妆品生产活动的人员应当在上岗前接受健康检查，上岗后每年接受健康检查。患有国务院卫生主管部门规定的有碍化妆品质量安全疾病的人员不得直接从事化妆品生产活动。企业应当建立从业人员健康档案，至少保存3年。	1．企业是否建立并执行从业人员健康管理制度； 2．直接从事化妆品生产活动的人员是否在上岗前接受健康检查，是否在上岗后每年接受健康检查；直接从事化妆品生产活动的人员是否患有国务院卫生主管部门规定的有碍化妆品质量安全疾病； 3．企业是否建立从业人员健康档案；健康档案保存期限是否符合要求。
12	第十一条第二款	企业应当建立并执行进入生产车间卫生管理制度、外来人员管理制度，不得在生产车间、实验室内开展对产品质量安全有不利影响的活动。	1．企业是否建立并执行进入生产车间卫生管理制度；进入生产车间卫生管理制度是否包括进入生产车间人员的清洁、消毒（必要时）、着装要求等内容；企业是否定期对工作服清洁消毒； 2．企业是否制定外来人员管理制度；外来人员管理制度是否包括批准、登记、清洁、消毒（必要时）、着装以及安全指导等内容；企业是否对外来人员进行监督； 3．企业是否在生产车间、实验室内开展对产品质量安全有不利影响的活动，是否带入或者放置与生产无关的个人用品或者其他与生产不相关物品。

序号	条款	化妆品生产质量管理规范条款内容	检查要点
		第二部分　质量保证与控制	
13	第十二条第一款	企业应当建立健全化妆品生产质量管理体系文件，包括质量方针、质量目标、质量管理制度、质量标准、产品配方、生产工艺规程、操作规程，以及法律法规要求的其他文件。	1. 企业建立的化妆品生产质量管理体系文件是否健全，是否包括质量方针、质量目标、质量管理制度、质量标准、产品配方、生产工艺规程、操作规程，以及法律法规要求的其他文件； 2. 企业是否制定能体现质量方向的质量方针，并向全员宣贯；质量目标是否有量化指标；质量管理制度是否适宜并可操作；质量标准是否涵盖物料和产品的质量要求；产品配方是否与化妆品注册、备案资料一致；操作规程是否涵盖关键岗位和关键仪器设备操作要求。
14	第十二条第二款	企业应当建立并执行文件管理制度，保证化妆品生产质量管理体系文件的制定、审核、批准、发放、销毁等得到有效控制。	1. 企业是否建立文件管理制度；文件管理制度是否明确质量管理体系文件制定、审核、批准、发放、作废、销毁等的程序和格式； 2. 企业是否执行文件管理制度；文件是否受控、是否经审核批准、在使用处存放的是否为有效版本，外来文件是否及时更新，作废文件是否及时销毁等。
15	第十三条第一款	与本规范有关的活动均应当形成记录。	企业是否对与化妆品生产质量管理规范有关的活动均形成了记录；是否包括人员培训、健康、卫生管理，环境监控，设施、设备、仪器的清洁、消毒、监测、使用、维护管理，供应商审核评价，物料采购、验收、贮存、使用等管理，产品生产、放行管理，不合格品管理，检验管理，留样管理，实验室管理，体系自查，销售、退货、投诉、召回、不良反应监测等活动记录。

续表

序号	条款	化妆品生产质量管理规范条款内容	检查要点
16*	第十三条第二款	企业应当建立并执行记录管理制度。记录应当真实、完整、准确，清晰易辨，相互关联可追溯，不得随意更改，更正应当留痕并签注更正人姓名及日期。	1. 企业是否建立记录管理制度；记录管理制度是否明确记录的填写、保存、处置等程序和格式； 2. 企业是否执行记录管理制度，是否及时填写记录；记录是否真实、完整、准确，清晰易辨，相互关联可追溯；记录是否存在随意更改的情况；记录的更正是否符合要求。
17	第十三条第三款	采用计算机（电子化）系统生成、保存记录或者数据的，应当符合本规范附1的要求。	企业采用计算机（电子化）系统生成、保存记录或者数据的，是否符合化妆品生产质量管理规范附1的要求。主要包括： 1. 采用电子记录的系统是否满足规定的功能要求； 2. 系统的有效性和安全性是否经过验证； 3. 系统是否具有保证数据安全性的有效措施，例如定期备份，防止病毒和非法入侵等； 4. 系统是否可以确保登录用户的唯一性与可追溯性； 5. 电子记录能否实现与纸质记录同等功能；系统生成和保存的数据或者信息是否真实、完整、准确、可追溯； 6. 系统是否建立有效的轨迹自动跟踪系统，能够对登录、编辑、修改、删除以及系统的设置、校准、修改、时间戳变更等操作进行自动跟踪，追溯操作者、操作时间和操作过程。
18	第十三条第四款	记录应当标示清晰，存放有序，便于查阅。与产品追溯相关的记录，其保存期限不得少于产品使用期限届满后1年；产品使用期限不足1年的，记录保存期限不得少于2年。与产品追溯不相关的记录，其保存期限不得少于2年。记录保存期限另有规定的从其规定。	1. 所有记录是否标示清晰，存放有序，便于查阅； 2. 记录保存期限是否符合要求。

续表

序号	条款	化妆品生产质量管理规范条款内容	检查要点
19	第十四条	企业应当建立并执行追溯管理制度，对原料、内包材、半成品、成品制定明确的批号管理规则，与每批产品生产相关的所有记录应当相互关联，保证物料采购、产品生产、质量控制、贮存、销售和召回等全部活动可追溯。	1. 企业是否建立并执行追溯管理制度；是否明确规定批的定义以及原料、内包材、半成品、成品的批号管理规则； 2. 企业能否通过批号管理确保与每批产品生产相关的所有记录相互关联； 3. 企业能否保证物料采购、产品生产、质量控制、贮存、销售和召回等全部活动可追溯。
20	第十五条第一款	企业应当建立并执行质量管理体系自查制度，包括自查时间、自查依据、相关部门和人员职责、自查程序、结果评估等内容。	1. 企业是否建立质量管理体系自查制度； 2. 质量管理体系自查制度是否包括自查时间、启动自查情形、自查依据、相关部门和人员职责、自查程序、结果评估等内容，是否对法规、规章中关于自查发现问题的评估、整改、停产、报告等程序作出具体规定。
21	第十五条第二款	自查实施前应当制定自查方案，自查完成后应当形成自查报告。自查报告应当包括发现的问题、产品质量安全评价、整改措施等。自查报告应当经质量安全负责人批准，报告法定代表人，并反馈企业相关部门。企业应当对整改情况进行跟踪评价。	1. 企业是否在实施质量管理体系自查前制定自查方案，是否在自查完成后形成自查报告； 2. 自查报告是否包括发现的问题、产品质量安全评价、整改措施等内容；自查报告是否经质量安全负责人批准，是否报告法定代表人，是否反馈企业相关部门； 3. 企业是否对整改情况进行跟踪评价。
22*	第十五条第三款	企业应当每年对化妆品生产质量管理规范的执行情况进行自查。出现连续停产1年以上，重新生产前应当进行自查，确认是否符合本规范要求；化妆品	1. 企业是否每年对化妆品生产质量管理规范的执行情况进行自查；在发现生产条件不符合化妆品生产质量管理规范要求时，是否立即采取整改措施；在发现可能影响化妆品质量安全时，是否立即停止生产并向所在地省、自治区、直辖市药品监督管理部门报告；

序号	条款	化妆品生产质量管理规范条款内容	检查要点
22*	第十五条第三款	抽样检验结果不合格的，应当按规定及时开展自查并进行整改。	2. 企业有连续停产1年以上的情形时，是否在重新生产前按规定开展全面自查，确认符合化妆品生产质量管理规范要求后再恢复生产；自查和整改情况是否在恢复生产之日起10个工作日内向所在地省、自治区、直辖市药品监督管理部门报告； 3. 企业在出现化妆品抽样检验结果不合格时，是否按照规定及时开展自查并进行整改。
23*	第十六条第一款	企业应当建立并执行检验管理制度，制定原料、内包材、半成品以及成品的质量控制要求，采用检验方式作为质量控制措施的，检验项目、检验方法和检验频次应当与化妆品注册、备案资料载明的技术要求一致。	1. 企业是否建立并执行检验管理制度；检验管理制度是否明确与检验相关的职责分工、程序、记录和报告要求等内容； 2. 企业是否制定原料、内包材、半成品以及成品的质量控制要求；质量控制要求是否符合强制性国家标准和技术规范； 3. 企业采用非检验方式作为质量控制措施的，是否明确质量确认方式和要求；采用检验方式作为质量控制措施的，检验项目、检验方法和检验频次是否符合化妆品注册、备案资料载明的技术要求； 4. 企业是否明确规定化妆品出厂检验项目。
24	第十六条第二款	企业应当明确检验或者确认方法、取样要求、样品管理要求、检验操作规程、检验过程管理要求以及检验异常结果处理要求等，检验或者确认的结果应当真实、完整、准确。	1. 企业是否对每种检验对象规定检验或者确认方法、取样要求、样品管理要求、检验操作规程、检验过程管理要求以及检验异常结果处理要求等； 2. 企业检验或者确认的结果是否真实、完整、准确；检验结果是否与检验原始记录保持一致。
25*	第十七条第一款	企业应当建立与生产的化妆品品种、数量和生产许可项目等相适应的实验室，至少具备菌落总数、霉菌和酵母菌总数等微生物检验项目的检验能力，	1. 企业是否建立与生产的化妆品品种、数量和生产许可项目等相适应的实验室； 2. 企业是否具备菌落总数、霉菌和酵母菌总数等微生物检验项目的检验能力； 3. 实验室的检测环境、检验人员以及检验设施、设备、仪器和试剂、

续表

序号	条款	化妆品生产质量管理规范 条款内容	检查要点
25*	第十七条 第一款	并保证检测环境、检验人员以及检验设施、设备、仪器和试剂、培养基、标准品等满足检验需要。重金属、致病菌和产品执行的标准中规定的其他安全性风险物质，可以委托取得资质认定的检验检测机构进行检验。	培养基、标准品等是否可以满足检验需要； 4. 企业委托检验检测机构检验重金属、致病菌和产品执行的标准中规定的其他安全性风险物质时，受托检验检测机构是否具有相应检验项目的资质和检验能力；委托检验协议或者相关文件是否明确了检验项目、检验依据、检验频次等要求。
26	第十七条 第二款	企业应当建立并执行实验室管理制度，保证实验设备仪器正常运行，对实验室使用的试剂、培养基、标准品的配制、使用、报废和有效期实施管理，保证检验结果真实、完整、准确。	1. 企业是否建立并执行实验室管理制度；是否对设备、仪器和试剂、培养基、标准品的管理作出明确规定，保证检验结果真实、完整、准确； 2. 企业是否建立实验室设备、仪器清单；设备、仪器是否设置唯一编号并有明显的状态标识； 3. 企业是否按规定对实验室设备、仪器进行校准或者检定、使用、清洁、维护，保证实验室设备仪器正常运行； 4. 企业是否对实验室使用的试剂、培养基、标准品等的采购、贮存、配制、标识、使用、报废和有效期等实施有效管理。
27*	第十八条 第一款、第二款、第三款	企业应当建立并执行留样管理制度。每批出厂的产品均应当留样，留样数量至少达到出厂检验需求量的2倍，并应当满足产品质量检验的要求。 出厂的产品为成品的，留样应当保持原始销售包装。销售包装为套盒形式，该销售包装内含有多个化妆品且全部为最小销售单元的，如果已经对包装内的最小销售单元留样，可以不对该销售包装产品整体留样，但应当留存能够满足质量追溯需求的套盒外包装。 出厂的产品为半成品的，留样应当密封且能够保证产品质量稳定，并有符合要求的标签信息，保证可追溯。	1. 企业是否建立并执行留样管理制度；留样管理制度是否明确产品留样程序、留存地点、留样数量、留样记录、保存期限和处理方法等内容； 2. 企业是否对出厂的半成品、成品逐批留样；留样数量是否符合规定； 3. 出厂的产品为成品的，留样的包装是否符合规定； 4. 出厂的产品为半成品的，留样是否密封并保证产品质量稳定；标签信息是否包括产品名称、企业名称、规格、贮存条件、使用期限等信息，保证可追溯。

续表

序号	条款	化妆品生产质量管理规范条款内容	检查要点
28	第十八条第四款	企业应当依照相关法律法规的规定和标签标示的要求贮存留样的产品，并保存留样记录。留样保存期限不得少于产品使用期限届满后6个月。发现留样的产品在使用期限内变质的，企业应当及时分析原因，并依法召回已上市销售的该批次化妆品，主动消除安全风险。	1. 企业是否设置专门的留样区域；留样的贮存条件是否符合相关法律法规的规定和标签标示的要求； 2. 企业是否按规定保存留样记录，是否记录留样在使用期限内的质量情况；留样的保存期限是否不少于产品使用期限届满后6个月； 3. 企业是否依据留样管理制度对留样进行定期观察；发现留样的产品在使用期限内变质时，企业是否及时分析原因，并依法召回已上市销售的该批次化妆品，主动消除安全风险。
		第三部分　厂房设施与设备管理	
29*	第十九条	企业应当具备与生产的化妆品品种、数量和生产许可项目等相适应的生产场地和设施设备。生产场地选址应当不受有毒、有害场所以及其他污染源的影响，建筑结构、生产车间和设施设备应当便于清洁、操作和维护。	1. 企业是否具备与生产的化妆品品种、数量和生产许可项目等相适应的生产场地和设施设备； 2. 生产场地周边是否有粉尘、有害气体、放射性物质、垃圾处理等扩散性污染源及有毒、有害场所；企业的建筑结构、生产车间和设施设备是否便于清洁、操作和维护。
30*	第二十条第一款	企业应当按照生产工艺流程及环境控制要求设置生产车间，不得擅自改变生产车间的功能区域划分。生产车间不得有污染源，物料、产品和人员流向应当合理，避免产生污染与交叉污染。	1. 企业是否按照生产工艺流程及环境控制要求设置生产车间，是否擅自改变更衣、缓冲、称量、配制、半成品贮存、填充与灌装、清洁容器与器具贮存、包装、贮存等功能区域划分； 2. 生产车间内是否有污染源；物料、产品和人员流向是否合理，是否存在导致物料、产品污染和交叉污染的情形。
31	第二十条第二款	生产车间更衣室应当配备衣柜、鞋柜，洁净区、准洁净区应当配备非手接触式洗手及消毒设施。企业应当根据生产环境控制需要设置二次更衣室。	1. 生产车间更衣室是否配备衣柜、鞋柜；洁净区、准洁净区是否配备与人员数量相匹配的非手接触式洗手及消毒设施； 2. 企业是否根据生产环境控制需要设置二次更衣室。

续表

序号	条款	化妆品生产质量管理规范条款内容	检查要点
32*	第二十一条第一款	企业应当按照产品工艺环境要求，在生产车间内划分洁净区、准洁净区、一般生产区，生产车间环境指标应当符合本规范附2的要求。不同洁净级别的区域应当物理隔离，并根据工艺质量保证要求，保持相应的压差。	1. 企业是否按照产品工艺环境要求划分生产区域；生产车间环境指标是否符合化妆品生产质量管理规范附2的要求； 2. 不同洁净级别的区域是否物理隔离，是否根据工艺质量保证要求，保持相应的压差。
33	第二十一条第二款	生产车间应当保持良好的通风和适宜的温度、湿度。根据生产工艺需要，洁净区应当采取净化和消毒措施，准洁净区应当采取消毒措施。企业应当制定洁净区和准洁净区环境监控计划，定期进行监控，每年按照化妆品生产车间环境要求对生产车间进行检测。	1. 生产车间是否保持良好的通风和适宜的温度、湿度；温度、湿度是否在规定的区间范围内； 2. 企业是否根据生产工艺需要，制定洁净区净化和消毒、准洁净区消毒管理制度，确保相关措施的有效实施，是否按制度执行并记录； 3. 企业是否制定洁净区和准洁净区环境监控计划，是否按照计划定期监控并记录；企业是否每年根据环境监控计划，按照化妆品生产车间环境要求对生产车间进行检测。
34	第二十二条第一款	生产车间应当配备防止蚊蝇、昆虫、鼠和其他动物进入、孳生的设施，并有效监控。物料、产品等贮存区域应当配备合适的照明、通风、防鼠、防虫、防尘、防潮等设施，并依照物料和产品的特性配备温度、湿度调节及监控设施。	1. 生产车间是否配备防止蚊蝇、昆虫、鼠和其他动物进入、孳生的设施，是否有效监控并留存记录，是否定期分析存在的风险； 2. 物料、产品等贮存区域是否配备合适的照明、通风、防鼠、防虫、防尘、防潮等设施；企业是否制定相关管理制度，设置温度、湿度范围，是否依照物料和产品的特性配备温度、湿度调节及监控设施。
35*	第二十二条第二款	生产车间等场所不得贮存、生产对化妆品质量安全有不利影响的物料、产品或者其他物品。	1. 生产车间等场所是否贮存对化妆品质量安全有不利影响的物料、产品或者其他物品； 2. 共用生产车间生产非化妆品的，是否使用化妆品禁用原料及其他对化妆品质量安全有不利影响的原料，并具有防止污染和交叉污染的相应措施；企业是否有风险分析报告，确保其不对化妆品质量安全产生不利影响。

续表

序号	条款	化妆品生产质量管理规范条款内容	检查要点
36*	第二十三条	易产生粉尘、不易清洁等的生产工序，应当在单独的生产操作区域完成，使用专用的生产设备，并采取相应的清洁措施，防止交叉污染。 易产生粉尘和使用挥发性物质生产工序的操作区域应当配备有效的除尘或者排风设施。	1. 易产生粉尘、不易清洁等（散粉类、指甲油、香水等产品）的生产工序，是否设置单独生产操作区域，是否使用专用生产设备； 2. 染发类、烫发类、蜡基类等产品不易清洁的生产工序，是否设置单独生产操作区域或者物理隔断，是否使用专用生产设备； 3. 易产生粉尘、不易清洁等的生产工序是否采取相应的清洁措施，防止交叉污染； 4. 易产生粉尘和使用挥发性物质的生产工序（如称量、筛选、粉碎、混合等）的操作区是否配备有效的除尘或者排风设施。
37	第二十四条第一款	企业应当配备与生产的化妆品品种、数量、生产许可项目、生产工艺流程相适应的设备，与产品质量安全相关的设备应当设置唯一编号。管道的设计、安装应当避免死角、盲管或者受到污染，固定管道上应当清晰标示内容物的名称或者管道用途，并注明流向。	1. 企业是否配备与生产的化妆品品种、数量、生产许可项目、生产工艺流程相适应的设备； 2. 与产品质量安全相关的称量、配制、半成品贮存、填充与灌装、包装、产品检验等设备是否设置唯一编号； 3. 管道的设计、安装是否避免死角、盲管或者受到污染；固定管道上是否清晰标示内容物的名称或者管道用途，是否注明流向。
38	第二十四条第二款	所有与原料、内包材、产品接触的设备、器具、管道等的材质应当满足使用要求，不得影响产品质量安全。	所有与原料、内包材、产品接触的设备、器具、管道等的材质是否满足使用要求，是否影响产品质量安全。
39	第二十五条第一款	企业应当建立并执行生产设备管理制度，包括生产设备的采购、安装、确认、使用、维护保养、清洁等要求，对关键衡器、量具、仪表和仪器定期进行检定或者校准。	1. 企业是否建立并执行生产设备管理制度；生产设备管理制度是否包括生产设备的采购、安装、确认、使用、维护保养、清洁等要求； 2. 企业是否制定关键衡器、量具、仪表和仪器检定或者校准计划，是否根据计划定期进行检定或者校准。

续表

序号	条款	化妆品生产质量管理规范条款内容	检查要点
40	第二十五条第二款	企业应当建立并执行主要生产设备使用规程。设备状态标识、清洁消毒标识应当清晰。	1. 企业是否建立并执行主要生产设备使用操作规程；操作规程、操作记录是否符合要求； 2. 称量、配制、半成品贮存、填充与灌装、包装、产品检验等设备状态标识、清洁或者消毒标识是否清晰。
41	第二十五条第三款	企业应当建立并执行生产设备、管道、容器、器具的清洁消毒操作规程。所选用的润滑剂、清洁剂、消毒剂不得对物料、产品或者设备、器具造成污染或者腐蚀。	1. 企业是否建立并执行生产设备、管道、容器、器具的清洁或者消毒操作规程；清洁或者消毒操作规程是否包括清洁消毒方法、清洁剂和消毒剂的名称与配制方法、清洁用水和清洁用具要求、清洁有效期限等内容；企业是否明确清洁或者消毒方法选择的依据； 2. 企业所使用的润滑剂、清洁剂、消毒剂是否对物料、产品或者设备、器具造成污染或者腐蚀。
42	第二十六条第一款	企业制水、水贮存及输送系统的设计、安装、运行、维护应当确保工艺用水达到质量标准要求。	企业制水、水贮存及输送系统的设计、安装、运行、维护是否可以确保工艺用水达到质量标准要求。
43	第二十六条第二款	企业应当建立并执行水处理系统定期清洁、消毒、监测、维护制度。	企业是否建立并执行水处理系统定期清洁、消毒、监测、维护制度，是否按照制度落实相应措施，并留存相关记录。
44	第二十七条第一款	企业空气净化系统的设计、安装、运行、维护应当确保生产车间达到环境要求。	企业空气净化系统的设计、安装、运行、维护是否可以确保生产车间达到环境要求；企业是否保留空气净化系统设计、安装相关图纸及运行、维护记录。
45	第二十七条第二款	企业应当建立并执行空气净化系统定期清洁、消毒、监测、维护制度。	企业是否建立并执行空气净化系统定期清洁、消毒、监测、维护制度，是否按照制度落实相应措施，并应留存相关记录。

序号	条款	化妆品生产质量管理规范条款内容	检查要点
第四部分　物料与产品管理			
46	第二十八条第一款	企业应当建立并执行物料供应商遴选制度，对物料供应商进行审核和评价。企业应当与物料供应商签订采购合同，并在合同中明确物料验收标准和双方质量责任。	1. 企业是否建立并执行物料供应商遴选制度；物料供应商遴选制度是否明确物料供应商的遴选、退出标准以及审核、评价程序； 2. 企业按照物料供应商遴选制度对物料供应商进行审核时是否留存相关资料； 3. 外购半成品的，其所购买半成品为境内生产的，是否留存半成品生产企业的化妆品生产许可证；其所购买半成品为境外生产的，是否留存半成品生产企业的质量管理体系或者生产质量管理规范的资质证书、文件等证明资料，证明资料是否由所在国（地区）政府主管部门、认证机构或者具有所在国（地区）认证认可资质的第三方出具或者认可，并载明生产企业名称和实际生产地址信息； 4. 企业是否定期或者在获知物料供应商生产条件发生重大变化时对物料供应商进行评价，是否按照评价结果采取相应措施，是否留存评价和处理记录； 5. 企业是否与物料供应商签订采购合同，是否在合同中明确物料验收标准和双方质量责任。
47*	第二十八条第二款	企业应当根据审核评价的结果建立合格物料供应商名录，明确关键原料供应商，并对关键原料供应商进行重点审核，必要时应当进行现场审核。	1. 企业是否根据审核评价结果建立合格物料供应商名录；合格物料供应商名录是否包括物料供应商名称、地址和联系方式，以及物料名称、质量要求、生产企业名称等内容； 2. 企业是否明确关键原料供应商，是否对其进行重点审核，是否明确关键原料供应商需要进行现场审核的情形，并按照规定执行； 3. 企业是否及时对合格物料供应商档案信息进行更新，确保物料供应商档案处于最新状态。

续表

序号	条款	化妆品生产质量管理规范条款内容	检查要点
48*	第二十九条第一款第二款	企业应当建立并执行物料审查制度，建立原料、外购的半成品以及内包材清单，明确原料、外购的半成品成分，留存必要的原料、外购的半成品、内包材质量安全相关信息。企业应当在物料采购前对原料、外购的半成品、内包材实施审查。	1. 企业是否建立并执行物料审查制度； 2. 企业是否建立原料、外购的半成品以及内包材清单，是否明确原料和外购的半成品成分，是否留存必要的原料、外购的半成品、内包材质量安全相关信息； 3. 企业是否在物料采购前对原料、外购的半成品、内包材实施审查。
49**	第二十九条第二款	不得使用禁用原料、未经注册或者备案的新原料，不得超出使用范围、限制条件使用限用原料，确保原料、外购的半成品、内包材符合法律法规、强制性国家标准、技术规范的要求。	1. 企业是否使用禁用原料、未经注册或备案的新原料； 2. 企业是否超出使用范围、限制条件使用限用原料； 3. 企业使用的原料、外购的半成品、内包材是否符合法律法规、强制性国家标准、技术规范的要求。
50*	第三十条第一款	企业应当建立并执行物料进货查验记录制度，建立并执行物料验收规程，明确物料验收标准和验收方法。企业应当按照物料验收规程对到货物料检验或者确认，确保实际交付的物料与采购合同、送货票证一致，并达到物料质量要求。	1. 企业是否建立并执行物料进货查验记录制度； 2. 企业是否建立并执行物料验收规程，是否明确验收标准和验收方法；物料验收规程是否要求留存物料合格出厂证明文件、送货票证等；需要检验、检疫的进口原料是否要求留存相关证明； 3. 企业是否按照物料验收规程对到货物料检验或者确认；企业验收的物料是否与采购合同、送货票证一致，是否达到物料质量要求； 4. 物料标签标示的名称、数量、生产日期或者批号等信息是否与检验报告、实物、订单一致。
51	第三十条第二款	企业应当对关键原料留样，并保存留样记录。留样的原料应当有标签，至少包括原料中文名称或者原料代码、生产企业名称、原料规格、贮存条件、使用期限等信息，保证可追溯。留样数量应当满足原料质量检验的要求。	1. 企业是否建立关键原料留样规则； 2. 企业是否建立关键原料目录；是否按规定对关键原料留样，并保存留样记录； 3. 留样标签是否符合规定，保证可追溯；留样数量是否满足原料质量检验的要求；留样是否密封并按规定条件贮存。

序号	条款	化妆品生产质量管理规范条款内容	检查要点
52	第三十一条	物料和产品应当按规定的条件贮存,确保质量稳定。物料应当分类按批摆放,并明确标示。物料名称用代码标示的,应当制定代码对照表,原料代码应当明确对应的原料标准中文名称。	1. 物料是否按照规定的条件贮存,是否按照待检、合格、不合格等分批分类存放,并明确标示;企业是否标示物料名称(原料应当标识原料标准中文名称)或者代码、供应商名称或者代码、生产日期或者批号、使用期限、贮存条件等信息; 2. 产品是否按照规定的条件贮存,是否按照待检、合格、不合格等分批分类存放,并明确标示;是否标示产品名称、批号、使用期限、合格待检状态等信息; 3. 物料名称、供应商名称用代码标示的企业是否制定代码管理规程,是否制定物料、供应商名称代码对照表;原料代码是否明确对应的原料标准中文名称; 4. 企业是否如实记录物料和产品的库存数量和接收、发放、退回等变动情况。
53	第三十二条第一款	企业应当建立并执行物料放行管理制度,确保物料放行后方可用于生产。	1. 企业是否建立并执行物料放行管理制度;是否明确物料批准放行的标准、职责划分等要求; 2. 用于生产的物料是否按照规定放行。
54	第三十二条第二款	企业应当建立并执行不合格物料处理规程。超过使用期限的物料应当按照不合格品管理。	1. 企业是否建立并执行不合格物料处理规程; 2. 不合格物料是否有清晰标识,是否在专区存放;企业是否及时处理超过使用期限等的不合格物料。
55	第三十三条第一款	企业生产用水的水质和水量应当满足生产要求,水质至少达到生活饮用水卫生标准要求。生产用水为小型集中式供水或者分散式供水的,应当由取得资质认定的检验检测机构对生产用水进行检测,每年至少一次。	1. 企业生产用水的水量是否满足生产要求;水质是否达到生活饮用水卫生标准要求; 2. 生产用水为集中式供水的,企业是否可以提供生产用水来源证明资料;生产用水为小型集中式供水或者分散式供水的,企业是否能够提供每年由取得资质的检验检测机构对生产用水进行检测的报告。

续表

序号	条款	化妆品生产质量管理规范条款内容	检查要点
56*	第三十三条第二款	企业应当建立并执行工艺用水质量标准、工艺用水管理规程，对工艺用水水质定期监测，确保符合生产质量要求。	1. 企业是否根据产品质量要求制定工艺用水质量标准、工艺用水管理规程； 2. 企业是否按照工艺用水管理规程对工艺用水水质进行定期监测，确保符合生产质量要求。
57*	第三十四条第一款	产品应当符合相关法律法规、强制性国家标准、技术规范和化妆品注册、备案资料载明的技术要求。	企业生产的产品是否符合相关法律法规、强制性国家标准、技术规范和化妆品注册、备案资料载明的技术要求。
58*	第三十四条第二款	企业应当建立并执行标签管理制度，对产品标签进行审核确认，确保产品的标签符合相关法律法规、强制性国家标准、技术规范的要求。内包材上标注标签的生产工序应当在完成最后一道接触化妆品内容物生产工序的生产企业内完成。	1. 企业是否建立并执行标签管理制度；标签管理制度是否明确产品标签审核程序及职责划分，确保产品的标签符合相关法律法规、强制性国家标准、技术规范的要求； 2. 内包材上标注标签的生产工序是否在完成最后一道接触化妆品内容物生产工序的生产企业内完成。
59*	第三十四条第三款	产品销售包装上标注的使用期限不得擅自更改。	企业是否存在擅自更改产品使用期限的行为。
第五部分　生产过程管理			
60	第三十五条	企业应当建立并执行与生产的化妆品品种、数量和生产许可项目等相适应的生产管理制度。	1. 企业是否建立并执行与化妆品生产品种、数量和生产许可项目相适应的生产管理制度，至少包括工艺和操作管理、生产指令管理、物料领用和查验管理、生产环境管理、生产设备管理、生产过程管理、生产记录管理、物料平衡管理、生产清场管理、退仓物料管理、不合格品管理、产品放行管理以及有关追溯管理等方面的制度； 2. 企业是否根据化妆品品种、数量和生产许可项目的变化动态完善相应制度，保证其在使用处为有效版本。

续表

序号	条款	化妆品生产质量管理规范条款内容	检查要点
61**	第三十六条	企业应当按照化妆品注册、备案资料载明的技术要求建立并执行产品生产工艺规程和岗位操作规程，确保按照化妆品注册、备案资料载明的技术要求生产产品。企业应当明确生产工艺参数及工艺过程的关键控制点。	1. 企业是否建立并执行产品生产工艺规程和岗位操作规程； 2. 产品生产工艺规程是否符合对产品质量安全有实质性影响的技术性要求； 3. 企业生产工艺规程中是否明确生产工艺参数及工艺过程的关键控制点。
62*	第三十六条	主要生产工艺应当经过验证，确保能够持续稳定地生产出合格的产品。	1. 企业是否制定工艺验证管理规程；主要生产工艺是否经过验证；企业是否保存验证方案、记录及报告； 2. 当影响产品质量的主要工艺参数等发生改变时，企业是否进行再验证。
63	第三十七条第一款	企业应当根据生产计划下达生产指令。生产指令应当包括产品名称、生产批号（或者与生产批号可关联的唯一标识符号）、产品配方、生产总量、生产时间等内容。	1. 企业是否制定规范化的生产计划，是否依据生产计划下达生产指令； 2. 生产指令是否包括产品名称、生产批号（或者与生产批号可关联的唯一标识符号）、产品配方、生产总量、生产时间等内容。
64	第三十七条第二款	生产部门应当根据生产指令进行生产。领料人应当核对所领用物料的包装、标签信息等，填写领料单据。	1. 生产指令在实际生产过程中是否得到有效执行； 2. 企业是否制定生产领料操作规程； 3. 领料人是否按照生产指令中产品配方的要求逐一核对领取物料，是否完整填写领料单并保存相关记录，是否对所领用物料的包装、标签上的信息以及质量管理人员确认合格放行情况等进行核对。
65	第三十八条第一款	企业应当在生产开始前对生产车间、设备、器具和物料进行确认，确保其符合生产要求。	1. 生产开始前，企业是否对生产车间环境、生产设备、周转容器状态和清洁（消毒）状态标识等进行确认，确保符合生产要求； 2. 生产待使用物料领用和确认记录是否符合生产指令的要求。

续表

序号	条款	化妆品生产质量管理规范条款内容	检查要点
66	第三十八条第二款	企业在使用内包材前，应当按照清洁消毒操作规程进行清洁消毒，或者对其卫生符合性进行确认。	1．内包材清洁消毒及其记录是否符合相应操作规程要求； 2．对无需清洁消毒的清洁包装材料，抽查是否具有卫生符合性确认记录。
67	第三十九条	企业应当对生产过程使用的物料以及半成品全程清晰标识，标明名称或者代码、生产日期或者批号、数量，并可追溯。	1．生产现场使用物料及半成品的标识是否包括名称或者代码、生产日期或者批号、使用期限、数量等信息； 2．生产过程中各工序之间物料交接是否有记录，是否可追溯。
68*	第四十条	企业应当对生产过程按照生产工艺规程和岗位操作规程进行控制，应当真实、完整、准确地填写生产记录。 生产记录应当至少包括生产指令、领料、称量、配制、填充或者灌装、包装、产品检验以及放行等内容。	1．企业是否对生产操作人员进行生产工艺培训；操作人员是否按照生产工艺规程和岗位操作规程规定的技术参数和关键控制要求进行操作； 2．生产记录是否可以如实反映出整个生产过程的技术参数和关键点控制状况，是否包括生产指令、领料、称量、配制、填充或者灌装、包装过程和产品检验、放行记录等内容。
69	第四十一条	企业应当在生产后检查物料平衡，确认物料平衡符合生产工艺规程设定的限度范围。超出限度范围时，应当查明原因，确认无潜在质量风险后，方可进入下一工序。	1．企业是否建立并有效执行生产后物料平衡管理制度； 2．配制、填充、灌装、包装等工序的物料平衡结果是否符合生产工艺规程设定的限度范围； 3．生产后物料平衡出现偏差，超出限度范围时，企业是否分析原因，是否由质量管理部门确认无潜在质量风险后进入下一工序，是否记录处理过程。
70	第四十二条	企业应当在生产后及时清场，对生产车间和生产设备、管道、容器、器具等按照操作规程进行清洁消毒并记录。清洁消毒完成后，应当清晰标识，并按照规定注明有效期限。	1．企业是否建立并执行生产后清洁消毒制度； 2．企业在生产后或者更换生产品种前是否及时清场，是否按照规定的方法和要求对生产区域和生产设备、管道、容器具等清洁消毒，是否保留记录； 3．清洁消毒完成后，企业是否按规定清晰标示清洁消毒有效期限。

续表

序号	条款	化妆品生产质量管理规范条款内容	检查要点
71	第四十三条	企业应当将生产结存物料及时退回仓库。退仓物料应当密封并做好标识，必要时重新包装。仓库管理人员应当按照退料单据核对退仓物料的名称或者代码、生产日期或者批号、数量等。	1. 企业是否建立并执行结存物料退仓管理制度； 2. 生产结存物料是否经质量管理人员确认符合质量要求后放行退仓；退仓物料是否做到密封并清晰标识；退仓物料标识的物料标准中文名称或者代码、供应商名称或者代码、生产日期或者批号、使用期限、贮存条件等信息是否与相应领用物料标识信息保持一致； 3. 仓库管理人员是否核对退料单信息以及退仓物料包装情况。
72	第四十四条第一款	企业应当建立并执行不合格品管理制度，及时分析不合格原因。企业应当编制返工控制文件，不合格品经评估确认能够返工的，方可返工。不合格品的销毁、返工等处理措施应当经质量管理部门批准并记录。	1. 企业是否建立并执行不合格产品管理制度和返工控制文件； 2. 企业是否保存不合格品分析记录和分析报告；不合格产品的返工是否由质量管理部门按照返工控制文件予以评估确认；不合格品销毁、返工等处理措施是否由质量管理部门批准并记录。
73	第四十四条第二款	企业应当对半成品的使用期限做出规定，超过使用期限未填充或者灌装的，应当及时按照不合格品处理。	1. 企业是否建立半成品使用期限管理制度；设定的半成品使用期限是否有依据； 2. 企业是否按照不合格品管理制度及时处理超过使用期限未填充或者灌装的半成品，是否留存相关记录。
74**	第四十五条第一款	企业应当建立并执行产品放行管理制度，确保产品经检验合格且相关生产和质量活动记录经审核批准后，方可放行。	1. 企业是否建立并执行产品放行管理制度； 2. 产品放行前，企业是否确保产品经检验合格且检验项目至少包括出厂检验项目；是否确保相关生产和质量活动记录经质量安全负责人审核批准。
75	第四十五条第二款	上市销售的化妆品应当附有出厂检验报告或者合格标记等形式的产品质量检验合格证明。	上市销售的产品是否附有出厂检验报告或者合格标记等形式的产品质量检验合格证明。

序号	条款	化妆品生产质量管理规范条款内容	检查要点
		第六部分　产品销售管理	
76*	第五十八条	化妆品注册人、备案人、受托生产企业应当建立并执行产品销售记录制度，并确保所销售产品的出货单据、销售记录与货品实物一致。产品销售记录应当至少包括产品名称、特殊化妆品注册证编号或者普通化妆品备案编号、使用期限、净含量、数量、销售日期、价格，以及购买者名称、地址和联系方式等内容。	1. 企业是否建立并执行产品销售记录制度； 2. 产品销售记录是否包括产品名称、特殊化妆品注册证编号或者普通化妆品备案编号、使用期限、净含量、数量、销售日期、价格，以及购买者名称、地址和联系方式等内容； 3. 所销售产品的出货单据、销售记录与产品实物是否一致。
77	第五十九条	化妆品注册人、备案人、受托生产企业应当建立并执行产品贮存和运输管理制度。依照有关法律法规的规定和产品标签标示的要求贮存、运输产品，定期检查并且及时处理变质或者超过使用期限等质量异常的产品。	1. 企业是否建立并执行产品贮存和运输管理制度； 2. 产品的贮存、运输条件是否符合有关法律法规的规定和产品标签标示的要求； 3. 企业是否定期检查并且及时处理变质或者超过使用期限等质量异常的产品。
78	第六十条	化妆品注册人、备案人、受托生产企业应当建立并执行退货记录制度。退货记录内容应当包括退货单位、产品名称、净含量、使用期限、数量、退货原因以及处理结果等内容。	1. 企业是否建立并执行退货记录制度； 2. 企业退货记录是否包括退货单位、产品名称、净含量、使用期限、数量、退货原因以及处理结果等内容。
79	第六十一条	化妆品注册人、备案人、受托生产企业应当建立并执行产品质量投诉管理制度，指定人员负责处理产品质量投诉并记录。质量管理部门应当对投诉内容进行分析评估，并提升产品质量。	1. 企业是否建立并执行产品质量投诉管理制度；产品质量投诉管理制度是否规定投诉登记、调查、评价和处理等要求； 2. 企业是否指定人员负责产品质量投诉处理并记录；指定的人员是否具备质量投诉处理的基本知识； 3. 企业质量管理部门是否对质量相关投诉内容进行分析评估，并采取措施提升产品质量。

续表

序号	条款	化妆品生产质量管理规范 条款内容	检查要点
80*	第六十二条	化妆品注册人、备案人应当建立并实施化妆品不良反应监测和评价体系。受托生产企业应当建立并执行化妆品不良反应监测制度。 化妆品注册人、备案人、受托生产企业应当配备与其生产化妆品品种、数量相适应的机构和人员，按规定开展不良反应监测工作，并形成监测记录。	1. 化妆品注册人、备案人是否建立并实施化妆品不良反应监测和评价体系；受托生产企业是否建立并执行化妆品不良反应监测制度； 2. 企业是否配备与其生产化妆品品种、数量相适应的不良反应监测机构和人员；企业是否按照规定开展不良反应监测工作，并形成监测记录；监测记录是否符合规定。
81*	第六十三条	化妆品注册人、备案人应当建立并执行产品召回管理制度，依法实施召回工作。发现产品存在质量缺陷或者其他问题，可能危害人体健康的，应当立即停止生产，召回已经上市销售的产品，通知相关化妆品经营者和消费者停止经营、使用，记录召回和通知情况。对召回的产品，应当清晰标识、单独存放，并视情况采取补救、无害化处理、销毁等措施。因产品质量问题实施的化妆品召回和处理情况，化妆品注册人、备案人应当及时向所在地省、自治区、直辖市药品监督管理部门报告。 受托生产企业应当建立并执行产品配合召回制度。发现其生产的产品有第一款规定情形的，应当立即停止生产，并通知相关化妆品注册人、备案人。化妆品注册人、备案人实施召回的，受托生产企业应当予以配合。 召回记录内容应当至少包括产品名称、净含量、使用期限、召回数量、实际召回数量、召回原因、召回时间、处理结果、向监管部门报告情况等。	1. 化妆品注册人、备案人是否建立并执行产品召回管理制度；产品召回管理制度是否包括产品质量安全信息的监测收集、调查评估、召回计划的制定和实施、召回产品的处理、召回结果的报告等要求；受托生产企业是否建立并执行配合召回制度； 2. 发现产品存在质量缺陷或者其他问题，可能危害人体健康时，化妆品注册人、备案人是否立即停止生产，召回已经上市销售的产品，是否立即通知相关化妆品经营者和消费者停止经营、使用该产品，是否记录召回和通知情况；受托生产企业是否立即停止生产，并通知相关化妆品注册人、备案人；化妆品注册人、备案人实施召回时，受托生产企业是否予以配合，是否记录配合内容； 3. 化妆品注册人、备案人是否对召回的产品清晰标识、单独存放，是否视情况采取补救、无害化处理、销毁等措施； 4. 化妆品注册人、备案人是否及时将因产品质量问题实施的化妆品召回和处理情况向所在地省、自治区、直辖市药品监督管理部门报告； 5. 产品召回记录是否符合要求，是否至少包括产品名称、净含量、使用期限、召回数量、实际召回数量、召回原因、召回时间、处理结果、向监管部门报告情况等内容。

注：
1. 本《化妆品生产质量管理规范检查要点》适用于从事化妆品生产活动的化妆品注册人、备案人、受托生产企业。检查项目共81项，其中重点项目29项（包括：关键项目标注"**"3项，其他重点项目标注"*"26项），一般项目52项。
2. 现场检查应当对照所检查项目，逐一作出该项目"符合规定"或者"不符合规定"的检查结论；对于重点项目，还可以根据检查情况作出"存在瑕疵"的检查结论。凡作出"不符合规定"或者"存在瑕疵"检查结论的，应当记录存在的具体问题；对于不适用的检查项目，应当标注"不适用"。
3. 重点项目"存在瑕疵"判定标准为：经综合研判，被检查对象基本符合本检查项目的要求，但存在局部不规范、不完善的情形，且上述不规范、不完善的情形能够及时改正或者消除，不构成对产品质量安全的实质性影响。
4. 经检查，第5、11、22、49、50、52、54、57、58、59、73、76、77、80或者81项等检查项目不符合规定的，被检查的化妆品注册人、备案人、受托生产企业可能存在违反《化妆品监督管理条例》的行为；经立案调查存在违法行为的，应当依法查处。

附2

化妆品生产质量管理规范检查要点（委托生产版）

序号	条款	化妆品生产质量管理规范 条款内容	检查要点
1	第四十七条	委托方应当建立与所注册或者备案的化妆品和委托生产需要相适应的组织机构，明确注册备案管理、生产质量管理、产品销售管理等关键环节的负责部门和职责，配备相应的管理人员。	1. 委托方是否建立组织机构，组织机构是否与所注册或者备案的化妆品和委托生产需要相适应； 2. 委托方是否明确规定注册备案管理、生产质量管理、产品销售管理等关键环节的负责部门和职责； 3. 上述部门是否配备相应的管理人员。
2*	第四十八条	化妆品委托生产的，委托方应当是所生产化妆品的注册人或者备案人。受托生产企业应当是持有有效化妆品生产许可证的企业，并在其生产许可范围内接受委托。	1. 委托方是否是所生产化妆品的注册人或者备案人； 2. 委托方是否委托持有有效化妆品生产许可证的受托生产企业生产化妆品，所委托产品是否属于化妆品生产许可证上载明的许可项目划分单元； 3. 所委托产品为眼部护肤类化妆品、儿童护肤类化妆品的，受托生产企业化妆品生产许可证上的许可项目是否标注具备相应生产条件。
3	第四十九条	委托方应当建立化妆品质量安全责任制，明确委托方法定代表人、质量安全负责人以及其他化妆品质量安全相关岗位的职责，各岗位人员应当按照岗位职责要求，逐级履行相应的化妆品质量安全责任。	1. 委托方是否建立化妆品质量安全责任制；是否书面规定法定代表人（或者主要负责人，下同）、质量安全负责人以及其他化妆品质量安全相关岗位的职责； 2. 委托方各岗位人员是否按照岗位职责的要求逐级履行质量安全责任。
4*	第五十条 第一款、 第二款	委托方应当按照本规范第七条第一款规定设质量安全负责人。质量安全负责人应当协助委托方法定代表人承担下列相应的产品质量安全管理和产品放行职责： （一）建立并组织实施本企业质量管理体系，落实质量安全管理责任，定期向法定代表人报告质量管理体系运行情况；	1. 委托方是否设有质量安全负责人； 2. 质量安全负责人是否具备化妆品、化学、化工、生物、医学、药学、食品、公共卫生或者法学等专业教育或培训背景，是否具备化妆品质量安全相关专业知识，是否熟悉相关法律法规、强制性国家标准、技术规范，是否具有5年以上化妆品生产或者质量管理经验；

序号	条款	化妆品生产质量管理规范条款内容	检查要点
4*	第五十条第一款、第二款	（二）产品质量安全问题的决策及有关文件的签发； （三）审核化妆品注册、备案资料； （四）委托方采购、提供物料的，物料供应商、物料放行的审核管理； （五）产品的上市放行； （六）受托生产企业遴选和生产活动的监督管理； （七）化妆品不良反应监测管理。	3. 质量安全负责人是否建立并组织实施本企业质量管理体系，落实质量安全管理责任，并定期以书面报告形式向法定代表人报告质量管理体系运行情况； 4. 质量安全负责人是否负责产品质量安全问题的决策及有关文件的签发； 5. 质量安全负责人是否履行化妆品注册、备案资料审核的职责； 6. 委托方采购、提供物料的，质量安全负责人是否履行物料供应商、物料放行的审核管理职责； 7. 质量安全负责人是否履行产品上市放行职责； 8. 质量安全负责人是否履行受托生产企业遴选和生产活动监督管理职责； 9. 质量安全负责人是否履行化妆品不良反应监测管理职责。
5	第五十条第三款	质量安全负责人应当遵守第七条第三款的有关规定。	1. 质量安全负责人是否按照质量安全责任制独立履行职责，在产品质量安全管理和产品放行中不受企业其他人员的干扰； 2. 质量安全负责人指定本企业的其他人员协助履行其职责的，指定协助履行的职责是否为化妆品生产质量管理规范第七条第二款（一）（二）项以外的职责；是否制定相应的指定协助履行职责管理程序并经法定代表人书面同意； 3. 被指定人员是否具备相应的资质和履职能力； 4. 被指定人员在协助履职过程中是否执行相应的管理程序，并如实记录，保证履职的内容、时间、具体事项可追溯； 5. 质量安全负责人是否对协助履职情况进行监督。

续表

序号	条款	化妆品生产质量管理规范条款内容	检查要点
6	第五十一条第一款	委托方应当建立受托生产企业遴选标准，在委托生产前，对受托生产企业资质进行审核，考察评估其生产质量管理体系运行状况和生产能力，确保受托生产企业取得相应的化妆品生产许可且具备相应的产品生产能力。	1. 委托方是否制定受托生产企业遴选审核制度；受托生产企业遴选审核制度是否至少包括遴选标准、审核和考察频次、程序等相关内容； 2. 委托生产前，委托方是否按照制度对受托生产企业资质进行审核，是否对其生产质量管理体系建立和运行状况，以及实际生产能力进行评估；评估过程和结果是否有记录。
7	第五十一条第二款	委托方应当建立受托生产企业名录和管理档案。	1. 委托方是否建立受托生产企业名录；受托生产企业名录是否至少包括委托生产产品名称、委托生产产品注册证编号或者备案编号、受托生产企业名称、地址、受托生产企业生产许可证编号、委托生产起止时间、联系方式等相关信息；分段委托的，还应当包括受托生产工序名称。 2. 委托方是否建立受托生产企业管理档案；受托生产企业管理档案是否至少包括受托生产企业资质文件、委托合同书、对受托生产企业的评估等情况。
8	第五十二条	委托方应当与受托生产企业签订委托生产合同，明确委托事项、委托期限、委托双方的质量安全责任，确保受托生产企业依照法律法规、强制性国家标准、技术规范以及化妆品注册、备案资料载明的技术要求组织生产。	1. 委托双方是否签订委托生产合同；委托生产合同或者相关文件是否约定委托事项、委托期限、双方的质量安全责任，以及受托生产企业依照法律法规、强制性国家标准、技术规范以及化妆品注册、备案资料载明的技术要求组织生产等内容； 2. 委托生产合同是否明确双方在物料采购、进货查验、产品检验、贮存与运输、记录保存等产品质量安全相关环节的权利和义务； 3. 委托方是否履行合同约定的质量安全责任和义务。

续表

序号	条款	化妆品生产质量管理规范条款内容	检查要点
9*	第五十三条第一款	委托方应当建立并执行受托生产企业生产活动监督制度，对各环节受托生产企业的生产活动进行监督，确保受托生产企业按照法定要求进行生产。	1. 委托方是否建立对受托生产企业生产活动的监督制度，规定监督的内容、方式、频次、发现问题的处理方法等； 2. 委托方是否按照制度执行对受托生产企业生产活动的监督，确保受托生产企业按照法定要求进行生产，并形成监督记录。
10	第五十三条第二款	委托方应当建立并执行受托生产企业更换制度，发现受托生产企业的生产条件、生产能力发生变化，不再满足委托生产需要的，应当及时停止委托，根据生产需要更换受托生产企业。	1. 委托方是否建立受托生产企业更换制度，明确对受托生产企业生产条件、生产能力进行评估和启动更换程序的情形； 2. 委托方是否按照制度对受托生产企业生产条件、生产能力进行评估； 3. 委托方发现受托生产企业的生产条件、生产能力发生变化，不再满足委托生产需要的，是否及时停止委托，根据生产需要更换受托生产企业。
11*	第五十四条第一款、第三款	委托方应当建立并执行化妆品注册备案管理、从业人员健康管理、从业人员培训、质量管理体系自查、产品放行管理、产品留样管理、产品销售记录、产品贮存和运输管理、产品退货记录、产品质量投诉管理、产品召回管理等质量管理制度，建立并实施化妆品不良反应监测和评价体系。	1. 委托方是否建立并执行相应的质量管理制度；质量管理制度是否至少包括：（1）化妆品注册备案管理；（2）从业人员健康管理；（3）从业人员培训；（4）质量管理体系自查；（5）产品放行管理；（6）产品留样管理；（7）产品销售记录；（8）产品贮存和运输管理；（9）产品退货记录；（10）产品质量投诉管理；（11）产品召回管理等质量管理制度； 2. 委托方是否建立并实施化妆品不良反应监测和评价体系； 3. 委托方是否建立注册备案产品档案，包括产品配方、执行的标准、标签、检验报告、安全评估报告等相关资料； 4. 委托方建立并执行从业人员健康管理、从业人员培训、质量安全体系自查等质量管理制度的情况是否符合化妆品生产质量管理规范第十一条、第十条、第十五条等的要求；

续表

序号	条款	化妆品生产质量管理规范条款内容	检查要点
11*	第五十四条第一款、第三款	委托方应当根据委托生产实际，按照本规范建立并执行其他相关质量管理制度。	5. 委托方是否根据委托生产实际，按照化妆品生产质量管理规范建立并执行其他相关质量管理制度； 6. 委托方建立的质量管理制度，是否能够满足实现产品追溯管理、保证产品质量安全的需求。
12	第五十四条第二款	委托方向受托生产企业提供物料的，委托方应当按照本规范要求建立并执行物料供应商遴选、物料审查、物料进货查验记录和验收以及物料放行管理等相关制度。	1. 委托方向受托生产企业提供物料的，是否按照化妆品生产质量管理规范第二十八条至第三十二条的要求建立并执行物料供应商遴选、物料审查、物料进货查验记录和验收以及物料放行管理等相关制度； 2. 委托方是否向受托生产企业提供物料验收标准和验收结果，明确所提供原料或半成品的成分。
13**	第五十五条第一款	委托方应当建立并执行产品放行管理制度，在受托生产企业完成产品出厂放行的基础上，确保产品经检验合格且相关生产和质量活动记录经审核批准后，方可上市放行。	1. 委托方是否建立并执行产品放行管理制度； 2. 产品上市前，委托方是否确保产品经检验合格且检验项目至少包括出厂检验项目；是否确保委托双方相关生产和质量活动记录经各自质量安全负责人审核批准。
14	第五十五条第二款	上市销售的化妆品应当附有出厂检验报告或者合格标记等形式的产品质量检验合格证明。	1. 上市销售的产品是否具有出厂检验报告或者合格标记等形式的产品质量检验合格证明； 2. 上市销售的产品标签是否符合相关规定。
15	第五十六条第一款、第二款	委托方应当建立并执行留样管理制度，在其住所或者主要经营场所留样；也可以在其住所或者主要经营场所所在地的其他经营场所留样。 留样地点不是委托方的住所或者主要经营场所的，委托方应当将留样地点的地址等信息在首次留样之日起20个工作日内，按规定向所在地负责药品监督管理的部门报告。	1. 委托方是否建立并执行留样管理制度；留样管理制度是否明确产品留样程序、留样地点、留样数量、留样记录、保存期限和处理方法等内容； 2. 委托方留样地点是否符合要求； 3. 留样地点不是委托方的住所或者主要经营场所的，委托方是否将留样地点的地址等信息在首次留样之日起20个工作日内，按规定向所在地负责药品监督管理的部门报告。

序号	条款	化妆品生产质量管理规范条款内容	检查要点
16*	第五十六条第一款	留样应当符合本规范第十八条的规定。	1. 委托方是否在留样地点设置了专门的留样区域；留样的贮存条件是否符合相关法律法规的规定和标签标示的要求； 2. 委托方是否按照规定对上市销售的成品逐批留样，留样数量、包装是否符合规定；留样的保存期限是否不少于产品使用期限届满后6个月； 3. 委托方是否按规定保存留样记录，是否记录留样在使用期限内的质量情况； 4. 委托方是否依据留样管理制度对留样进行定期观察；发现留样的产品在使用期限内变质时，委托方是否及时分析原因，并依法召回已上市销售的该批次化妆品，主动消除安全风险。
17	第五十七条第一款	委托方应当建立并执行记录管理制度，保存与本规范有关活动的记录。记录应当符合本规范第十三条的相关要求。	1. 委托方是否建立记录管理制度；记录管理制度是否明确记录的填写、保存、处置等程序和格式； 2. 委托方是否执行记录管理制度，是否及时填写记录；记录是否真实、完整、准确，清晰易辨，相互关联可追溯；记录是否存在随意更改的情况；记录的更正是否符合要求； 3. 所有记录是否标识清晰，存放有序，便于查阅；与产品追溯相关的记录，其保存期限是否满足不少于产品使用期限届满后1年的要求；产品使用期限不足1年的，记录保存期限是否满足不少于2年的要求；与产品追溯不相关的记录，其保存期限是否满足不少于2年的要求；记录保存期限另有规定的，是否符合相关规定； 4. 采用计算机（电子化）系统生成、保存记录或者数据的，是否符合化妆品生产质量管理规范附1的要求。

续表

序号	条款	化妆品生产质量管理规范 条款内容	检查要点
18	第五十七条 第二款	执行生产质量管理规范的相关记录由受托生产企业保存的，委托方应当监督其保存相关记录。	1．委托方是否对受托生产企业执行生产质量管理规范的相关记录保存情况进行监督； 2．委托方向受托生产企业提供物料的，委托方执行物料进货查验等相关记录是否按照合同约定自行保存或由受托生产企业保存。
19*	第五十八条	化妆品注册人、备案人、受托生产企业应当建立并执行产品销售记录制度，并确保所销售产品的出货单据、销售记录与货品实物一致。产品销售记录应当至少包括产品名称、特殊化妆品注册证编号或者普通化妆品备案编号、使用期限、净含量、数量、销售日期、价格，以及购买者名称、地址和联系方式等内容。	1．委托方是否建立并执行产品销售记录制度； 2．产品销售记录是否包括产品名称、特殊化妆品注册证编号或者普通化妆品备案编号、使用期限、净含量、数量、销售日期、价格，以及购买者名称、地址和联系方式等内容； 3．所销售产品的出货单据、销售记录与产品实物是否一致。
20	第五十九条	化妆品注册人、备案人、受托生产企业应当建立并执行产品贮存和运输管理制度。依照有关法律法规的规定和产品标签标示的要求贮存、运输产品，定期检查并且及时处理变质或者超过使用期限等质量异常的产品。	1．委托方是否建立并执行产品贮存和运输管理制度； 2．产品的贮存、运输条件是否符合有关法律法规的规定和产品标签标示的要求； 3．委托方是否定期检查并且及时处理变质或者超过使用期限等质量异常的产品。
21	第六十条	化妆品注册人、备案人、受托生产企业应当建立并执行退货记录制度。退货记录内容应当包括退货单位、产品名称、净含量、使用期限、数量、退货原因以及处理结果等内容。	1．委托方是否建立并执行退货记录制度； 2．委托方退货记录是否包括退货单位、产品名称、净含量、使用期限、数量、退货原因以及处理结果等内容。

序号	条款	化妆品生产质量管理规范条款内容	检查要点
22	第六十一条	化妆品注册人、备案人、受托生产企业应当建立并执行产品质量投诉管理制度，指定人员负责处理产品质量投诉并记录。质量管理部门应当对投诉内容进行分析评估，并提升产品质量。	1. 委托方是否建立并执行产品质量投诉管理制度；产品质量投诉管理制度是否规定投诉登记、调查、评价和处理等要求； 2. 委托方是否指定人员负责产品质量投诉处理并记录；指定的人员是否具备质量投诉处理的基本知识； 3. 委托方质量管理部门是否对质量相关投诉内容进行分析评估，并采取措施提升产品质量。
23*	第六十二条	化妆品注册人、备案人应当建立并实施化妆品不良反应监测和评价体系。 化妆品注册人、备案人、受托生产企业应当配备与其生产化妆品品种、数量相适应的机构和人员，按规定开展不良反应监测工作，并形成监测记录。	1. 委托方是否建立并实施化妆品不良反应监测和评价体系； 2. 委托方是否配备与其生产化妆品品种、数量相适应的不良反应监测机构和人员；委托方是否按照规定开展不良反应监测工作，并形成监测记录；监测记录是否符合规定。
24*	第六十三条第一款、第三款	化妆品注册人、备案人应当建立并执行产品召回管理制度，依法实施召回工作。发现产品存在质量缺陷或者其他问题，可能危害人体健康的，应当立即停止生产，召回已经上市销售的产品，通知相关化妆品经营者和消费者停止经营、使用，记录召回和通知情况。对召回的产品，应当清晰标识、单独存放，并视情况采取补救、无害化处理、销毁等措施。因产品质量问题实施的化妆品召回和处理情况，委托方应当及时向所在地省、自治区、直辖市药品监督管理部门报告。 召回记录内容应当至少包括产品名称、净含量、使用期限、召回数量、实际召回数量、召回原因、召回时间、处理结果、向监管部门报告情况等。	1. 委托方是否建立并执行产品召回管理制度；产品召回管理制度是否包括产品质量安全信息的监测收集、调查评估、召回计划的制定和实施、召回产品的处理、召回结果的报告等要求； 2. 发现产品存在质量缺陷或者其他问题，可能危害人体健康时，委托方是否立即停止生产，召回已经上市销售的产品，是否立即通知相关化妆品经营者和消费者停止经营、使用，是否记录召回和通知情况； 3. 委托方是否对召回的产品清晰标识、单独存放，是否视情况采取补救、无害化处理、销毁等措施； 4. 委托方是否及时将因产品质量问题实施的化妆品召回和处理情况向所在地省、自治区、直辖市药品监督管理部门报告； 5. 委托方产品召回记录是否符合要求，是否至少包括产品名称、净含量、使用期限、召回数量、实际召回数量、召回原因、召回时间、处理结果、向监管部门报告情况等内容。

注：

1. 本《化妆品生产质量管理规范检查要点》适用于委托生产的化妆品注册人、备案人。检查项目共24项，其中重点项目9项（包括：关键项目标注"**"1项，其他重点项目标注"*"8项），一般项目15项。

2. 现场检查应当对照所检查项目，逐一作出该项目"符合规定"或者"不符合规定"的检查结论；对于重点项目，还可以根据检查情况作出"存在瑕疵"的检查结论。凡作出"不符合规定"或者"存在瑕疵"检查结论的，应当记录存在的具体问题；对于不适用的检查项目，应当标注"不适用"。

3. 重点项目"存在瑕疵"判定标准为：经综合研判，被检查对象基本符合本检查项目的要求，但存在局部不规范、不完善的情形，且上述不规范、不完善的情形能够及时改正或者消除，不构成对产品质量安全的实质性影响。

4. 经检查，第2、4、9、11、12、14、19、20、23或者24项等检查项目不符合规定的，被检查的化妆品注册人、备案人可能存在违反《化妆品监督管理条例》的行为；经立案调查存在违法行为的，应当依法检查。

参考文献

1. 中华人民共和国国务院. 化妆品监督管理条例［R］. 2020.6. 国务院第727号令.

2. 国家市场监督管理总局. 化妆品生产经营监督管理办法［R］. 2021.8. 国家市场监督管理总局令2021第46号.

3. 国家药品监督管理局. 化妆品生产质量管理规范［R］. 2022.1. 国家药品监督管理局公告2022年第1号.

4. 国家药品监督管理局. 化妆品生产质量管理规范检查要点与判定标准［R］. 2022.10. 国家药品监督管理局公告2022年第90号

5. ISO 22716：2007, Cosmetics-Good Manufacturing Practices-Good Manufacturing Practices Guidelines [S]. 2007.

6. GB/T 19000—2008/ISO 9000：2005 质量管理体系基础与术语［S］. 2008.

7. GB/T 19001—2016/ISO 9001：2015 质量管理体系要求［S］.

8. ISO 13485：2003医疗器械 质量管理体系用于法规的要求［S］. 2003.

9. 国家药品监督管理局医疗器械监管司、食品药品审核查验中心. 医疗器械生产质量管理规范检查指南［M］. 北京：中国医药科技出版社，2019.

10. 田少雷. 浅析医疗器械质量管理体系文件系统的建立与管理［J］. 中国医疗器械杂志，2013, 37（5）：358.

11. 全国质量管理和质量保证标准化技术委员会，中国合格评定国家认可委员会，中国认证认可协会. 2016版质量管理体系国家标准理解与实施［M］. 北京：中国质检出版社中国标准出版社，2017.

12. FDA. Guidance for Industry Cosmetic Good Manufacturing Practices Draft Guidance[R]. https：//www.fda.gov/media/86366/download. February 12, 1997; revised April 24, 2008 and June 2013.

13. 黄儒强. 化妆品生产良好操作规范（GMPC）实施指南［M］. 北京：化学工业出版社，2009.

14. 国家食品药品监督管理局药品认证管理中心. 质量控制实验室与物料系统：药品GMP指南［M］. 北京：中国医药科技出版社，2011.

15. 国家食品药品监督管理局药品认证管理中心. 质量管理体系：药品GMP指南［M］. 北京：中国医药科技出版社，2011.

16. 董益阳. 化妆品检测指南［M］. 北京：中国标准出版社，2010.

17. 方洪添，谢志洁. 化妆品生产许可新证实施指南［M］. 羊城晚报出版社，2016.

18. 国家质量监督检验检疫总局. 进出口化妆品良好生产规范［S］. SNT 2359—2009/ ISO 22716：2007.

19. 国家住房和城乡建设部. 医药工业洁净厂房设计标准［S］. 2019. GB 50457—2019.

20. 国家药典委员会. 中华人民共和国药典四部［S］. 中国医药科技出版社，2020.

21. 张功臣. 制药用水系统［M］. 2版. 北京：化学工业出版社，2016.

22. GB 5749—2006，生活饮用水卫生标准［S］. 中华人民共和国国家标准.

23. 田少雷. 浅谈医疗器械生产质量管理体系中物料和产品的管理［J］. 中国医疗器械信息，2013（3）：39

24. 国家食品药品监督管理局高级研修院. 化妆品监管实务［M］. 北京：人民卫生出版社，2018.

25. 广东省食品药品监督管理局. 化妆品生产许可新政实施指南［M］. 广州：羊城晚报出版社，2016.

26. 国家食品药品监督管理局药品认证管理中心. 欧盟药品GMP指南［M］. 北京：中国医药科技出版社，2008.

27. 国家市场监督管理总局. 化妆品注册备案管理办法［R］. 2021.1. 国家市场监督管理总局令2021第35号.

28. 司法部，国家药品监督管理局. 化妆品监督管理条例释义［M］. 北京：中国民主法制出版社，2021.

29. 国家药品监督管理局. 化妆品不良反应监测管理办法［R］. 2022.2. 国家药品监督管理局公告 2022年第16号.

30. 国家食品药品监督管理总局药品化妆品监管司，国家食品药品监督管理总局高级研修学院. 化妆品生产经营监管工作指南［M］. 北京：人民卫生出版社，2018.

31. 田少雷，陈晰，田青亚.《化妆品生产质量管理规范》的实施意义、特点及重点内容简析［J］. 中国食品药品监管，2022，（12）：22.

32. 田少雷，刘恕，贾娜，等. 对化妆品生产质量管理体系中物料管理的探讨. 中国食品药品监管，2022，（12）：30.

33. 吕笑梅，田少雷*，田育苗. 我国《化妆品生产质量管理规范》与ISO 22716：2007《化妆品生产质量管理规范指导原则》的对比分析. 中国食品药品监管，2022，（12）：38.

34. 田育苗，田少雷*，吕笑梅. 我国新旧化妆品生产质量管理检查要点对比分析. 中国食品药品监管，2022，（12）：44.